Produktionsstandorte des VW-Käfer

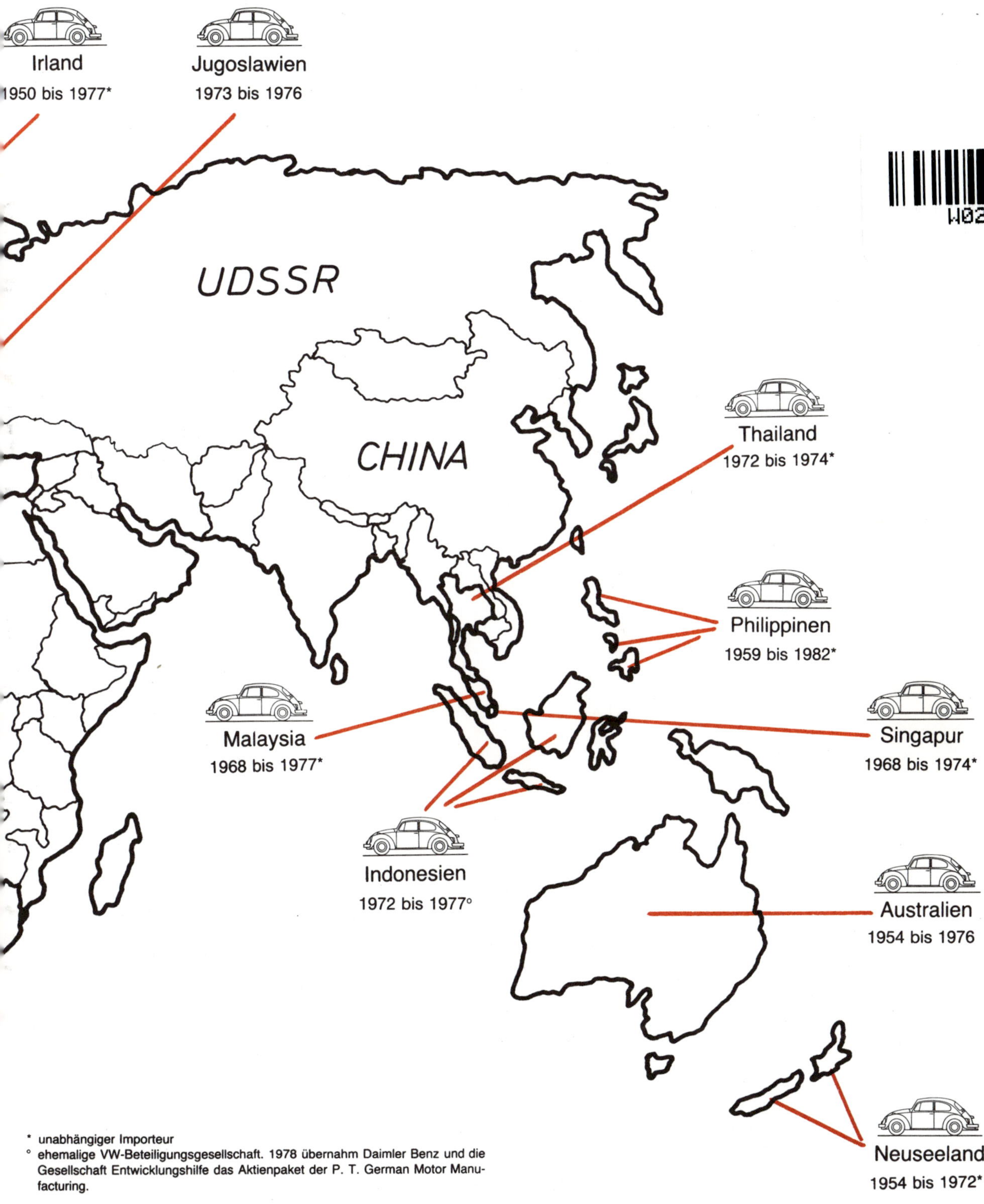

* unabhängiger Importeur

° ehemalige VW-Beteiligungsgesellschaft. 1978 übernahm Daimler Benz und die Gesellschaft Entwicklungshilfe das Aktienpaket der P. T. German Motor Manufacturing.

ETZOLD

DER KÄFER

Die Modelle von 1945 bis heute
mit allen
technischen Daten und Details

ETZOLD

DER KÄFER

EINE DOKUMENTATION

I

VERLAG ALFRED BUCHELI ZUG
MOTORBUCH VERLAG STUTTGART

Abbildungen: Archiv Etzold

ISBN 3-7168-1582-9

5. Auflage 1989.
Mitarbeit: A. Etzold.

Satz und Druck: Vaihinger Satz+Druck GmbH, 7143 Vaihingen/Enz.
Bindung: Verlagsbuchbinderei K. Dieringer, 7016 Gerlingen.
Printed in Germany.

Inhalt

Vorwort	6
Die Käfer-Modelle von 1945 bis heute	7
Modelländerungen 1945 bis 1948	8
Modelländerungen 1949	13
Modelländerungen 1950	20
Modelländerungen 1951	25
Modelländerungen 1952	29
Modelländerungen 1953	37
Modelländerungen 1954	42
Modelländerungen 1955	47
Modelländerungen 1956	53
Modelländerungen 1957	57
Modelländerungen 1958	62
Modelländerungen 1959	64
Modelländerungen 1960	70
Modelländerungen 1961	77
Modelländerungen 1962	83
Modelländerungen 1963	8[illegible]
Modelländerungen 1964	92
Modelländerungen 1965	100
Modelländerungen 1966	106
Modelländerungen 1967	115
Modelländerungen 1968	125
Modelländerungen 1969	132
Modelländerungen 1970	138
Modelländerungen 1971	149
Modelländerungen 1972	158
Modelländerungen 1973	166
Modelländerungen 1974	173
Modelländerungen 1975	178
Modelländerungen 1976	181
Modelländerungen 1977	183
Modelländerungen 1978	184
Modelländerungen 1979	186
Modelländerungen 1980	186
Modelländerungen 1981	187
Modelländerungen 1982	191
Modelländerungen 1983	193
Modelländerungen 1984	195
Modelländerungen 1985/86	197
Typ- und Modellbezeichnungen der Käfer-Modelle	201
Mehrausstattungen für den Käfer	205
Einsatzdaten der Motoren/ Motor-Kennbuchstaben	222
Die technischen Daten aller Käfer-Modelle	231
Einsatzdaten der Käfer- und Karmann-Ghia-Modelle	241
Käfer-Produktion des VW-Konzerns von 1945 bis 1982	241
Preisentwicklung beim Käfer seit 1948	242
Käfer-Neuzulassungen im Bundesgebiet	243

Vorwort

»Wir sind der Überzeugung, daß das Heil nicht in noch so kühnen und großartigen Neukonstruktionen liegt, sondern in der ganz konsequenten und nie befriedigten Weiterentwicklung auch des kleinsten Details bis zur Reife und Vollendung, die eben den wirklich überraschenden Erfolg bringt«. Das sagt VW-Chef Nordhoff 1954 anläßlich eines Käfer-Treffens in Stuttgart.
Es sind bis Ende des gleichen Jahres insgesamt 700 000 Käfer produziert worden, und noch ahnt keiner, welchen einmaligen Produktionsrekord der Käfer aufstellen wird.
Der Devise der Detailverbesserungen ist man in Wolfsburg während der ganzen Käfer-Produktionsjahre treu geblieben. In den Jahren von 1948 bis 1974 wurden am Käfer insgesamt 78 000 Änderungen durchgeführt. Selbst den kleinsten Details hat man sich mit Liebe und mitunter gehörigem Aufwand angenommen.
Nach meinen Nachforschungen hat es am Käfer nur ein einziges Detail gegeben, welches bislang noch nicht geändert wurde. Dabei handelt es sich um den Querschnitt des Blechfalzes, der das Dichtgummi für Front- und Motorhaube festhält.
Die Aufgabe dieses Bandes ist es, die wichtigsten Detailänderungen mit Einsatzdatum und Fahrgestellnummer festzuhalten, damit jene, die es ganz genau wissen wollen oder gar einen Käfer restaurieren möchten, ein entsprechendes Nachschlagewerk zur Hand haben.
Weitere Bände sollen die Käfer-Geschichte dokumentieren und all jenes festhalten, was sich rund um den Käfer und mit ihm ereignet hat.

H.-R. Etzold

Die Käfer-Modelle von 1945 bis heute

Traditionell stellt das Volkswagenwerk das neue Modell nach den großen Werksferien vor. Allerdings lagen die Vorstellungstermine der neuen Modelle zeitweise auch im Januar beziehungsweise im Oktober. Zudem sind natürlich auch viele Detailverbesserungen während des Produktionsjahres in die Serie eingeflossen. Aus diesem Grund sind in der vorliegenden Aufstellung die Änderungen immer für ein Produktionsjahr zusammengefaßt. Vermerkt worden ist die Fahrgestellnummer und wann die Änderung in der Produktion durchgeführt wurde.

1945–1948

In den Jahren von 1945 bis 1948 gibt es keine sichtbaren Änderungen an der Karosserie. Wer einen Bezugsschein besitzt, kann den Käfer 1946 für 5000 RM kaufen. Nach der Währungsreform für 5300 DM. Die Lackierung in grau, blau und schwarz ist von Haus aus stumpf, weil bessere Lackqualitäten zu dieser Zeit noch fehlen.

Am 14. Oktober 1946 läuft der 10 000ste nach Kriegsende gefertigte Käfer vom Band. Die Arbeiter feiern das Jubiläum mit den Worten: »10 000 Wagen – nichts im Magen – wer kann das ertragen.«

Daten und Fakten

1945	10. 4.	Einmarsch der Amerikaner – zu diesem Zeitpunkt leben 17 109 Menschen in der Stadt – viele in Notunterkünften. Das Werk beschäftigt etwa 9000 Mitarbeiter.
		Rund 336 000 Volkswagensparer haben bis Kriegsende Verträge über insgesamt 267 Millionen Reichsmark abgeschlossen. Die »Deutsche Arbeits-Front« legte diese Sparbeträge auf einem Sonderkonto bei der »Bank der Deutschen Arbeit« an.
	25. 5.	In der ersten Sitzung beschließt die von der britischen Militär-Regierung eingesetzte Stadtverordneten-Versammlung, der VW-Stadt den endgültigen Namen »Wolfsburg« zu geben.
		Das Volkswagenwerk wird kurzfristig in »Wolfsburger Motoren-Werke« (»Wolfsburg Motor Works«) umbenannt. Nach dem Gesetz Nr. 52 der Militär-Regierung wird das Firmenvermögen beschlagnahmt.
	Mai/Juni	In beschränktem Rahmen wird die Arbeit wieder aufgenommen. Neben der Reparatur von englischen Armeefahrzeugen werden bis zum Jahresende 1785 Volkswagen »produziert«, die ausschließlich an die Besatzungsmacht und (als Behelfslieferwagen) an die Deutsche Post geliefert werden.
1946		Im ganzen Jahr werden 10 020 Volkswagen produziert.
1947		Von der Jahresproduktion (8987) werden 56 Limousinen in die Niederlande exportiert. Seit dem 8. August sind die Gebrüder Pon VW-Generalimporteur für die Niederlande.
1948	1. 1.	Dipl.-Ing. Heinrich Nordhoff übernimmt als Generaldirektor die Leitung des Werkes.
	Mai	Der 25 000ste Volkswagen läuft vom Band.
	29. 7.	Der Sitz der Gesellschaft, ursprünglich Berlin, wird nach Wolfsburg verlegt.
	7. 10.	Gründung des »Hilfsvereins ehemaliger Volkswagensparer e. V. Niedermarsberg« und Klage von zwei VW-Sparern auf Lieferung von angesparten Volkswagen.

Käfer-Modell 1948.

Hinterachse mit Hebelstoßdämpfern bis 1951.

Vordere Haube mit Drehgriff bis 1949.

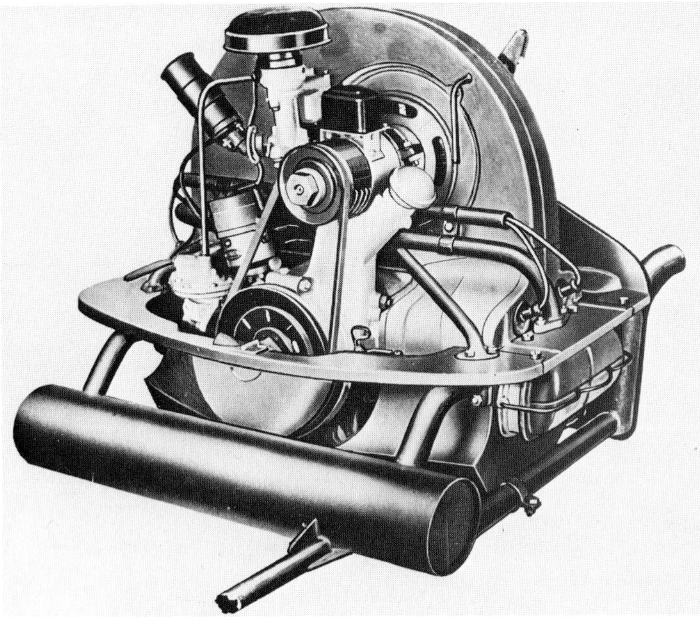

1,1 Liter-Motor. Kühlluftdrosselblende mit Schwenkgriff bis 1950.

Türgriff als Zug-Griff bis 1959.

Motordeckel mit Nummernschild-einprägung bis Juli 1949.

1945–1948 Die wichtigsten Änderungen

Motor/Kupplung/Heizung

Baujahr	Fahrgestell-Nr.	Aggregate-Nr.	Änderung
1943	–	020 000	Motor von 985 ccm auf 1131 ccm.
1946	054 617	–	Schutzrohre für Stößelstangen: Gewellte Rohrenden, teilweise; bisher mit Feder.
1947	071 616	099 610	Kühlluftdrosselblende: Vom bisherigen Schieber, zur Drosselblende mit Schwenkgriff.
1948 April 48	076 722	105 558	Kurbelwelle: Mit 48,5 Zentriersatz für Schwungrad. Schwungrad mit 48,5 mm Bohrung.

Kraftstoffanlage

Baujahr	Fahrgestell-Nr.	Aggregate-Nr.	Änderung
1946	057 390	–	Kraftstoffbehälter: Höher gelegt.

Vorderachse/Lenkung

Baujahr	Fahrgestell-Nr.	Aggregate-Nr.	Änderung
1946	057 011	–	Schmiernippel der inneren Spurstangengelenke: Zeigen zum linken Hinterrad und nicht mehr wie bisher rechtwinklig zur Spurstange.

Bremsen/Räder/Reifen

Baujahr	Fahrgestell-Nr.	Aggregate-Nr.	Änderung
1946	059 107	–	Bremsseile: Mit Schmiernippel, bisher ohne. Reifen: 5.00×16; bisher 4.50×16.

Rahmen

Baujahr	Fahrgestell-Nr.	Aggregate-Nr.	Änderung
1940 3. 8. 40	000 026	–	Rahmen-Nummer: Auf der ebenen Fläche am Rahmenkopf von Hand eingeschlagen.
1945 16. 5. 45	052 016	–	Rahmen-Nummer: Auf der rechten Seite in Fahrtrichtung auf Rahmentunnel unter dem Hintersitz in Längsrichtung von Hand eingeschlagen.
1948	073 816	–	Luftklappenzug: Ungefedert.

Aufbau

Baujahr	Fahrgestell-Nr.	Aggregate-Nr.	Änderung
1946	057 893	066 991	Dämpfung der Motorgeräusche: Dämpfungspappe im Motorraum.
1947	071 377	10 707	Sicherung für Ersatzrad: Bock für Kette und Schloß.

Allgemeine Änderungen

Baujahr	Fahrgestell-Nr.	Aggregate-Nr.	Änderung
1942	–	–	Schwimmwagen: Fertigung von 511 Wagen.
1943	–	–	Schwimmwagen: Fertigung von 8258 Wagen.
1944	–	–	Schwimmwagen: Fertigung von 458 Wagen monatlich.
1947			
13. 10. 47	073348	–	Fahrgestell-Nr.: Zwischen Schalthebel und Handbremshebel auf dem Rahmentunnel mit Schablone eingeschlagen.
1948			
19. 3. 48	075840	–	Fahrgestell-Nummer: Zwischen Handbremshebel und Schalthebel auf dem Rahmentunnel mit Schablone eingeschlagen.

1949

Entscheidend für den späteren Erfolg des Käfers ist der Beschluß, den Volkswagen zu exportieren. Das erste Land, mit dem 1947 Export-Verträge geschlossen werden, ist Holland.
Um dem Geschmack der ausländischen Kundschaft entgegenzukommen, wird im Juli 1949 das Export-Modell vorgestellt. Es unterscheidet sich vom Standard-Modell durch verchromte Stoßstangen, Radkappen, Lampenringe und Türarmaturen. Die Stoßstangen erhalten eine Sicke. Die sichelförmigen Stoßstangenhörner werden von einer abgerundeten, stabileren Ausführung abgelöst. Das Armaturenbrett bleibt in seiner Gestaltung fast unverändert; doch erhält die Export-Limousine ein Zweispeichenlenkrad. Der rechte Einsatz der Schalttafel, bisher mit dem ganzen Frontbrett geprägt, wird durch einen Blindeinsatz aus Preßstoff abgedeckt. Wer jetzt ein Radio bzw. eine Uhr einbauen will, muß nicht erst das Blech aussägen.
Innenausstattung und Polsterung der Exportlimousine sind qualitativ besser. Auch wird der Käfer erstmals mit einer Hochglanzlackierung ausgeliefert. Das vordere Haubenschloß (vorher mit Knebelgriff) läßt sich nunmehr vom Fahrzeuginnenraum öffnen. Seit Juni dieses Jahres lassen sich die Vordersitze auch während der Fahrt verstellen. Ab Oktober entfällt die bislang serienmäßig mitgelieferte Andrehkurbel wie auch die Nummernschild-Einprägung in der Motorhaube.
Am 13. Mai 1949 läuft der 50 000ste Volkswagen vom Montageband. Das am 1. Juli 1949 vorgestellte Exportmodell kostet 5450 DM. Im gleichen Jahr präsentiert Karmann das viersitzige Käfer-Cabriolet.

Daten und Fakten

1949	8. 1.	An diesem Tage wird ein VW-Käfer in den Niederlanden verschifft. Ziel: die Vereinigten Staaten von Amerika. Damit beginnt der »Käfer« seinen Siegeszug in den USA.
	13. 5.	Der 50 000ste seit Kriegsende gebaute Volkswagen läuft vom Band.
	30. 6.	Zur Erweiterung des Absatzes wird als Tochterunternehmen die »Volkswagen-Finanzierungsgesellschaft mbH« (VFG) gegründet.
	1. 7.	Das »Export-Modell«, ein VW-Käfer mit verbesserter Ausstattung, wird vorgestellt: es kostet 5450 DM. Gleichzeitig Vorstellung eines von der Firma Karmann karossierten viersitzigen VW-Cabriolets.
	6. 9.	In der Verordnung Nr. 202 verzichtet die Militär-Regierung auf die Kontrolle der bisher beschlagnahmten Vermögenswerte, worunter auch das Volkswagenwerk fällt.

Im Juli wird das Export-Modell eingeführt. Äußerlich zeichnet es sich durch zusätzlichen Chromschmuck aus: Chromleisten am Trittbrett, Zierleisten in der Gürtellinie und auf der vorderen Haube. In den vorderen Kotflügeln befinden sich 2 runde Ziergitter, das Horn ist unter dem Kotflügel angebracht.

Export-Armaturenbrett. Handschuhkästen und Instrumententräger mit Chromleisten. Zweispeichiges Lenkrad. Sämtliche Bedienungsknöpfe aus elfenbeinfarbigem Kunststoff. Die vordere Haube wird über einen Zug vom Fahrzeuginnern her geöffnet.

Am Motorraumdeckel entfällt die Einprägung für das Nummernschild. Der Griff für die Haube ist nicht mehr verschließbar.

Standard-Armaturenbrett. Rechts im Armaturenbrett ein Blindeinsatz. Bei Einbau eines Radios muß das Blech nicht mehr ausgesägt werden. Unter dem Armaturenbrett links befindet sich der Zugschalter zum Öffnen der vorderen Haube.

Kofferboden mit 2 Schienen in Längsrichtung, bislang ohne Schienen.

Luftfilter: Von der bisherigen Topfform zur neuen Pilzform.

Bis Oktober 1949 kleine Fußrolle.

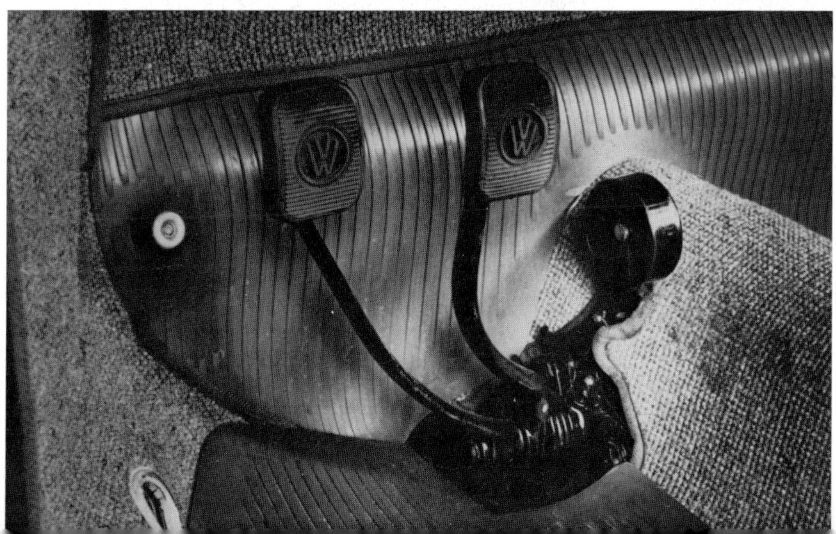

Seit Oktober 1949 große Gasfußrolle.

Am 3. 6. 1949 Serienbeginn des viersitzigen Käfer-Cabrios von Karmann. Täglich werden 1 bis 2 Exemplare hergestellt.

1949 läuft auch die Serienproduktion des Hebmüller-Cabrios an. Durch das voll versenkbare Verdeck befindet sich hinter den vorderen Sitzen nur eine Notsitzbank.

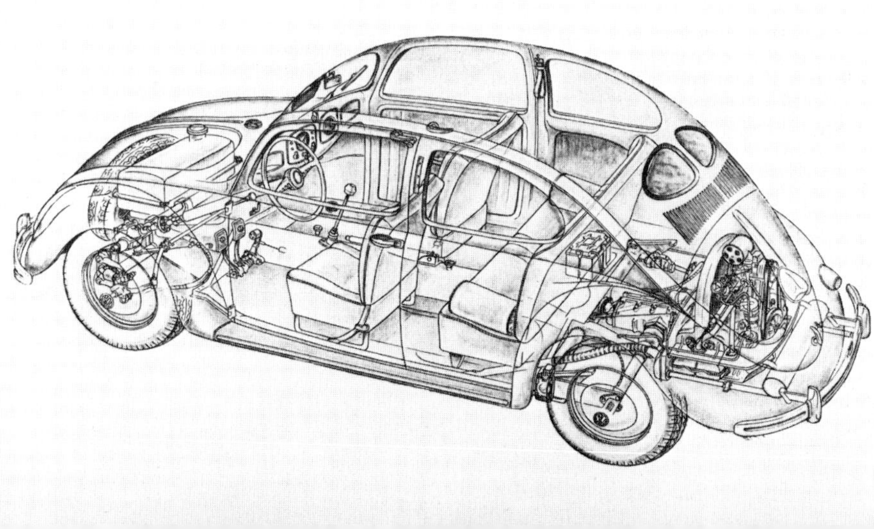

Phantomdarstellung des Export-Käfers.

1949 Die wichtigsten Änderungen

Motor/Kupplung/Heizung

Baujahr	Fahrgestell-Nr.	Aggregate-Nr.	Änderung
5. 1. 49	091 914	–	Heizungszug: Doppelter Heizungszug.
14. 1. 49	092 918	123 564	Luftfilter: Von der bisherigen Topfform zur neuen Pilzform.
18. 1. 49	093 270	124 031	Warmluftführungsunterteil: Geänderte Heizklappen ohne Scharnier.
1. 2. 49	094 554	125 426	Saugrohrstütze.
7. 3. 49	096 978	128 051	Kühlgebläsegehäuse: Ohne Drosselblende.
8. 4. 49	100 826	132 017	Kraftstoffpumpe: Mit blauer Solex-Membrane; mit 4 Dichtungen eingebaut.
28. 4. 49	101 902	133 131	Auslaßventile: Mit eingesetzter Druckplatte laufend, außer Motornummer: 133 634-668.
Juni 49	1-0 106 637	137 701	Entlüftungsrohr.
Juni 49	1-0 108 091	139 293	Filter: In Entlüftungslöchern des Zylinderkopfes.
Juli 49	1-0 114 186	–	Filzkegelfilter: Für Motoren in Volkswagen Typ 11 A.
September 49	1-0 119 588	150 702	Kolbenspiel: Für 3. Zylinder 0,05 mm größer.
September 49	1-0 120 959	152 050	Kupplungsscheibe: Geschränkte Kupplungsscheibe (F.+S.). Zunächst noch doppelte Druckfedern.
Oktober 49	–	–	Andrehkurbel: Entfällt.
Dezember 49	1-0 136 729	168 075	Stößelschutzrohre: Nur noch gewellte mit beiderseitig zylindrischen Rohrenden.

Kraftstoffanlage

Baujahr	Fahrgestell-Nr.	Aggregate-Nr.	Änderung
18. 1. 49	092 879	–	Kraftstoffabsperrhahn: Bisher mit Korkdichtung, jetzt mit Thiokoldichtung.
August 49	1-0 116 375	116 021	Kraftstoffbehälter: In der Form geändert. Absperrhahn in der Mitte, Sieb entfällt.
August 49	–	–	Verschlußdeckel für Kraftstoffbehälter: Mit VW-Zeichen, Abdichtung verstärkt, Verschlußfeder kräftiger.

Vorderachse/Lenkung

Baujahr	Fahrgestell-Nr.	Aggregate-Nr.	Änderung
15. 3. 49	097 580	ab 106 047 bis 107 046	Federstäbe: Unten 5 Blatt, oben 4 Blatt (1000 Vorderachsen); anstatt wie bisher: unten 4 Blatt, oben 5 Blatt.
14. 4. 49	101 322	110 007	Federstäbe: 5 Blatt unten, 4 Blatt oben, laufend; bisher: 4 Blatt unten, 5 Blatt oben.

Baujahr	Fahrgestell-Nr.	Aggregate-Nr.	Änderung
August 49	1-0117053	125338	Vorderachse: Vorne und hinten verstärkte, doppeltwirkende Teleskop-Stoßdämpfer. Tragrohre und Federstäbe (4/5) verkürzt, Seitenschilde länger.
September 49	1-0123476	131907	Spurstange, rechts: Mit Links- und Rechtsgewinde, laufend.

Hinterachse/Getriebe

Baujahr	Fahrgestell-Nr.	Aggregate-Nr.	Änderung
März 49	ab 098396 bis 098400	ab 108551 bis 109028	Getriebegehäuse: Aus Elektron, teilweise; bisher Umschmelzlegierung.
17. 3. 49	098400	108553	Getriebegehäuse-Ölerstfüllung: 2,5 Liter, anstatt bisher 3 Liter.
26. 4. 49	102026	112521	Getriebegehäuse: Elektron, laufend; bisher: Umschmelzlegierung.
August 49	1-0115763	126067	Bremsträger: Anstatt der bisherigen Rundlöcher jetzt vier Längslöcher am Bremsträger.
August 49	1-0117053	–	Hebel-Stoßdämpfer doppeltwirkend, teilweise. Bisher: Einfach wirkend.
Oktober 49	1-0127560	137582	Kupplungshebel: Verstärkte Ausführung.

Aufbau

Baujahr	Fahrgestell-Nr.	Aggregate-Nr.	Änderung
25. 1. 49	093781	–	Vordersitz: Rückenlehne gerade; bisherige Stellung: Schräg.
9. 2. 49	094470	44221	Kofferboden: 2 Schienen in Längsrichtung anstatt wie bisher: Ohne Schienen.
1. 5. 49	1-0102948	56912	Schaltbretteinsatz für Radio: Aus Preßstoff (blind). Vorderer Deckel: Mit einem Verschluß (Bowdenzug). Bisher: Verschließbarer Griff. Hinterer Deckel: Nicht mehr verschließbar. Bisher: Verschließbarer Griff. Hintere und vordere Stoßfänger: Breitere Ausführung, die Herstellung der konvexgekrümmten Stoßfängerhörner wird eingestellt.
6. 5. 49	1-0102383	52070	Schalttafel: Vollständig geändert, 2speichiges Lenkrad, Zeituhr (Exp.).
9. 5. 49	1-0103168	53453	Handschuhkasten: Preßstoff: Befestigung durch Spannband. Bisher: Blech.
9. 5. 49	1-0103889	53517	Rückenlehne-Rücksitz: Schräger gestellt; Anschläge um 30 mm nach hinten versetzt.
Juni 49	–	–	Rückfenster: Spiegelglas; bisher: Maschinenglas.

Baujahr	Fahrgestell-Nr.	Aggregate-Nr.	Änderung
Juni 49	–	–	Rückblickspiegel: Vibrationsfreie Halterung.
2. 6. 49	1-0 106 636	–	Lackierung: Kunstharz. Bisher: Nitrolackierung.
Juli 49	1-0 111 054	60 759	Motorraum-Deckel: Einprägung für Nummernschild entfallen.
August 49	1-0 117 700	67 337	Armlehne, linke Tür: Entfallen.
Oktober. 49	1-0 124 032	73 554	Bodenbelag: Braun-beigefarbene vordere Gummiprofilmatten sowie Gummiwandverkleidung. Hintere Gummimatten entfallen.
Rahmen			
5. 1. 49	091 914	–	Heizungszug: Vom einfachen, zum doppelten Heizungszug.
25. 1. 49	093 834	–	Vergaserzug: Kniestück am vorderen Ende; bisher: Öse.
29. 4. 49	102 537	–	Fußhebellager: Zusätzlich Schmiernippel an Leichtmetall-Lagern.
6. 5. 49	1-0 103 039	R. 109 131	Heizungszug: Führungsrohrenden mit Gummidichtungspfropfen.
22. 6. 49	1-0 107 101	R. 115 523	Rahmen-Nummer: Auf der ebenen Fläche des Rahmentunnels in Längsrichtung mit Schablone eingeschlagen.
Oktober 49	1-0 128 058	–	Gasfußhebel: Größere Rolle.
Oktober 49	1-0 128 116	R. 135 264	Gleitschiene für Fahrersitz links: 15 mm erhöht.
Elektrische Anlage			
6. 5. 49	1-0 102 848	K. 56 612	Verteilerdose: Bisher unter dem Armaturenbrett, jetzt am linken vorderen Seitenteil.
Mai 49	1-0 106 483	K. 56 078	Glühlampe für Bremslicht: 6 Volt, 15 Watt.
Juni 49	1-0 106 717	K. 56 343	Rückstrahler: Mehr Sicherheit gegen Eindringen von Feuchtigkeit.
Allgemeine Änderungen			
28. 4. 49	1-0 102 651	–	Fahrgestell-Nummer: Siebenstellige Ziffern. Bisher: Sechsstellige Ziffern.
2. 6. 49	1-0 106 636	–	VW-Export-Limousine: Fertigungsbeginn.
3. 6. 49	1-0 099 906	–	VW-Cabriolet: Fertigungsbeginn.
August 49	1-0 116 616	–	Einfahrtransparent: An Windschutzscheibe entfallen.
Oktober 49	–	–	Bordwerkzeug: Andrehkurbel entfallen.

1950

In diesem Jahr erhalten die Kurbelscheiben in den Türen einen kurvenförmigen Ausschnitt, der für zugfreie Belüftung sorgen soll. Neu ist in diesem Jahr auch das Sonnendach. »Die Bezeichnung ›Schiebedach‹ ist bei der Lösung, wie wir sie im VW finden, nicht ganz korrekt. Es handelt sich genau genommen um ein Faltdach«, so VW-Spezialist Arthur Westrup 1950 in seinem Buch »Besser fahren mit dem Volkswagen«. Der Mehrpreis für das Sonnendach beträgt 250 DM.
Im selben Jahr wird für die Exportmodelle die hydraulische Öldruckbremse eingeführt. Die VW-Belegschaft feiert 1950 die Produktion des 100 000sten Käfers. Der Kunde kann zwischen dem Standard-Modell für 5050 DM und dem Export-Modell für 5700 DM wählen. In der Zulassungsstatistik führt VW in der BRD mit einem Anteil von 41,5 Prozent einsam die Spitze an. Im Schnitt werden täglich 342 Volkswagen produziert. Die Auto Union erreicht in der Bundesrepublik einen Marktanteil von 1,1 Prozent, Opel erreicht 21,6 Prozent.
Die VW-Belegschaft ist im Jahresdurchschnitt auf 13 305 Werksangehörige angewachsen. Pro »Mann« werden, statistisch gesehen, 6,82 Wagen produziert. Der Durchschnittsstundenlohn beträgt im Bundesgebiet (ohne Bergbau) 1.24 DM, bei VW erhält der Arbeiter 1.50 DM.

Daten und Fakten

1950	Februar	Der erste Volkswagen-Transporter, ein völlig neuer Fahrzeugtyp, läuft vom Band; die Serienproduktion wird am 8. März mit 10 Wagen pro Tag aufgenommen.
	4. 3.	100 000ster Volkswagen seit Kriegsende.

Seit dem 28. 4. 1950 gibt es den Käfer auf Wunsch auch mit einem Falt-Schiebedach.

Zur besseren Belüftung haben die Türscheiben einen kurvenförmigen Ausschnitt.

Seit dem 3. 6. 1950 befindet sich im Export-Modell über dem Anlasserknopf ein Aschenbecher.

Im Gegensatz zur Export-Limousine, bei der seit 1949 das Horn unter dem linken Kotflügel sitzt, bleibt es bei der Standard-Limousine außen am Stoßstangenhalter. Aus diesem Grund fehlen in den Kotflügeln der Standard-Version auch die beiden Ziergitter.

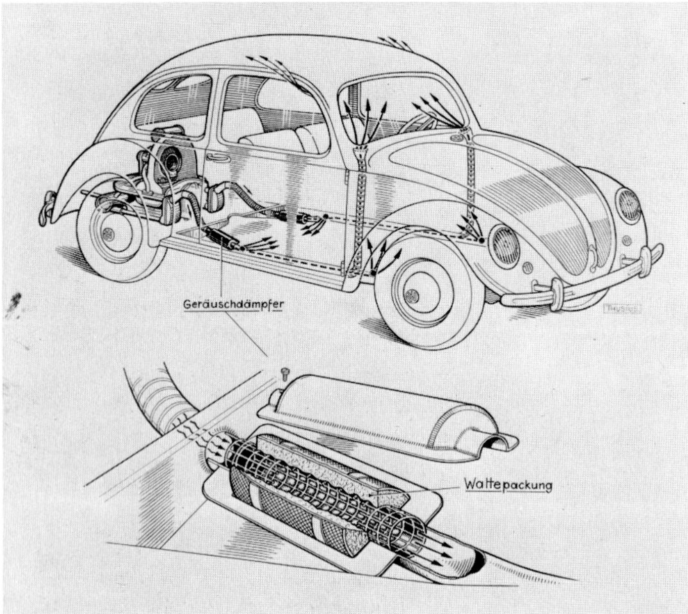

Im Fahrzeuginnern: Heizungsrohre mit Geräuschdämpfern.

Vorderachse: Federpaket mit 5 Blatt oben und unten.

Automatische Kühlluftregelung. In Abhängigkeit der Motortemperatur wird der Drosselring über einen Thermostat geregelt.

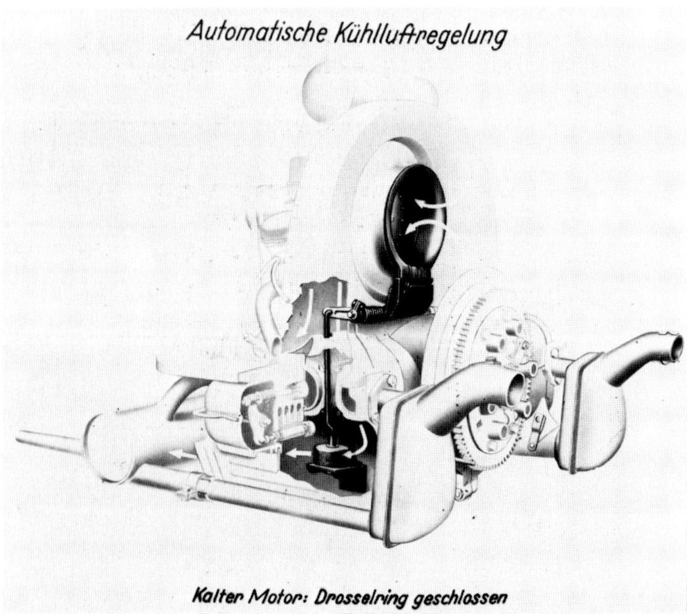

Die Form des Luftfilters änderte sich in den ersten Käfer-Jahren ständig. Seit Oktober 1950 findet ein Filter mit Filzeinsatz Verwendung.

1950

Die wichtigsten Änderungen

Motor/Kupplung/Heizung

Baujahr	Fahrgestell-Nr.	Aggregate-Nr.	Änderung
Januar 50	1-0 138 765	170 086	Kurbelgehäuse: Öl kann restlos abgelassen werden (Durchbruch Steuerkammer). Ölmenge 2,5 l: Ölfangblech entfällt; 4. Hauptlagerbohrung mit einer Nut versehen.
Januar 50	1-0 140 243	–	Zylinder: Dichtring zwischen Zylinder und Zylinderkopf.
17. 1. 50	1-0 141 601	173 030	Ölmeßstab: Phosphatiert und geschwärzt.
Februar 50	–	–	Ölablaß- und Verschlußschraube: Mit 19 mm Sechskantkopf, teilweise.
30. 3. 50	1-0 156 129	188 974	Auspuffrohr: Von 31 mm Durchmesser auf 32 mm Durchmesser erweitert.
2. 5. 50	1-0 162 580	196 110	Automatische Kühlluftregelung: Vorher Drosselblende mit Schwenkgriff.
9. 5. 50	1-0 164 402	198 222	Auspufftopf: Serienmäßig Verbindungsrohr am Auspufftopf für verstärkte Gemischvorwärmung (durchströmende Vorwärmung).
13. 5. 50	–	199 321	Kolben: Einsatz von Mahle-Autothermikkolben (teilweise).
19. 6. 50	1-0 173 719	108 481	Kupplung: Nur noch eine Feder, laufend.
10. 8. 50	1-0 183 539	220 317	Auslaßventil: Gepanzert, laufend.
Oktober 50	–	–	Ölfilter: Mechanisches Ölfilter (KD-Teil).
16. 11. 50	1-0 210 317	ab 252 752 bis 253 775	Auslaßventile: Mit hart gelötetem Plättchen.

Vorderachse/Lenkung

Baujahr	Fahrgestell-Nr.	Aggregate-Nr.	Änderung
Januar 50	1-0 138 835	147 306	Federstäbe: 5 Blatt oben und unten anstatt wie bisher: 4 Blatt oben, 5 Blatt unten.
August 50	1-0 183 052	125 336	Stoßdämpfer: Mit Ausgleichbehälter (Hemscheidt) für Vorderachse ältere Ausführung (KD-Teil).

Hinterachse/Getriebe

Baujahr	Fahrgestell-Nr.	Aggregate-Nr.	Änderung
28. 5. 50	1-0 167 890	180 741	Bremszylinder: 15,8 mm Durchmesser.

Bremsen/Räder/Reifen

Baujahr	Fahrgestell-Nr.	Aggregate-Nr.	Änderung
März 50	1-0 155 322	–	Bremse Öldruckbremse; teilweise (Typ 11 A+15).
April 50	1-0 158 253	–	Bremse: Öldruckbremse; laufend (Typ 11 A+15).

Baujahr	Fahrgestell-Nr.	Aggregate-Nr.	Änderung
13. 5. 50	1-0 164 460	–	Ausgleichbehälter für Bremsflüssigkeit: Mit Schwimmer; bisher: Mit Sieb.
20. 5. 50	1-0 167 890	–	Öldruckbremse: Durchmesser des Hauptbremszylinders von 22,2 mm auf 19,5 mm verringert. Durchmesser Radbremszylinder hinten von 19,05 mm auf 15,9 mm verringert.
Rahmen			
10. 2. 50	1-0 146 222	–	Vergaserzug: Bolzen und Schlinge vorn. Bisher: Kniestück mit Splint.
24. 3. 50	1-0 154 928	R. 162 801	Rahmen-Nummer: Hinten links auf senkrechter Seitenfläche des Querträgerbleches mit Schablone eingeschlagen. Bisher: Auf der ebenen Fläche des Rahmentunnels in Längsrichtung mit Schablone eingeschlagen.
29. 4. 50	1-0 162 444	–	Griff für Heizklappenzug: Drehgriff.
Mai 50	–	–	Heizungsrohre mit Schalldämpfer.
12. 9. 50	1-0 192 742	–	Vergaserzug: Hülse für Druckfeder, laufend.
17. 10. 50	1-0 202 071	–	Handbremshebel: Kürzer.
Aufbau			
Januar 50	1-0 140 130	89 257	Deckelschloßzug: Vergrößerter Knopf.
26. 1. 50	1-0 143 276	92 290	Kotflügel: Dichtring zwischen Scheinwerfer und Kotflügel.
13. 2. 50	1-0 146 657	95 531	Noppenteppiche, hinten: Braun-beigefarbene Gummiprofilmatten. Bisher: Noppenteppiche.
3. 4. 50	1-0 156 991	105 431	Entlüftung, zugfrei: Änderung der oberen Fensterführung, der senkrechten Fensterführung, des Fensterhebers und der Fensterscheibe oben.
18. 4. 50	1-0 159 782	108 281	Türverriegelung, rechts: Verschließbarer Stift.
3. 6. 50	1-0 169 714	118 146	Ascher: Am Schaltbrett und Seitenteil, rechts hinten.
Elektrische Anlage			
Januar 50	1-0 140 537	K. 89 656	Kontrollampen am Schaltbrett: Für Winker und Fernlicht links; Lichtmaschine und Ölkontrolle rechts.
Allgemeine Änderungen			
28. 4. 50	–	–	VW-Limousine mit Schiebedach: Fertigungsbeginn.

1951

Äußerliches Erkennungszeichen des 51er Käfers sind die seitlichen Ventilationsklappen im Vorderwagen. Das Standardmodell wird in den Farben mittelblau und perlgrau angeboten. 75 Prozent aller Käufer entscheiden sich für grau.
Das Exportmodell wird nicht nur durch eine zusätzliche Zierleiste für die Windschutzscheibe aufgewertet, sondern auch durch das Wolfsburger Wappen, das von nun an die Bughaube ziert. Bei der Exportausführung und bei dem Cabrio werden die Hebelstoßdämpfer durch Teleskopstoßdämpfer ersetzt, und das Standardmodell wird nur noch auf dem Prüfstand eingefahren.
Opfer des Kalkulationsstiftes werden die Armrollen für die Hintersitze, die den »Insassen das Gefühl vermitteln sollten, als säßen sie in einem Boudoir«. Auch entfallen im Bordwerkzeug die Radbefestigungsschrauben. Im Oktober rollt der 250000ste Volkswagen vom Band; 93709 Käfer werden in diesem Jahr produziert. Der billigste Käfer kostet 4600 DM.
Die Devisenerlöse aus den Exportgeschäften erreichen eine Höhe von 121,6 Millionen DM. In 29 Länder werden 35742 Volkswagen exportiert. Hauptabnehmer sind Belgien, Schweden, Schweiz, Holland, Finnland und Brasilien. Im Bundesgebiet gibt es 729 VW-Werkstätten, in denen 11121 Monteure beschäftigt sind.

Daten und Fakten

1951	5. 10.	Der 250 000ste Volkswagen seit Kriegsende wird gebaut.

Belüftungsklappen in den Seitenteilen.

Export-Modell mit zusätzlicher Zierleiste für den Windschutzscheibenrahmen.

Export-Modell: Wolfsburger Wappen auf der vorderen Haube.

Für das Export-Modell an der Hinterachse Teleskopstoßdämpfer anstelle von Hebelstoßdämpfern.

Am 20. 11. 1951 entfallen in der Serie die seit 1949 im Export-Modell vorhandenen Armrollen für die hintere Sitzbank.

Batteriebefestigung mit 2 Federn, die über Haken in den Deckel einschnappen.

1951

Die wichtigsten Änderungen

Motor/Kupplung/Heizung

Baujahr	Fahrgestell-Nr.	Aggregate-Nr.	Änderung
18. 1. 51	1-0 224 763	–	Vergaserzug: Hülse zur Führung der Druckfeder.
19. 1. 51	1-0 225 376	272 061	Kurbelgehäuse: Von der bisherigen Umschmelzlegierung zum Elektron.
21. 3. 51	1-0 241 734	287 661	Nockenwellenrad: Aus Kunststoff Resitex; nur Export-Ausführung.
27. 3. 51	1-0 242 600	293 200	Abgasschalldämpfer: Rohr geändert.
6. 4. 51	1-0 243 731	294 845	Heizklappen: Vordere Heizklappen in den Heizkörper verlegt.
18. 4. 51	1-0 246 090	297 815	Lichtmaschine: Von AL 15 erhöht auf: RED 130/6-2600 AL 16.
April 51	–	296 606	Kurbelgehäuse: In beide Kurbelgehäusehälften wurden Fenster eingelassen.
26. 11. 51	1-0 305 813	369 483	Ventilsitzring: Ventilsitzring für Auslaßventil aus V 2 A-Stahl, laufend.
27. 11. 51	1-0 306 417	ab 370 472 bis 370 556	Ventile: Mit Kappen, teilweise.

Hinterachse/Getriebe

Baujahr	Fahrgestell-Nr.	Aggregate-Nr.	Änderung
6. 4. 51	1-0 244 003	274 520	Stoßdämpfer: Teleskopstoßdämpfer. Bisher: Hebelstoßdämpfer (nur Exportausführung und Cabrio).

Rahmen

Baujahr	Fahrgestell-Nr.	Aggregate-Nr.	Änderung
31. 7. 51	1-0 272 406	–	Handbremshebel: Durch Gummistulpe am Rahmentunnel abgedeckt.

Aufbau

Baujahr	Fahrgestell-Nr.	Aggregate-Nr.	Änderung
6. 1. 51	1-0 221 638	168 482	Belüftung: Seitlich vorn Klappen.
1. 4. 51	1-0 243 731	–	Vordere Haube: Wolfsburger Wappen.
12. 4. 51	1-0 244 668	190 177	Windschutzscheibe: Mit Zierrahmen.
13. 4. 51	1-0 241 638	–	Wagen-Belüftung: Seitenteil vorne links und rechts Ausstellklappen. Vordere Haube: Bowdenzug; bisher: Drehgriff. Handschuhkasten (151): Verschließbar. Türen (151): Verdeckte Türscharniere. Tür-Verkleidungen (151): Je eine Seitentasche.

Baujahr	Fahrgestell-Nr.	Aggregate-Nr.	Änderung
14. 8. 51	1-0 276 126	–	Belüftungsklappen: Neu: Sieb und Bedienungshebel.
25. 10. 51	1-0 296 592	309 965	Wagenheberaufnahme: Verstärkte Ausführung.
20. 11. 51	1-0 304 210	–	Armrollen-Hintersitze: Entfallen.
Elektrische Anlage			
4. 1. 51	1-0 221 051	266 644	Kleine Riemenscheibe: Geändert, um Auflaufen des Keilriemens zu vermeiden.
März 51	–	–	Zündverteiler: Kennzeichnung mit Zahl und Buchstaben nach Monat und Jahr.
13. 4. 51	1-0 241 638	–	Innenleuchte (151): Zusätzlich Tür-Kontaktschalter. Unterbrecher-Schalter bei geöffnetem Verdeck.
18. 4. 51	1-0 246 090	297 815	Lichtmaschine: Neu: RED 130/6 – 2 600 Al 16. Bisher: Al 15.
1. 12. 51	1-0 308 653	–	Kontrollampen am Schaltbrett: Neu: 6 Volt, 0,6 Watt. Bisher: 6 Volt, 1,2 Watt.
Allgemeine Änderungen			
5. 2. 51	1-0 229 182	–	Standard-Limousine: Wird nur noch auf dem Prüfstand eingefahren.
24. 9. 51	1-0 287 416	–	Bordwerkzeug: Radbefestigungsschrauben entfallen.

1952

Die Limousine dieses Jahrgangs hat erstmals Schwenkfenster in den vorderen Türen. Die Stoßfänger haben ein breiteres Profil und sind mit je zwei widerstandsfähigen Hörnern ausgestattet.
Die Schallöffnung für den verdeckten Horneinbau unter dem linken Kotflügel wird durch ein in Wagenfarbe lackiertes ovales Ziergitter verdeckt.
An der Motorklappe ersetzt ein handlicher Knebelgriff den nach oben gerichteten Griff.
Die Rückleuchten haben zwei obenliegende Fenster für die Bremsleuchten. Die Sicherungsdose für die Brems- und Schlußleuchten wird vom Motorraum an die Rückseite der Instrumententafel verlegt.
Das Exportmodell wird aufgewertet durch eine nunmehr aus Aluminium bestehende und polierte Zierleiste auf der vorderen Klappe und durch verbreiterte, glatte Leisten (ohne Längsrillen) in der Gürtellinie. Außerdem: Blanke Zierrahmen am Tür-, Seiten- und Rückwandfenster sowie ovale Ziergitter aus blankem Aluminium für die Horn-Schallöffnung in den vorderen Kotflügeln. Der Griff für die vordere Haube erhält eine neue Form. Völlig umgestaltet präsentiert sich die Instrumententafel. Auf den linken Handschuhkasten wurde verzichtet. Dafür ist eine zusätzliche Tasche in der Türverkleidung vorhanden. Der Winkerschalter befindet sich jetzt links am Lenkrad. Der Anlasserknopf sitzt links vom Lenkrad, während der Choke rechts vom Lenkrad in der Instrumententafel seinen neuen Platz hat.
Licht- und Wischerschalter sind als Zugschalter ausgestaltet. Für die Instrumenten- und Innenbeleuchtung stehen Kippschalter unter dem Instrumentenbrett zur Verfügung.
Zur besseren Ausleuchtung des Innenraumes ist die Innenleuchte vom Heck in den linken Dachholm verlegt worden.
Beim Exportmodell ziert ein tiefschwarzer Signalknopf mit goldenem Wolfsburger Wappen in einem hochglanzverchromten Ring das Lenkrad.
Die Limousine läuft nunmehr auf kleineren, aber breiteren Reifen (von 5.00-16 auf 5.60-15). Zur Geräuschverminderung wird die Gepäckraumwand gegen den Motorraum durch eine vorgelegte Dämpfungspappe mit aufgespritztem Schallschluckstoff ausgerüstet.
Neuer Fahrkomfort stellt sich durch die Sechs-Blatt-Federstäbe in der Vorderachse sowie durch eine veränderte Vorderrad- und Hinterradaufhängung ein. Und beim Exportmodell auch durch ein synchronisiertes Getriebe (2., 3. und 4. Gang).
Damit das Kraftstoffluftgemisch besser vorgewärmt wird, ist das Abgasheizrohr direkt an das Ansaugrohr verlegt und mit einer Aluminium-Umgießung verbunden.
41,4 Prozent aller Käfer werden exportiert. Der Stundenlohn ist im VW-Werk inzwischen auf 2.13 DM geklettert. Die Tagesproduktion beträgt im 4. Quartal 734 Stück. Der preiswerteste Käfer kostet 4600 DM.

Daten und Fakten

1952	11. 9.	Gründung der »Volkswagen Canada Ltd.« als Verkaufsgesellschaft.

Stoßfänger mit breitem Profil und widerstandsfähigen Stoßfängerhörnern. Ovale Ziergitter für verdeckten Horneinbau.

Rechts: Be- und Entlüftung durch Schwenkfenster in den Vordertüren.

Völlig neues Armaturenbrett, linkes Ablagefach ist entfallen.

Handschuhkasten mit Deckel.
Großer Kippaschenbecher vor dem Beifahrer.

Anlasserknopf links vom Lenkrad.
Winkerschalter links am Lenkrad.

Tachometer mit 110 Millimeter Einbaudurchmesser.
Die Kontrolleuchten sind im Ziffernblatt integriert.

Export-Modell: Tiefschwarzer Signalknopf mit goldenem Wolfsburger Wappen. In Lenkradmitte hochglanzverchromter Zierring.

Motordeckel mit quergestelltem Knebelgriff.

Schlußleuchten mit »Herz«-Fenstern für die beiden Bremsleuchten. Der abgebildete Rückfahrscheinwerfer gehörte nicht zur Serien-Ausstattung.

Heckansicht vom 53er Modell.

Rechts unten:
Heizungseinstellung mit Drehknopf.

Der Chokezugknopf auf dem Fahrgestelltunnel entfällt.

Motor mit 28 PCI-Vergaser, der erstmals mit einer Beschleunigerpumpe ausgestattet ist.

Türverkleidung mit längsgestepptem Oberteil und längslaufender, blanker Zierleiste.

Vorderer Kofferraum mit Blick auf das neue Armaturenbrett von hinten.

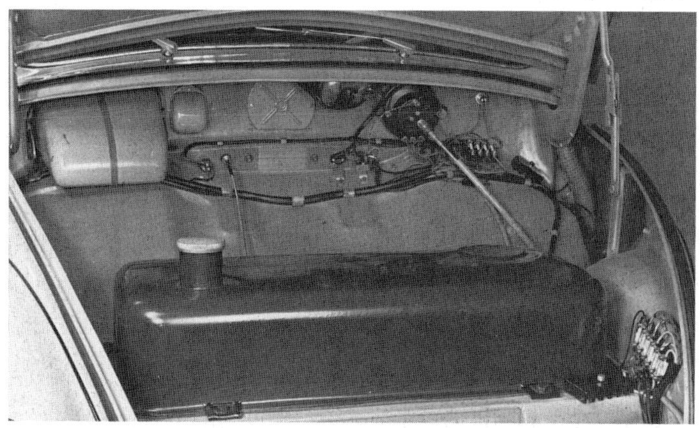

1952

Die wichtigsten Änderungen

Motor/Kupplung/Heizung

Baujahr	Fahrgestell-Nr.	Aggregate-Nr.	Änderung
21. 1. 52	1-0 320 804	387 815	Hohlschraube: Mit Filzdichtring gegen Ablauf des Fettes.
25. 3. 52	1-0 338 059	408 661	Auspuffrohr: Verbindungsrohr zwischen Auspuffrohr und Abgasschalldämpfer entfällt.
29. 5. 52	1-0 357 667	433 003	Ventilfeder: Die bisherigen zwei Federn werden nun durch eine Feder ersetzt.
20. 8. 52	1-0 382 029	–	Öldbadluftfilter: Teilweise.
1. 10. 52	1-0 397 023	481 713	Heizung: Einstellung mit Drehknopf und Spindel. Ansaugrohr: Mit angeformtem Abgasheizrohr in gemeinsamer Aluminium-Umgießung.
15. 10. 52	1-0 402 111	–	
20. 10. 52	–	122-00 001	VW-Industrie-Motor: Fertigungsbeginn.

Kraftstoffanlage

Baujahr	Fahrgestell-Nr.	Aggregate-Nr.	Änderung
1. 10. 52	1-0 397 023	481 713	Neu: Vergaser 28 PCI. Bisher: Vergaser 26 VFIS.
November 52	–	–	Filzkegel-Luftfilter jetzt mit Flammenschutzsieb.

Vorderachse/Lenkung

Baujahr	Fahrgestell-Nr.	Aggregate-Nr.	Änderung
1. 10. 52	1-0 397 023	410 951	Federung + Vorderachse: Federstäbe 6 Blatt anstatt wie bisher: 2×5 Blatt. Stoßdämpfer Hub 130 mm, bisher 90 mm.

Hinterachse/Getriebe

Baujahr	Fahrgestell-Nr.	Aggregate-Nr.	Änderung
1. 10. 52	1-0 397 023	A-00001	Synchrongetriebe: 2. 3. 4. Gang synchronisiert, Neu: Für VW-Export-Limousine; Bisher: Standard-Getriebe. Getriebeaufhängung: Gummimetallager vorn und hinten. Bisher: Ohne Gummimetallager. Drehstäbe: Durchmesser von 25 mm auf 24 mm verringert.

Bremsen/Räder/Reifen

Baujahr	Fahrgestell-Nr.	Aggregate-Nr.	Änderung
7. 2. 52	1-0 324 758	–	Öldruckbremse: Ausgleichbehälter ohne Schwimmer. Bisher: Mit Schwimmer.

Baujahr	Fahrgestell-Nr.	Aggregate-Nr.	Änderung
1. 10. 52	1-0 397 023	VA 410 951 HA 000 001 HA 456 614	Reifen: 5,60-15; Felgen 4 J-15, Bisher: 5,00×16. Reifendruck:1,1 atü vorn, hinten 1,4 oder 1,6 atü. Radbremszylinder, hinten Durchmesser von 15,9 mm auf 17,5 mm vergrößert.
Rahmen			
22. 1. 52	1-0 316 900	–	Handbremshebel: Abdeckung am Rahmentunnel (nur Export).
20. 6. 52	1-0 365 201	HA 418 210	Kupplungsseil-Nachstellmutter: Durchmesser verringert; Kupplungshebel mit kegeliger Ansenkung.
1. 10. 52	1-0 397 023	R. 415 437 HA 000 001 HA 456 614	Heizung: Drehknopf mit Feineinstellung.
Aufbau			
1. 10. 52	1-0 397 023	337 823	Drehfenster: In beiden Türen. Heizung: Breitere Entfrosterdüsen für Windschutzscheibe. Heizungszug: Mit Drehknopf und Spindel. Bisher: Zugknopf. Geräuschdämpfung: Pappe im Motorraum, vorn. Kurbelfenster: 3¼ Kurbelumdrehungen. Bisher: 10½. Motorklappe: Doppelgriff. Bisher: Einfacher Griff. Stoßfänger: Breites Profil, starke Hörner. Zierleisten: Eloxiert und poliert. Bisher: Alu-Leisten. Handschuhkasten: Mit Deckel und Druckknopf. Bisher: Offene Ablage. Instrumententafel: Vollkommen geändert. Gummifußmatten: Mit Druckknöpfen, rutschfest. Ausstattung: Vorn Beifahrer-Aschenbecher; andere Stoffdessins.
Elektrische Anlage			
20. 2. 52	1-0 322 639	–	Standlicht mit Scheinwerfer: Neu: Standlicht, Klemme 58 (StVZO). Bisher: Klemme 57.
1. 10. 52	1-0 397 023	481 713	Bremsleuchten: 2 obenliegende; kombiniert mit Schlußlicht und Rückstrahler. Bisher: Eine Leuchte Mitte hinterer Deckel. Sicherungsdo-

Baujahr	Fahrgestell-Nr.	Aggregate-Nr.	Änderung
			se für Brems-/Schluß-Leuchte: Rückseite Instrumententafel. Scheibenwischer: Stärker und größerer Wischwinkel; automatischer Rückgang. (Nur Export). Batterie: 70 Ah; Spannband in Längsrichtung. Bisher: 84 Ah; Spannband quer zur Fahrtrichtung. Anlasserbetätigungsknopf: Links vom Lenkrad an der Instrumententafel. Bisher: Rechts vom Lenkrad. Winkerschalter: Hebel links an Lenksäule. Bisher: Schalter an Instrumententafel. Licht- und Wischerschalter: Je 1 Zugschalter. Bisher: Drehschalter. Innen- und Instrumentenbeleuchtung: Kippschalter unter Instrumententafel. Horn: Neu: Verdeckter Einbau für Standard und Export mit Ziergitter. Bisher: Außen angebracht. Tachometer: Größer mit Kontrollampen im Blickfeld. Innenleuchte: Über linkem Türpfosten. Bisher: Über der Rückblickscheibe. Steckdose für Handlampe: Entfallen. Bisher: Unter dem Schaltbrett eingebaut. Signalkopf/Lenkrad: Mit Wappen. Bisher: Ohne.
Allgemeine Änderungen			
19. 3. 52	1-0 336 561	–	Bordwerkzeug: Wagenheber »Klettermaxe«.
1. 10. 52	1-0 397 023	–	Bordwerkzeug: Ersatzkeilriemen entfallen.
15. 10. 52	1-0 402 111	–	Bordwerkzeug: Ersatzkeilriemen beigefügt.

1953

Ein entscheidendes Datum in der Käfergeschichte ist der 10. März 1953. An diesem Tag entfällt ab Fahrgestellnummer 1-0454 951 beim hinteren Fenster der Mittelsteg. Das neue durchgehende Fenster wird um 23 Prozent größer und ist leicht gewölbt. Die Zubehörindustrie zieht mit und entwickelt ein durchgehendes Heckfenster zum nachträglichen Einbau. Wer etwas auf sich hält und einen älteren Käfer besitzt, sägt den Mittelsteg raus und baut das modernere Fenster ein.

Die Fahrzeuginnenleuchte hat einen Schalter, so daß das Licht auch bei geöffneter Tür ausgeschaltet werden kann.

Der ausklappbare Aschenbecher hat einen zusätzlichen Griff und läßt sich dadurch leichter öffnen. Auch das Standardmodell wird nunmehr serienmäßig mit diesem Ascher ausgerüstet.

Die lichte Weite des Kraftstoffeinfüllstutzens wird wieder von 40 auf 80 Millimeter vergrößert. Auf Wunsch gibt es zum nachträglichen Einbau einen Lenkungsdämpfer.

Zum 500 000sten Wagen, der im Juli 1953 vom Band läuft, erhält die Belegschaft eine Prämie von 2,5 Millionen Mark.

Der Anteil des Volkswagenwerkes an der Pkw-Herstellung im Bundesgebiet beträgt 42,5 Prozent. 68 754 Fahrzeuge werden exportiert, die Devisenerlöse bringen 254,2 Millionen Mark in die Kasse.

Die durchschnittliche Tagesproduktion einschließlich der Transporterfabrikation liegt bei 673 Wagen.

In Brasilien wird die »Volkswagen do Brasil S. A.« in Sao Paulo gegründet, die sich zu einer der bedeutendsten Tochtergesellschaften entwickelt.

Am 8. Dezember 1953 besichtigt der 250 000ste Besucher nach dem Krieg das Werk in Wolfsburg.

Die VW-Belegschaft ist auf 20 569 Mitarbeiter angestiegen.

Daten und Fakten

1953	23. 3.	Gründung der »Volkswagen do Brasil S. A.«, Sao Bernardo do Campo bei Sao Paulo, zur Produktion von Volkwagen in Brasilien.
	20. 4.	Gründung der gemeinnützigen »VW-Wohnungsbau«.
	3. 7.	Der 500 000ste Volkswagen läuft vom Band.

Heckfenster ohne Mittelsteg.

Das Heckfenster ist leicht gewölbt und gegenüber dem bisherigen »Brezelfenster« um 23 Prozent größer.

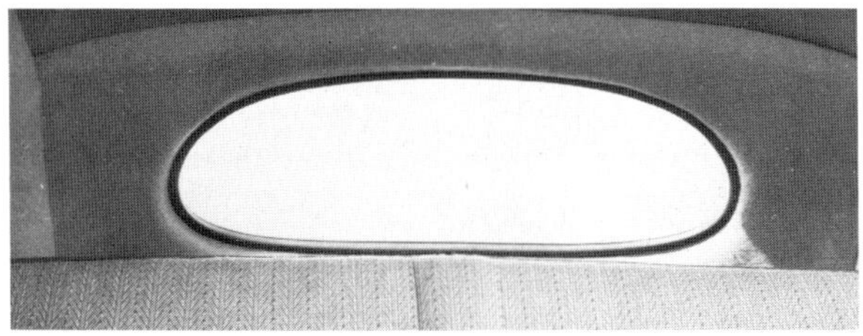

Phantomdarstellung des 53er Käfers.

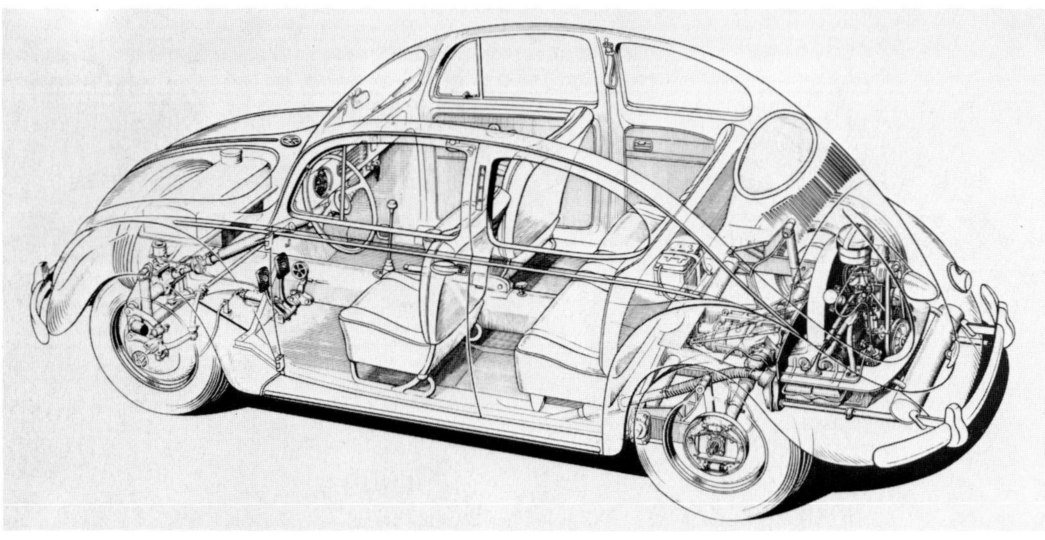

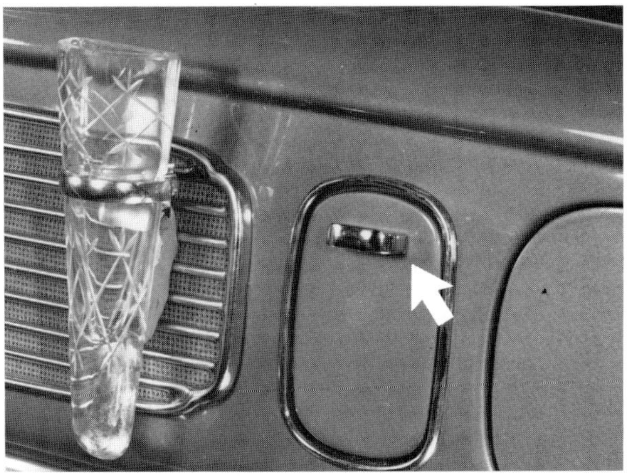

Serienmäßig erhalten alle Käfer-Modelle einen Ölbadluftfilter.

Links oben:
Aschenbecher im Armaturenbrett mit kleinem Griff.

Der Tank-Einfüllstutzen wird von 40 auf 80 Millimeter vergrößert.

Käfer-Cabrio, Modelljahr 54.

1953 Die wichtigsten Änderungen

Motor/Heizung/Kupplung

Baujahr	Fahrgestell-Nr.	Aggregate-Nr.	Änderung
2. 1. 53	1-0 428 221	–	Ölbad-Luftfilter: Mit Spannband.
15. 1. 53	1-0 433 397	525 661	Vergaser: Neu: Ausgleichsluftdüse 200. Bisher: 190.
20. 1. 53	1-0 435 509	528 095	Ventilspiel: Von 0,15 mm auf 0,10 mm.
21. 12. 53	1-0 575 415	695 282	Motorleistung: Von 25 PS/1131 cm³ auf 30 PS/1192 cm³, Verdichtung von 5,8:1 auf 6,1. Ölbad-Luftfilter: Serienmäßig alle Modelle. Einfahrvorschriften: Entfallen.

Kraftstoffanlage

Baujahr	Fahrgestell-Nr.	Aggregate-Nr.	Änderung
15. 1. 53	1-0 433 397	518 653	Vergaser 28 PCI: Ventilkugeln aus Bronze. Bisher: Stahl.
7. 3. 53	1-0 454 951	392 967	Kraftstoffbehälter: Neu: Einfüllstutzen 80 mm ∅. Bisher: 40 mm ∅.

Vorderachse/Lenkung

Baujahr	Fahrgestell-Nr.	Aggregate-Nr.	Änderung
21. 8. 53	1-0 517 304	531 623	Vorderachse: Federstäbe 8 Blatt. Bisher: 6 Blatt.
21. 8. 53	1-0 517 880	532 264	Vorderradlager-Schmierung: Radnabenkappen nicht mehr mit Fett gefüllt.
21. 11. 53	1-0 562 054	–	Lenkrad-Einbau: 2 Speichen nach oben zeigend, Blickfeld für Tachometer frei.

Bremse/Räder/Reifen

Baujahr	Fahrgestell-Nr.	Aggregate-Nr.	Änderung
21. 12. 53	1-0 575 415 (Exp.) 1-0 575 417 (Stand.)	VA 590 166 HA 167 878	Ausgleichbehälter für Hauptbremszylinder: Im vorderen Gepäckraum hinter dem Ersatzreifen. Bisher: Am Hauptbremszylinder.

Aufbau

Baujahr	Fahrgestell-Nr.	Aggregate-Nr.	Änderung
14. 2. 53	1-0 441 708	380 257	Türkeilpuffer: Verstellbar. Bisher: Nicht verstellbar.
10. 3. 53	1-0 454 951	392 967	Zierleisten: Reflectal-Leisten. Rückwandfenster: 23% größer und gewölbt. Bisher: Fenster mit Steg. Sicherheitsglas: Bisher: Spiegelglas. Aschenbecher: Mit Griff am Armaturenbrett (auch Standard).
20. 3. 53	1-0 448 117	12 410	VW-Cabriolet: Verstellbare Türkeilpuffer. Bisher: Nicht verstellbar.
18. 6. 53	1-0 495 968	431 450	Aufbau Scheibenwischer: Neu: Loch für Scheibenwischerwelle 8 mm tiefer gesetzt.

Baujahr	Fahrgestell-Nr.	Aggregate-Nr.	Änderung
			Neu: Deckelstütze kürzer, Ausstellwinkel (vordere Haube) kleiner. Neu: Lagerdichtung für Scheibenwischerwelle mit Dichtmasse eingesetzt.
6. 7. 53	1-0503371 1-0503276	438200 (Export) 438295 (Stand.)	Vorreiber re. und li. für Drehfenster: Mit Sicherung.
Juli 53	1-0509668	–	Rückspiegel mit Sonnenblende.
21. 12. 53	1-0575415 1-0575417 (Stand.)		Heizungsaustrittsöffnungen: Neu: Vorne und größer mit Schutzgitter. Bisher: 2 Öffnungen hinten.
Rahmen			
3. 11. 53	1-0552991 (Stand.)		Knopf für Heizklappenzug: Neu: ohne Beschriftung.
Elektrische Anlage			
3. 2. 53	1-0441556	K. 380297	Sicherungen: Sicherungsstreifen aus Messing.
10. 3. 53	1-0454951	K. 392967	Innenleuchte: Mit Ausschalter; 10 Watt-Lampe. Bisher: 5 Watt. Tachometer-Winkerpfeile: Neu: Zusammen und breiter. Bisher: Geteilt.
9. 10. 53	1-0541307	–	Lichtmaschine: 9N, 3 Li/REF, 160 Watt – 2500 L., teilweise.
21. 12. 53	1-0575417	695282	Lichtmaschine: 160 Watt (alle Typen). Bisher: 130 Watt. Instrumentenbeleuchtung: Automatisch und regulierbar, mit Außenbeleuchtung. Bisher: Nicht regulierbar, Kippschalter. Innenleuchte: Türkontakte und 3 Schaltstellungen. Bisher: Kippschalter für Innenleuchte unter Instrumententafel. Scheibenwischer: Arme aus Flachprofil; Blätter-Tannenbaumprofil. Metalleffekt-Lackierung. Bisher: verchromt. Keilriemen: Schmaler, mit Kunstfasereinlage. Im Bordwerkzeug entfallen. Zünd- und Anlaßschloß: Kombiniertes Schloß; Anlasserdruckknopf. Zündverteiler: Neu: Mit Unterdruckverstellung (Nur VW-Personenwagen). Bisher: Ohne. Batterie-Spannband: Neu: Mit Schnappverschluß. Bisher: Klemmbügel mit Federn. Tür- und Zündschloß: Neu: Gleiche Schließung und Mulde. Bisher: 2 verschiedene Schließungen.

1954

Mit dem neuen Käfer »geht der große Wunsch aller sportlich eingestellten VW-Fahrer in Erfüllung. Die Motorleistung wird von 25 auf 30 PS – also um 20 Prozent – gesteigert (Produktionsanlauf am 21. Dezember 1953). Damit steigt die Höchstgeschwindigkeit auf 110 km/h«.

Erreicht wird die Leistungssteigerung durch das Vergrößern des Hubraums von 1131 ccm auf 1192 ccm und eine Erhöhung der Verdichtung von 5,8 auf 6,1 (im August des gleichen Jahres auf 6,6). Zudem kommen größere Einlaßventile (von 28 auf 30 mm) und strömungsgünstigere Ansaug- und Auspuffkanäle zum Einsatz. Alle Käfermotoren werden einheitlich mit einem Ölbadluftfilter ausgerüstet.

Der Vergaser erhält einen Unterdruckanschluß, so daß der leistungsstärkere Motor mit einem Zündverteiler ausgestattet werden kann, der über Unterdruck angesteuert wird. Für den steigenden Strombedarf wird die Lichtmaschinenleistung von 130 auf 160 Watt angehoben.

An der Stelle des bisherigen Zündschlosses ist ein kombiniertes Zünd- und Anlaßschloß eingebaut. Der Anlaßdruckknopf ist entfallen.

Die hintere Sitzlehne wird durch eine ausknöpfbare Gummischlaufe gehalten. Dadurch kann die Lehne bei scharfem Abbremsen nicht mehr nach vorn klappen.

Die Verteilung der Heizluft ist dem unterschiedlichen Wärmebedarf angepaßt. Sie strömt jetzt nur noch durch zwei vergrößerte Öffnungen im vorderen Fußraum und durch die Entfrosterdüsen an der Windschutzscheibe in den Wagen.

Der Bedienungshandgriff für die Heizung trägt keine Beschriftung mehr.

Die Innenleuchte wird bei der Standard-Limousine nur noch mit dem in der Leuchte eingebauten Schalter betätigt, die Export-Limousine erhält einen Türkontaktschalter. Das Batteriespannband besitzt einen praktischen Schnappverschluß (vorher verschraubt), der rasch und ohne Werkzeug betätigt werden kann. Die gesteigerte Qualität der Keilriemen erlaubt es, den Ersatzkeilriemen bei Neukauf eines Käfers nicht mehr mitzuliefern.

Die Scheibenwischer erhalten kräftigere Wischerarme (flaches Profil, vorher rundes Profil) und ein Gummiprofil in Tannenbaumform. Dadurch wird ein ruhigerer Gang und eine verbesserte Wischwirkung erzielt. Die Wischerarme sind nicht mehr verchromt, sondern weisen eine Metalleffektlackierung auf.

Im Jahresdurchschnitt werden täglich 769 Käfer produziert. Das Volkswagenwerk zahlt Ende des Jahres seinen Arbeitern 2.25 DM Stundenlohn. Der VW-Standard kostet jetzt 3950 DM, das Exportmodell 4850 DM und das Cabriolet 6500 DM. Auf dem Stuttgarter Killesberg kommen am 10./11. Juli 18000 VW-Fahrer mit 4800 Jubiläums-Volkswagen zum zweiten Treffen der »Hunderttausender« (Käfer-Kilometerleistung mit einem Motor) zusammen. Und VW-Chef Nordhoff verkündet: *»Wir sind eben – und ich möchte das immer und immer wieder sagen, weil immer wieder absolut sinnlose und völlig unbegründete Gerüchte von einem neuen Volkswagen in die Welt gesetzt werden – der Überzeugung, daß das Heil nicht in noch so kühnen und großartigen Neukonstruktionen liegt, sondern in der ganz konsequenten und nie befriedigten Weiterentwicklung auch des kleinsten Details bis zur Reife und Vollendung, die eben den wirklich hervorragend guten Wagen ausmacht und die den wirklich überraschenden Erfolg bringt. Glaubt jemand im Ernst, wir würden einen Wagentyp aufgeben, der uns seit Jahren solche Erfolge bringt und der so einwandfrei an der Spitze der gesamten europäi-*

schen Automobilindustrie liegt, daß er in USA, wo man doch bestimmt viel von Automobilen weiß, geradezu als das Symbol des deutschen Wiederaufstiegs angesehen und anerkannt wird? Wir verkaufen den Volkswagen ganz besonders in den Ländern mit einer großen leistungsfähigen und von uns sehr respektierten eigenen Automobilindustrie nur mit einem einzigen Argument: Qualität!«

Daten und Fakten

1954		Im Konzern erreicht der Umsatz erstmals über eine Milliarde DM. Von nun an wird jährlich eine Erfolgsprämie an die Belegschaft gezahlt.
	9. 10.	Der 100 000ste Transporter läuft in Wolfsburg vom Band. Der Plan zur Errichtung eines eigenen Transporterwerkes in Hannover-Stöcken wird offiziell bekanntgegeben.
	1. 11.	Außerhalb der Grenzen der Bundesrepublik laufen in Belgien die meisten Volkswagen: 53 000 Stück.

Neuer Käfer-Motor mit 1,2 Liter Hubraum und 30 PS. Eine Unterdruckleitung verbindet den Vergaser mit dem Zündverteiler. Zur besseren Beheizung des Ansaugrohres befindet sich in der Mitte des Fallrohres ein Heizmantel.

Lackierte Scheibenwischerarme mit breitem Arm. Die Wischergummis haben das Profil eines Tannenbaumes.
Auf Wunsch: Beifahrer-Haltegriff.

Typische Innenausstattung aus dem Jahr 1954.

Die Heizluft strömt nur noch durch zwei vergrößerte Öffnungen im vorderen Fußraum und durch Entfrosterdüsen im Armaturenbrett in den Wagen. An Stelle des bisherigen Zündschlosses ist ein kombiniertes Zünd-Anlaßschloß eingebaut. Dadurch entfällt der Anlaßdruckknopf. Die Instrumentenbeleuchtung schaltet sich automatisch mit dem Einschalten der Außenbeleuchtung ein.

Batterie-Spannband mit praktischem Schnappverschluß, so daß die Batterie ohne Werkzeug ausgebaut werden kann.

Links oben: Der Nachfüllbehälter für den Hauptbremszylinder befindet sich im vorderen Gepäckraum hinter dem Reserverad.

Mitte: Werbung für den 5 PS stärkeren Motor.

Käfer-Cabrio: Die Kunstharzlackierung löst die bei diesem Modell bislang übliche Nitrolackierung ab.

1954

Die wichtigsten Änderungen

Motor/Kupplung/Heizung

Baujahr	Fahrgestell-Nr.	Aggregate-Nr.	Änderung
25. 1. 54	1-0 591 433	514 590	Ölmeßstab: Angebogene Öse sowie Kapsel.
6. 2. 54	1-0 518 795	723 005	Ölkühler: Kennzeichnung: Monat, Jahr, auf der Unterseite verlegt.
22. 3. 54	Industriemotor	122-02857	Andrehkurbel: a) Wandstärke von 2 mm auf 3 mm verstärkt, b) nahtloses Rohr.
21. 4. 54	1-0 637 872	770 850	Zündverteiler VJU 4 BR 3 mk: Verbesserte Federn für Fliehgewichte.
17. 5. 54	1-0 653 400	ab 788 196 bis 794 174 ab 806 314 bis 811 940	Vergaser 28 PCI: Nylonschwimmer (11 604 Stück) Kennzeichen: Blauer Punkt.
1. 7. 54	1-0 678 201	819 078	Öleinfüllverschluß: Filtereinsatz entfallen.
19. 8. 54	1-0 696 501	–	Ersatzkeilriemen: Im Bordwerkzeug entfällt.
31. 8. 54	1-0 702 742	–	Kolben 77 mm ∅: Mit flachem Boden, Verdichtung 6,6:1. Einsatz des 30 PS-Motors.

Aufbau

Baujahr	Fahrgestell-Nr.	Aggregate-Nr.	Änderung
25. 5. 54	1-0 652 823	17 850	VW-Cabriolet: Neu: Kunstharzlackierung. Bisher: Nitrolackierung. Rückblickspiegel mit 2 Sonnenblenden, Haltegriff für Beifahrer, Armschlaufen im Fond (2 Stück), Steinschlagschutz, Auspuffblende, faltenloser Sitz/Verdeckhülle, erhöhte Sitzvorderkante, Sitze neu garniert.
13. 10. 54	1-0 730 023	–	Windschutzscheibe: Mit Sichtinsel vor dem Fahrer.
10. 12. 54	1-0 770 501	687 285	Türscharnier: Anstatt wie bisher ein Ölloch, jetzt Ölnut für Bolzenschmierung.

Elektrische Anlage

Baujahr	Fahrgestell-Nr.	Aggregate-Nr.	Änderung
31. 8. 54	1-0 702 742	122-05091	Zündverteiler: VJU 4 BR 8 und VJ BR 8: Verteilerfinger mit Rille für Staubschutzkappe.
1. 10. 54	1-0 722 916	–	Brems-/Schlußlichtgehäuse: Fenster für Bremslicht entfallen. Neu: Zwei-Fadenlampe (USA, Kanada, Guam).
18. 10. 54	1-0 734 000	–	Brems-/Schlußlichtgehäuse: Mit Wasserablaufloch unten.

1955

Vor 140 000 Teilnehmern wird am 5. August 1955 das Produktionsjubiläum »1 Million Volkswagen« in Wolfsburg gefeiert. Nordhoff krönt das Fest mit einer Preissenkung: Der Standard kostet 3790 DM, der Export 4600 DM und das Cabriolet 5990 DM.

Die optisch verbesserten Brems-Schluß-Rückstrahler sind auf den hinteren Kotflügeln 60 Millimeter höher angebracht. Die Bremslichtfenster nach oben sind entfallen. Deshalb wurden die Leuchtflächen vergrößert. Durch einen Reflektor fällt das Bremslicht besser auf. Die Leuchten sind mit Zweifadenlampen ausgerüstet. Der eine Faden dient als Schlußleuchte, der zweite als Bremsleuchte.

Ein neuer Einkammer-Auspufftopf mit zwei gedämpften Austrittsrohren gibt dem Motor einen angenehmeren Auspuffton. Die Austrittsrohre sind beim Exportmodell verchromt und beim Standardmodell schwarz lackiert. Die Rohre liegen 38 Millimeter und der Auspufftopf selbst 18 Millimeter höher über der Straße als bisher und erlauben daher das Überfahren höherer Hindernisse. Mit Einführung des neuen Auspufftopfes ist auch die Saugrohrheizung verbessert worden.

Ein am Motor angeschraubter Entlüfterstutzen ersetzt den bisherigen Stutzen, der zum Ölnachfüllen herausgenommen werden mußte. Der Deckel zur Einfüllöffnung besitzt einen Renkverschluß.

Die Befestigung der Riemenscheibe auf der Lichtmaschinenwelle erfolgt mit einer kleineren Mutter, die mit dem Zündkerzenschlüssel gelöst werden kann. Der früher im Werkzeug mitgeführte große Ringschlüssel entfällt.

Um im vorderen Gepäckraum mehr Platz für die Unterbringung größerer Gepäckstücke zu schaffen, ist der obere Teil des Kraftstoffbehälters wesentlich schmaler ausgeführt. Der Kofferraum vergrößert sich von 70 auf 85 Liter. Der erforderliche Tankraum (wie bisher 40 Liter) wurde durch Vergrößern des Tank-Unterteils geschaffen.

Die Lenkräder, mit neuem, griffigem Kranz, liegen angenehmer und sicherer in der Hand. Beim Export-Modell ist die Sicht auf den Geschwindigkeitsmesser durch Verkleinerung der Lenkradnabe und tiefer eingesetzte Speichen verbessert. Nabe und Speichen sind neu gestaltet.

Der Heizungsdrehknopf liegt jetzt vor den Vordersitzen, wo er für den Fahrer bequemer erreichbar ist. Der neue Schalthebel ist gebogen. Um die Betätigung des Heizungsdrehknopfes nicht zu behindern, ist der Schaltdom etwas weiter nach vorn gerückt.

Beim Export-Modell sind die Zugseile für die Handbremse direkt am Handbremshebel angeschlossen. Sie lassen sich nach Zurückschieben der Dichtstulpe leicht einstellen.

Die Vordersitze sind um 30 Millimeter verbreitert und bequemer geformt worden. Sie lassen sich beim Export-Modell auf Gleitführungen verschieben, die jetzt nach vorn ansteigen. Beim Export-Modell sind die Lehnen der Vordersitze in drei verschiedenen Neigungen einstellbar.

Gegen das gewaltsame Öffnen der Türen von außen sind die Drehfenster besser gesichert. Der Riegel ist jetzt hakenförmig ausgebildet und greift unter einen Kragen am Haltewinkel. Dadurch ist das Ausheben des geschlossenen Fensters nach oben unmöglich. Der Innendrücker wird zum Öffnen der Tür nach hinten gezogen und zum Verriegeln nach vorn gedrückt. Die Türen besitzen ein besonders gesichertes Schloß.

Die Tür- und Seitenverkleidung des Export-Modells besitzt oben einen Kunstlederschutzstreifen, der mit verbreiterter Zierleiste gegen die mit Polsterstoff bezogene Fläche abgesetzt ist.

Die US-Käfer werden mit verstärkten Stoßfängern (Rammstoßstangen) ausgestattet.
279 986 Käfer verlassen in diesem Jahr das Werk in Wolfsburg – 87 520 mehr als im Vorjahr. Der Käfer wird inzwischen in über 100 Länder exportiert. Besonders erfolgreich ist der Verkauf in die USA, wo mit 35 581 Wagen viermal mehr Käfer als im Vorjahr verkauft werden. Damit ist Amerika wichtigster Auslandskunde des VW-Werkes.

Daten und Fakten

1955	1. 3.	In Hannover-Stöcken wird mit dem Bau des Transporterwerkes begonnen.
	14. 5.	Generaldirektor Dr. Ing. e. h. Heinz Nordhoff wird zum Honorarprofessor an der Technischen Hochschule in Braunschweig ernannt.

Daten und Fakten

20. 6.	Der 10 000 Industriemotor verläßt das Montageband.
14. 7.	Die Firma Karmann in Osnabrück stellt das Karmann-Ghia-Coupé der Öffentlichkeit vor. Sein Preis beträgt 7500 DM. Der Fertigungsbeginn ist für August vorgesehen.
5. 8.	Der einmillionste Volkswagen läuft vom Band! Aus diesem Anlaß werden Prof. Dr. Nordhoff die Ehrenbürgerrechte der Stadt Wolfsburg verliehen.
27. 10.	In Englewood Cliffs, N. J. wird die »Volkswagen of America, Inc.« zur Versorgung und Betreuung des amerikanischen VW-Marktes als Verkaufsgesellschaft gegründet.
	Im Jahresdurchschnitt überschreitet die tägliche Volkswagen-Produktion erstmals 1000 Fahrzeuge.

Die oberen Bremslichtfenster entfallen. Die Brems-Schluß-Rückstrahler sind auf dem Kotflügel 60 Millimeter höher angebracht. Der Auspufftopf hat 2 Endrohre. Beim Export-Modell sind sie verchromt, beim Standard-Modell schwarz lackiert.

Lenkrad mit neuem, griffigerem Kranz. Beim Export-Modell kleinere Nabe und tiefer eingesetzte Speichen. Dadurch bessere Sicht auf die Armaturen.

Der Schaltknüppel ist gebogen. Tür- und Seitenverkleidung beim Export-Modell mit Kunstlederschutzstreifen und breiterer Zierleiste. Der Innendrücker wird zum Öffnen der Tür nach hinten gezogen.

Der Wagenheber ist jetzt neben dem Reserverad griffbereit in einer Halterung mit Schnappverschluß am Aufbau befestigt. Durch die Neugestaltung des Tanks erhöht sich das Kofferraumvolumen.

Links: Vordersitze um 30 Millimeter verbreitert und komfortabler ausgeformt. Beim Export-Modell: Gleitführung der Sitze nach vorn ansteigend. Die Rückenlehnen sind in 3 verschiedene Neigungen einstellbar.

Für einige Export-Länder (USA, Kanada, Guam) erhält der Käfer anstelle der Winker in den Seitenteilen Blinker auf den Kotflügeln und sogenannte Rammstoßstangen.

Käfer-Cabrio: Modelljahr 56.

Am 14. 7. 1955 stellt Karmann das Karmann Ghia-Coupé auf Basis des VW Käfers vor.

1955

Die wichtigsten Änderungen

Motor/Kupplung/Heizung

Baujahr	Fahrgestell-Nr.	Aggregate-Nr.	Änderung
4. 8. 55	1-0 929 746	–	Abgasschalldämpfer: Neu: Einkammer-Topf mit 2 Auspuffrohren, Verbindungsrohr für Saugrohrheizung.
4. 8. 55	1-0 929 746	–	Hohlschraube: Mit Nadellager. Zylinderkopf: Anstatt der bisherigen Zündkerzen 175 T 1, jetzt die Zündkerzen 225 T 1.

Kraftstoffanlage

Baujahr	Fahrgestell-Nr.	Aggregate-Nr.	Änderung
4. 8. 55	1-0 929 746	5	Kraftstoffhahn: Ohne Filtersieb, Schaltstellung geändert.
4. 8. 55	1-0 929 746	5	Kraftstoffbehälter: Neu: Verlegt und Form geändert. Einfüllöffnung 60 mm ∅. Bisher: 80 mm ∅. Vertiefung am Kraftstoffhahn.

Vorderachse/Lenkung

Baujahr	Fahrgestell-Nr.	Aggregate-Nr.	Änderung
9. 1. 55 19. 1. 55	ab 1-0 787 449 bis 1-0 797 357	801 042	Lenkspurstange: Ca. 1000 VW-Limousinen/Standard; Lenkspurstangen ohne Schmiernippel.
11. 5. 55	1-0 881 293 –	– 551 576 (Stand.)	Innenschalthebel: Standard- und Synchrongetriebe gleiche Ausführung, laufend.
4. 8. 55	1-0 929 746		Lenkrad: Form geändert, Speichen tiefer gelegt.
4. 8. 55	1-0 929 746	–	Federstrebeneinstellung: $12^\circ + 30'$. Bisher: $13^\circ \pm 30'$.

Bremsen/Räder/Reifen

Baujahr	Fahrgestell-Nr.	Aggregate-Nr.	Änderung
4. 8. 55	1-0 929 746	–	Handbremsseile: Am Handbremshebel befestigt. Bisher an der Bremsdruckstange. (Nur VW-Export).

Rahmen

Baujahr	Fahrgestell-Nr.	Aggregate-Nr.	Änderung
4. 8. 55	1-0 929 746	–	Handschalthebel: Gekröpft; unten mit Zylinderstift.
23. 8. 55	1-0 948 000	–	Handschalthebel: Zylinderstift, Feder und Kugel unten.

Baujahr	Fahrgestell-Nr.	Aggregate-Nr.	Änderung
Aufbau			
4. 8. 55	1-0929746	–	Heizungszug: Drehknopf vor den Vordersitzen. Bisher: Dahinter. Vordersitze: 30 mm breiter. Vordersitzlehne: 3 stufige Verstellmöglichkeit, nur Export. Lackierung: Nilbeige, dschungelgrün, schilfgrün, polarsilber. Es bleiben: Schwarz, stratosilber, jupitergrau (Standard). Bisher: Texasbraun. Sitzschienen: Anzahl der Rasten von 2 auf 7 erhöht. Gepäckraum: Neu: vorne 85 Liter. Bisher: 70 Liter. Neu: Hinten 120 Liter. Bisher: 130 Liter. Deckel, vorn: Schloß und Deckelstütze verbessert, Deckelzugknopf weiter links vorne verlegt. US-Käfer: Mit Rammstoßstangen. Innenausstattung: Neu: Tür- und Seitenverkleidung mit Kunstlederstreifen und Zierleiste. Bisher: Ohne. Neu: Halteschlaufen aus Kunststoff. Bisher: Stoffschlaufen. Neu: Rahmentunnel mit Gummiverkleidung, durchgehend (Export) (Standard nur vorne auf dem Rahmentunnel).
4. 8. 55	1-0929746	–	VW-Cabriolet: Farbe: Inkarot.
Elektrische Anlage			
1. 4. 55	1-0847967	–	Blinkleuchten: Für USA - Kanada - Guam als M-Ausstattung. Bisher: Winker.
19. 4. 55	1-0860576	–	Kennzeichenleuchte: Fenster und Lampenträger geändert für USA, Kanada, Guam.
11. 6. 55	1-0904566	–	Zündanlaßschloß: Schließnummer auf Befestigungsfahne.
14. 7. 55	1-0927373	K. 826637	Kennzeichenleuchte: K6V/10 Watt. Bisher: L6V/5 Watt.
4. 8. 55	1-0929746	–	Batterie: 66 Ah. Bisher: 70 Ah. Brems-/Schlußleuchten: 60 mm höher. Bremslichtfenster entfallen. Zweifaden-Lampe 5/20 Watt. Zündkerzen 225 T1. Bisher: 175 T1.
Allgemeine Änderungen			
4. 8. 55	1-0929746	–	Bordwerkzeug: Zündkerzenschlüssel auch für 21 mm-Mutter der Riemenscheibe für Lichtmaschine. Bisher: 36 mm Ringschlüssel (entfallen).
11. 8. 55	1-0906481	M 1092791	Karmann-Ghia-Coupé: Fertigungsbeginn.

1956

An der Karosserie ändert sich gegenüber dem Modell aus dem Vorjahr mit einer Ausnahme nichts: Serienmäßig bekommt der 56er Käfer auf der linken Fahrzeugseite nun einen Außenspiegel. Der Käfer hat übrigens immer noch anstelle von Blinkern die mitunter recht träge arbeitenden Winker. Erstmals werden im Juni 800 Käfer mit schlauchlosen Reifen ausgestattet, wenig später erhalten alle Käfer diese Neuerung. Um die Ölansaugung im Kurbelgehäuse von der Schlamm- und Wasserzone fernzuhalten, wird das Ölansaugrohr etwas verkürzt.

Das in den Radzierkappen vorhandene VW-Zeichen, bislang in verschiedenen Farben ausgelegt, wird nunmehr nur noch schwarz lackiert.

Zur Verbesserung der Geräuschdämpfung und Abwehr von Feuchtigkeit wird die Dämfungspappe im Motorraum verstärkt.

Damit der Käfermotor schneller anspringt, wird die Leistung des Anlassers erhöht. Außerdem erhalten alle VW-Modelle zur Erhöhung der Wischerfrequenz einen stärkeren Scheibenwischermotor mit permanentmagnetischer Bremse.

Die Suezkrise wirkt sich negativ auf die internationale Automobilproduktion aus. Trotzdem kann die deutsche Automobilindustrie auch in diesem Jahr nochmals kräftig zulegen (plus 18,4 Prozent), so daß insgesamt 1 075 619 Fahrzeuge hergestellt werden.

Damit nimmt die Bundesrepublik hinter den USA die zweite Stelle unter den automobilerzeugenden Ländern ein. VW steigert in diesem Jahr den Gesamtumsatz um 20 Prozent (einschließlich Transporter) auf 395 690 Wagen. Die Belegschaft in allen VW-Werken steigt um 4102 auf 35 672 Mitarbeiter.

Daten und Fakten

1956	20. 2.	Der 500 000ste für den Export bestimmte Volkswagen verläßt das Wolfsburger Werk mit dem Ziel Stockholm.
	8. 3.	In Hannover-Stöcken läuft der erste Volkswagen-Transporter vom Band. Schon am nächsten Tag werden die ersten dort gefertigten Wagen an die Händlerschaft ausgeliefert.
	8. 3.	VW erwirbt Aktien des südafrikanischen VW-Importeurs und gründet eine Tochterfirma als Montagebetrieb in Südafrika.

Gummihaarmatte an den Vordersitzen um 15 Millimeter verlängert.

Typisches Stoffdesign aus dem Jahr 1956.

1956 Die wichtigsten Änderungen

Motor/Kupplung/Heizung

Baujahr	Fahrgestell-Nr.	Aggregate-Nr.	Änderung
5. 6. 56	1 210 230	1 477 496	Unterdruckleitung. Neu: Unterhalb des Vergaserzuges. Bisher: Oberhalb des Luftklappenzuges.
21. 8. 56	1 266 678	1 518 878	Nockenwellenrad. Neu: Aus Leichtmetall, alle Export-Limousinen. Bisher: Resitex

Bremsen/Räder/Reifen

Baujahr	Fahrgestell-Nr.	Aggregate-Nr.	Änderung
30. 6. 56	1 232 835	–	Schlauchlose Reifen: 800 Fahrzeuge, teilweise.
10. 7. 56 11. 7. 56 13. 7. 56	1 239 921/141 1 245 207/151 1 248 030/111+113		Schlauchlose Reifen: 5,60-15, laufend. Bisher: Mit Schlauch.

Aufbau

Baujahr	Fahrgestell-Nr.	Aggregate-Nr.	Änderung
Mai 56	1 158 165	–	Karmann-Ghia-Coupé: Vorn und hinten 3teilige Stoßfänger, Hörner für Stoßfänger offen mit Befestigungsstegen.
6. 8. 56	1 252 386	–	Farbe: Agave für VW-Export-Limousine.
8. 8. 56	1 257 230	–	Türschloß: Neu: Schließplatten mit einstellbarem Schließkeil, teilweise. Bisher: Schließkeil nicht einstellbar.
6. 9. 56	1 283 328	32 065	VW-Cabriolet: Neu: Messingstifte und -Nägel für Verdeck-Befestigung. Bisher: Eisenstifte und -Nägel.
4. 9. 56	–	–	Radzierkappen. Neu: VW-Zeichen nur noch in schwarzer Farbe. Bisher: Verschiedene Farben.
19. 10. 56	1 329 017	–	Außenspiegel für alle Pkw (Inland).
23. 10. 56	1 326 040	32 880	Türscharniere (151): Schmiernippel entfallen.
3. 4. 56	1 149 147	–	Farben: Neu: Präriebeige, korallenrot, horizontblau, diamantgrün. Weiter gültig: schwarz und polarsilber.
3. 4. 56	1 149 147	–	Vordersitze: Gummihaarmatte 15 mm nach vorne verlängert (Sitzauflage).
1. 12. 56	VW-Cabriolet		Farbe: Neu: Perlblau und bambus. Bisher: Irisblau und sepiasilber entfallen.

Elektrische Anlage

Baujahr	Fahrgestell-Nr.	Aggregate-Nr.	Änderung
22. 2. 56	1 113 449	M. 1 333 500	Zündverteiler: Fliehkraft- und Unterdruckkurve von 3° bzw. 5° im oberen Drehzahlbereich tiefer gelegt.

Baujahr	Fahrgestell-Nr.	Aggregate-Nr.	Änderung
22. 6. 56	1 227 367	–	Winkerpfeile: Inkarotes Cabriolet: Mit gelbem und rötlichem Farbton.
14. 8. 56	1 261 493	M. 1 510 980	Zündspule: TE6 B1 (Größere Zündleistung). Bisher: TE6 A3.
20. 8. 56			Winkerpfeile: Inkarotes Cabriolet: Nur noch mit gelblichem Farbton. Bisher: Auch rötlicher Farbton.
10. 10. 56	1 320 559	HA 958 555	Anlasser: EED 0,5/6L4/0,5 PS. 4 Kollektor-Bürsten.
Allgemeine Änderungen			
März 56	–	–	Bodenfreiheit: 155 mm (VW-Export-Limousine). Bisher: 172 mm.

1957

Windschutzscheibe und Rückfenster sind in diesem Jahr ein beträchtliches Stück vergrößert worden. Die Vergrößerung der Windschutzscheibe erfolgte nach oben und auch nach den Seiten, da die Fenstersäulen schmäler wurden. Die Fläche des Rückfensters wurde sowohl in der Breite als auch in der Höhe erweitert.
Die neue Instrumententafel mit dem Tachometer in unveränderter Ausführung vor dem Fahrer zeigt eine andere Anordnung der Bedienungsknöpfe und rechts einen wesentlich breiteren Handschuhkasten sowie einen bequemer erreichbaren Schubascher in Wagenmitte. Um eine Verwechslung zu vermeiden, liegen Licht- und Scheibenwischerschalter weiter auseinander. Das Zündschloß rückt näher zum Fahrer hin. Beim Exportmodell läuft eine Zierleiste quer über die ganze Schalttafel. Die Seitenverkleidungen im Innenraum sind nunmehr ganz mit Kunststoff bespannt.
Zum besseren Montieren und Ausleuchten eines zweizeiligen Kennzeichenschildes hat die Motorhaube eine neue Form. Beim Motorraumdeckel des Cabriolets verlaufen die Schlitze für den Kühllufteintritt quer.
Um die Fußauflage beim Gasgeben zu verbessern, wird die Käfer-übliche Gasrolle durch eine Tretplatte ersetzt.
Auf der Internationalen Automobilausstellung in Frankfurt stellt Karmann das zweisitzige Ghia Cabriolet vor (Produktionsbeginn 1. August). Es kostet 8250 DM.
Ende November wird das 40 000ste Belegschaftsmitglied eingestellt. Der Jahresumsatz der Volkswagenwerk GmbH überschreitet erstmals die 2-Milliarden-Grenze, woran die Exporterlöse einen Anteil von 52,5 Prozent haben. Die Tagesproduktion steigt im Jahresdurchschnitt (einschließlich Transporter) auf 2141 Einheiten. Insgesamt werden 380 561 Personenwagen gebaut.

Daten und Fakten

1957	1. 1.	Schweden erhält den 100 000sten Volkswagen.
	19. 9.	In Osnabrück stellt das Karosseriewerk Karmann das neue zweisitzige Ghia-Cabriolet auf VW-Chassis vor, das 8250 DM kosten wird.
	1. 11.	Das Volkswagenwerk übernimmt das Henschel-Werksgelände in Kassel-Altenbauna.
		Der 300 000ste Transporter läuft in Hannover vom Montageband.
	15. 11.	Holland bekommt seinen 100 000sten Volkswagen.
	6. 12.	In Melbourne wird die Volkswagen (Australasia) Pty. Ltd., mit einem Nominalkapital von 250 000 australischen Pfund gegründet. Das Kapital soll später auf 5 Millionen austr. Pfund erhöht werden. Die VW-GmbH ist mit 51 % beteiligt. Die neue Tochtergesellschaft soll in Australien die Fertigung von Volkswagen mit begrenztem deutschen Lieferanteil aufnehmen.
	28. 12.	Der 2 000 000ste Volkswagen läuft vom Band.

Der Käfer mit größerer Windschutz- und Heckscheibe.

Die Fläche des Rückfensters ist gegenüber dem Vorgängermodell 95 Prozent größer.

Die Vergrößerung der Windschutzscheibe erfolgte nach oben und nach den Seiten. Dadurch vergrößert sich die Fläche um 17 Prozent. Aufgrund der größeren Heckscheibe kommt ein größerer Rückblickspiegel zum Einsatz.

Völlig neu gestaltetes Armaturenbrett. Der Schubascher sitzt an der Unterkante. Der Handschuhkasten ist um 50 Prozent breiter. Der Handschuhkastendeckel springt beim Drücken des Schließknopfes selbsttätig auf. Der Lautsprecher für das Radio sitzt links vom Tachometer. Das Zündanlaßschloß ist aus dem Bereich des Beifahrers gerückt und befindet sich in unmittelbarer Nähe der Lenksäule. Licht- und Scheibenwascherschalter sind weiter auseinander gerückt. Alle Bedienungsknöpfe sind neu gestaltet.

Der Gashebel ist bei allen Modellen als gummibelegte Trittplatte ausgebildet. Bei Export und Cabrio ist eine Zierleiste quer über die ganze Breite der Armaturenbrettes angebracht. Die Seitenverkleidungen bestehen vollständig aus Kunststoff. Der Fußboden ist mit einem grauen Gummibelag ausgelegt.

Schnittbild des Käfers mit vergrößerter Windschutz- und Heckscheibe.

Links: Käfer Cabrio: Windschutzscheibe um 8 und Rückfenster um 45 Prozent größer. Schmalere Windlaufposten. Die Schlitze im hinteren Deckel sind quer angeordnet.

1957

Die wichtigsten Änderungen

Motor/Kupplung/Heizung

Baujahr	Fahrgestell-Nr.	Aggregate-Nr.	Änderung
9. 1. 57	1 394 163	34 347 (151)	Heizung: Heizungsrohre in Unterholmen. Heizluft-Austrittsöffnungen im vorderen Fußraum zurückgesetzt. Seitenverkleidung entsprechend geändert.
1. 8. 57	1 600 440	–	Ölbadluftfilter: Form geändert. Höher; kleiner im Außendurchmesser.

Kraftstoffanlage

Baujahr	Fahrgestell-Nr.	Aggregate-Nr.	Änderung
1. 8. 57	1 600 440	–	Kraftstoffverbrauch: Von bisher 7,5 l/100 km – Durchschnittsverbrauch nach DIN 70030 – auf etwa 7,3 l/100 km gesenkt.
Dezember 57			Vergaser 29 PCI: Höhenkorrektur als KD-Teil.

Vorderachse/Lenkung

Baujahr	Fahrgestell-Nr.	Aggregate-Nr.	Änderung
7. 6. 57	1 568 040 (111)		Lenkrad: Kerbverzahnung bisher 24 Zähne, jetzt 48 Zähne.
16. 9. 57	1 649 253	22 922	Lenkrad (143) Lenkrad mit tiefer gesetzter Nabe und Signalhalbring. Lenkrohr verkürzt.
20. 12. 57	1 769 756	1 781 718	Spurstangen: Mit wartungsfreien Gelenken (20 000 Fzg., wahlweise)-

Rahmen

Baujahr	Fahrgestell-Nr.	Aggregate-Nr.	Änderung
1. 8. 57	1 600 440	–	Gasfußhebel: Neu: Gummibelegte Trittplatte. Bisher: Hebel mit Rolle.

Aufbau

Baujahr	Fahrgestell-Nr.	Aggregate-Nr.	Änderung
1. 8. 57	1 600 440	–	Kühllufteintritt: Geänderte Öffnungen und besserer Wasserablauf. Hinterer Deckel: Bessere Abdichtung gegen Wassereintritt und geänderte Kennzeichenleuchte. Cabrio: Kühlluftschlitze waagerecht statt senkrecht; Wasserfangblech innen und Ablaufrohre. Windschutzscheibe: Nach oben und beiden Seiten vergrößert. Rückblickfenster: Nach oben und beiden Seiten vergrößert. Lackierung: Farben lichtbronze, diamantgrau, firnblau und capri. Weiterhin gültig: Schwarz, korallenrot und agave. Lackierung (151): Far-

Baujahr	Fahrgestell-Nr.	Aggregate-Nr.	Änderung
			ben alabaster und atlasblau. Weiterhin gültig: Schwarz, shetland-grau, inkarot und bambus.
16. 9. 57	1 649 253	22 922 (143)	Lackierung: Farben aerosilber und kardinalrot. Weiterhin gültig: Bambus, brillant-rot, cognac, delphin-blau und tukan-schwarz. Entfroster-Düse: Unterhalb Rückblickfenster, innen. Geräuschdämpfung: 12 mm dicke Glaswollmatte zwischen Motorraum-Rückwand und Dämpfungspappe. Imprägnierter Filzbelag mit Schallschluckauflage auf hinteren Radkästen. Sitze: Verstellnocken für 3 Stellungen.
Elektrische Anlage			
1. 2. 57	1 423 927		Neu: Scheibenwischermotor mit permanentmagnetischer Bremse. Kennzeichenleuchte: Höher angebracht mit Streuscheibe. 5 Watt-Kugellampe; bessere Ausleuchtung für Kennzeichenschild.
1. 8. 57	1 600 440	–	Scheibenwischer: Abstand zwischen Wischerarmen verringert. Längere Wischblätter. Wischfeld größer.
16. 9. 57	1 649 253	(143) 22 922	Kraftstoffanzeiger: Zwischen Tachometer und Zeituhr an Instrumententafel; Geber im Kraftstoffbehälter. Blinkerschalter: Blinkerschalter mit automatischer Rückstellung, kombiniert mit Lichthupe.
16. 10. 57	1 676 789	(143) 24 203	Kennzeichenleuchte: Kugelbirne. Bisher: Stabbirne.
19. 10. 57	1 708 050	(143) 24 781	Brems-Blinkleuchte: Kugelbirnen. Bisher: Stabbirnen.
1. 11. 57	1 709 421	–	Batterie: Säurestand 5 mm über Plattenoberkanten oder genau bis Säurestandsmarke. Bisher: 10–15 mm.
Allgemeine Änderungen			
1. 8. 57	1 626 393	–	Karmann-Ghia-Cabriolet (141): Fertigungsanlauf für Zwei-Sitzer, in den Farben tukanschwarz, perl-weiß, diamant-grau, colorado, amazonas, graphit-silber, bernina. Verdeck: schwarz oder hellgrau, braun, beige, hellgrün, hellgrau und blau.

1958

Der Inland-Käfer erhält einen vergrößerten Außenspiegel; die Schlüsselweite der Kotflügelbefestigungsschrauben wird im Durchmesser von 14 auf 13 Millimeter verringert. Um den metallischen Abrieb im Motor zu binden, werden die Motoren mit einer Magnet-Ölablaßschraube ausgestattet. Die Wagenheber bekommen ein Einsteckloch für die Betätigungsstange. Dadurch läßt sich der Wagenheber leichter handhaben.
Die Karmann Ghia-Modelle für den US-Markt erhalten zusätzlich Rammstoßstangen.
Während in Amerika die Automobilproduktion um 29,1 Prozent sinkt, kann sie in Europa erheblich gesteigert werden. Die Zuwachsrate beträgt in der Bundesrepublik 23,3 Prozent. Hergestellt werden in diesem Jahr insgesamt 1 495 256 Kraftwagen. Das VW-Werk ist daran mit 37 Prozent = 553 399 Fahrzeugen (451 526 Personenwagen) beteiligt. Am Jahresende beträgt die Tagesproduktion 2400 Volkswagen.
Aus Anlaß der Verleihung des Elmer-A.-Sperry-Preises an Prof. Dr. Nordhoff, an Prof. Dr. Porsche und an die Belegschaft des Volkswagenwerkes spricht der VW-Generaldirektor in New York. Kernsätze aus dieser Rede: *»Den Menschen einen echten Wert zu bieten, ein Produkt höchster Qualität mit niedrigem Anschaffungspreis und einem unvergleichlichen Wiederverkaufswert, reizte mich mehr, als mich dauernd von einer Gruppe hysterischer Stilisten bedrängen zu lassen, die den Leuten etwas zu verkaufen suchen, was sie in Wirklichkeit gar nicht haben wollen. Heute denke ich nicht anders: ständige Qualitäts- und Wertverbesserung ohne Preiserhöhung; höhere Löhne, bessere Lebens- und Arbeitsbedingungen, ohne die Kunden dafür bezahlen zu lassen; Vereinfachung und Intensivierung des Kundendienst- und Ersatzteile-Netzes; Bau eines Produktes, auf das ich und jeder andere Werksangehörige wirklich stolz sein können.«*

Daten und Fakten

1958	13. 6.	Der 250 000ste VW-Austauschmotor wird fertiggestellt. Produktionsanlauf für diese Fertigung war der 5. November 1948. In diesem Jahr läuft fast jeder zehnte Volkwagen mit einem Austauschmotor. Der Preis dieses Aggregats liegt bei 495 DM und bietet damit eine Ersparnis von etwa 58 Prozent gegenüber einem Neumotor.
	30. 6.	Österreich bekommt seinen 50 000sten Volkswagen.
	1. 7.	Beginn der Aggregataufbereitung im neuen VW-Werk Kassel.
	16. 10.	Der 400 000ste VW Transporter wird fertiggestellt.
	1. 11.	Von nun an werden neben den VW-Transportern auch alle VW-Motoren im Volkswagenwerk Hannover produziert.

1958

Die wichtigsten Änderungen

Motor/Kupplung/Heizung

Baujahr	Fahrgestell-Nr.	Aggregate-Nr.	Änderung
20. 3. 58	1 882 550	–	Zündkerzenschlüssel: Bisher mit Haltefeder, jetzt mit Gummimuffe.
5. 6. 58	1 975 105	2 385 613	Vergaser 28 PCI: Lufttrichter aus Kunststoff (laufend). Bisher: Aus Leichtmetall.

Vorderachse/Lenkung

Baujahr	Fahrgestell-Nr.	Aggregate-Nr.	Änderung
29. 4. 58	1 925 488	1944 448	Buchse für Achsschenkelbolzen: Bronze; gerollt und längsgeschlitzt. Bisher: Mainmetall.

Hinterachse/Getriebe

Baujahr	Fahrgestell-Nr.	Aggregate-Nr.	Änderung
9. 1. 58	1 789 807	1503 797	Magnet-Ölablaßschrauben: Alle VW-Export-Limousinen mit Magnet-Ölablaßschrauben. Bisher: Schrauben ohne Magnet.

Aufbau

Baujahr	Fahrgestell-Nr.	Aggregate-Nr.	Änderung
3. 1. 58	1 764 743	(143/141) 27 435	Stoßstangen: Mit Rammschutz vorn und hinten (USA).
7. 1. 58	1 786 160	–	Scheibenräder-Lackierung: Für Cabriolet, Ghia-Coupé und Ghia-Cabriolet perlweiß lackiert (für 10 Farbkombinationen).
15. 1. 58	1 788 180	(143) 28 198	Heizdüse-Rückwandfenster: Mit Blende. Bisher: Ohne.
10. 2. 58	1 816 990	(151) 43 331	Innenausstattung: Garderobenhaken.
14. 4. 58	1 904 235	–	Kotflügel-Befestigung: Neu: Schlüsselweite der Sechskantschraube 13 mm für Kotflügel/Aufbau, Kotflügel/Einsteigverkleidungen und Signalhorn-Befestigung.
19. 9. 58	2 071 106	–	Vorderer Haubendeckel: Deckelschloßzug in Richtung Lenksäule verlegt.

Elektrische Anlage

Baujahr	Fahrgestell-Nr.	Aggregate-Nr.	Änderung
30. 6. 58	1 994 320	2 425 147	Verteilerläufer und Stecker für Zündkerzen fernentstört.

1959

Die Verbesserungen dieses Jahrgangs sind hauptsächlich technischer Art. Die Karosserie wird unverändert weiter produziert. Erkennbar ist der neue Jahrgang an den feststehenden Türgriffen mit Drucktaste.

Die Motor-Getriebe-Antriebseinheit wird um 2° nach vorn geneigt eingebaut, wodurch der Drehpunkt der Pendelachse um 15 mm tiefer gelegt werden kann. Die Vorderachse wird mit einem zusätzlichen Stabilisator bestückt. Weicher abgestimmt ist die Hinterachsfederung. Sie wirkt im Bereich des oberen Anschlags progressiver. Alle diese Maßnahmen dienen zur Verbesserung der Fahreigenschaften.

Das Zweispeichenlenkrad hat eine versenkte Nabe und einen halbkreisförmigen Hupenring. Der Fahrtrichtungsanzeiger stellt sich bei Geradeausfahrt automatisch zurück. Das Export-Modell wird anstelle der bisherigen dunkelfarbigen Sonnenblende aus transparentem Kunststoff in Leichtmetall-Rahmen mit einer gepolsterten Sonnenblende ausgerüstet. Anstelle der bisherigen Armlehne besitzt die Tür auf der Beifahrerseite im Export-Modell eine Armlehne mit Grifföffnung.

Unter der hinteren Sitzbank werden zur Geräuschdämpfung zwei senkrechte, mit Kunststoff bezogene Trennwände eingebaut. Diese Trennwände, auch Fersenbretter genannt, verschließen die beiden Öffnungen unterhalb der Sitzbank. Das Fersenbrett vor der Batterie läßt sich mit Hilfe einer Schlaufe leicht herausnehmen.

Die Anschläge der Winker werden durch zusätzliche Gummipuffer gedämpft. Dadurch sind die beim Betätigen der Winker entstehenden Geräusche wesentlich leiser.

Der Produktionszuwachs beträgt in diesem Jahr 25,9 Prozent. VW stellt 557 407 Personenwagen her. 58 Prozent davon gehen ins Ausland. Am Verkauf der Personenwagen ist der Standard-Käfer nur noch mit 5,1 Prozent beteiligt.

Der Konzernumsatz überschreitet erstmals die 3-Milliarden-Grenze (exakt 3,5 Milliarden).

Die Belegschaft zählt 54 120 Köpfe. Täglich werden 2839 Volkswagen hergestellt.

Daten und Fakten

1959	21. 8.	Im Werk Hannover-Stöcken wird der 50 000ste VW-Mitarbeiter eingestellt.
	25. 8.	Der 3 000 000ste Volkswagen läuft in Wolfsburg vom Band. Und in Hannover-Stöcken der 500 000ste VW-Transporter.

Export-Modell: Zweispeichenlenkrad mit versenkter Nabe. Signalhorn wird über einen Bügel in Halbringform betätigt. Automatische Rückstellung des Winkerhebels. Gepolsterte Sonnenblende.

Fußauflage für den Beifahrer. Lehnenrahmen der Vordersitze etwas steiler gestellt und stärker durchgebogen.

Unter der hinteren Sitzbank zwei senkrechte Trennwände, Fersenbretter genannt.

Armstütze für den Beifahrer mit Grifföffnung.

Feststehender Türgriff.
Türschloß wird mit Drucktaste geöffnet.

Vorderachse serienmäßig mit Stabilisator.

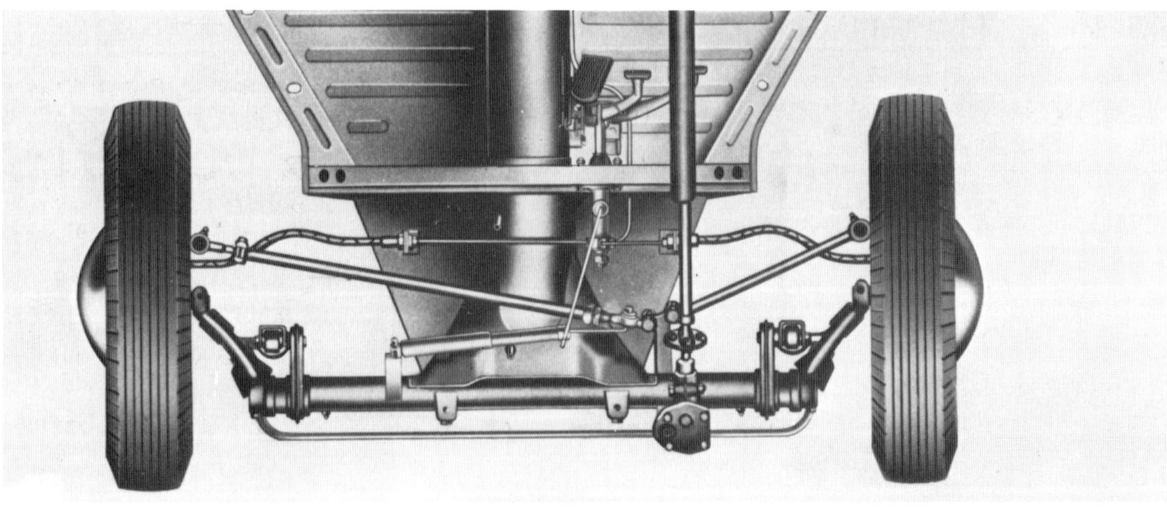

1959

Die wichtigsten Änderungen

Motor/Kupplung/Heizung

Baujahr	Fahrgestell-Nr.	Aggregate-Nr.	Änderung
4. 5. 59	2 409 056	2 939 201	Heizung: Heizkörper und Kinematik geändert.
13. 5. 59	2 425 182	2 957 823	Auspufftopf: Verbindung Auspufftopf-Heizkörper und Auspufftopf-Austrittrohr mit konischen Asbestringen und Klemmstücken abgedichtet.
13. 5. 59	2 428 094	2 958 225	Auspufftopf-Stutzen: 10 mm verkürzt.
3. 7. 59	2 503 092	3 052 042	Keilriemen: Tropenfester Keilriemen als Serienteil, 5–8 Abstandscheiben für Einstellung. Bisher: 8–11 Scheiben.
6. 8. 59	2 528 668	3 072 724	Ölmeßstab: Abmessung unteres Ende Meßstab bis obere Ölstandmarke: 40 mm. Bisher: 44 mm. Ölablaßschraube: Im Ölsiebverschlußdeckel. Bisher: Loch im Kurbelgehäuse.

Kraftstoffanlage

Baujahr	Fahrgestell-Nr.	Aggregate-Nr.	Änderung
29. 1. 59	2 269 017	–	Kraftstoffbehälter: Verschlußdeckel 80 mm ∅ mit Belüftung über Membrane. Bisher: Labyrinth-Belüftung.
23. 2. 59 15. 5. 59	2 303 769 2 429 456	2 816 496 2 967 770	Vergaser 28 PCI: Mit doppelter Unterdruckentnahme und einem Zündverteiler nur mit Unterdruck-Verstellung (5000 Motoren, wahlweise).
6. 8.59 6. 8. 59	2 533 139 (143) 2 533 138 (141)	– –	Vergaser 28 PCI: Geändert und mit Zündverteiler – nur Unterdruckverstellung – eingebaut.
5. 11. 59	2 708 099	–	Kraftstoffhahn: Korkdichtung. Bisher: Thiokol.

Vorderachse/Lenkung

Baujahr	Fahrgestell-Nr.	Aggregate-Nr.	Änderung
22. 1. 59	2 256 907	2 278 029	Lenkspurstange (Rechtslenker): Neu: Länge der linken Spurstange 807 mm. Bisher: 814 mm. Länge der rechten Spurstange 325 mm. Bisher: 318 mm.
6. 8. 59 6. 8. 59 6. 8. 59 6. 8. 59	2 528 668 (113) 2 533 099 (151) 2 533 139 (143) 2 533 158 (141)	– – – –	Lenkrad: Neu: Zweispeichenlenkrad mit tiefgelagerter Nabe. Lenkrohr: Neu: mit einem Kugellager im Mantelrohr gelagert.
7. 10.59	2 648 938	2 668 581	Bundbolzen: Neu: Innensechskant 8 mm für

Baujahr	Fahrgestell-Nr.	Aggregate-Nr.	Änderung
			Einstellung. Bisher: Beidseitig abgeflacht.
Bremsen/Räder/Reifen			
12. 1. 59	2 245 160	–	Radzierdeckel: Neu: Abziehhaken im Bordwerkzeug.
Aufbau			
19. 1. 59 20. 1. 59 22. 1. 59	2 252 455 (131) 2 251 316 (143) 2 252 685 (151)	– – –	Sonnenblende: Neu: Gepolsterte Ausführung. Bisher: Aus transparentem Kunststoff.
26. 1. 59 26. 1. 59	2 257 235 (141) 2 261 050 (143)	– –	Schalttafel: Neu: Mit Abdeckung; Kante gepolstert.
26. 1. 59	2 257 980 (141)	–	Verdeck: Neu: Nagelleiste an Verdeckspitze entfallen. Verdeckbezug und Verdeckspitze geändert; Abdichtung geändert.
26. 1. 59	2 261 050 (141/143)	–	Haltegriff für Beifahrer: Neu: Flexible Ausführung.
6. 7. 59 6. 7. 59	2 490 635 (143) 2 490 960 (141)	– –	Schalttafel-Abdeckung: Neu: Blende für Heizdüsen sowie Halteleiste, unten.
10. 3. 59	2 317 671 (151)	–	Hintersitz: Neu: Federkern geändert. Polsterung erhöht und weicher.
6. 8. 59	2 528 668 2 533 099 (151) 2 533 139 (143) 2 533 158 (141)	– – – –	Lackierung (VW-Export): Neu: Jadegrün, mangogrün, keramikgrün, kieselgrau arktis, indigoblau und indiarot. Weiterhin gültig: Schwarz. Bisher: Resedagrün, kalaharibeige, fjordblau, granatrot, capri und diamantgrau. Lackierung (VW-Cabriolet): Neu: Jadegrün, sargassogrün, schieferblau, felsgrau und paprika. Weiterhin gültig: Schwarz und alabaster. Bisher: Atlasblau, inkarot, shetlandgrau und bambus.
6. 8. 59	2 528 668	–	Türgriffe außen: Neu: Starre Ausführung mit Betätigung durch Drucktaste. Bisher: Zuggriffe. Türschloß und Schließplatte: Neu: Geändert und mit verringertem Schließdruck. Armlehne rechts: Mit Griffmulde. Vordersitze: Neu: Zur Türseite hin begradigt. Seitenfenster, hinten (143): Neu: Ausstellbar. Rechtslenkung: Neu: Typ 144 und 142.
6. 8. 59	2 528 668 (141)	–	Verdeck: Neu: Rückwandbahn mit Fenster austauschbar.

Baujahr	Fahrgestell-Nr.	Aggregate-Nr.	Änderung
6. 8. 59	2533139 (143) 2533158 (141)		Armlehne, rechts: Mit Griffmulde. Vordersitz-Rückenlehne: Gewölbte Ausführung. Sonnenblende: Gepolsterte Ausführung. Fußbodenbeläge: Zweiteilige Ausführung. Bisher: Fünf einzelne Beläge. Fußstütze: Auf der Beifahrerseite. Fersenbretter: Für die Öffnungen unterhalb der hinteren Sitzbank. Geräuschdämpfung: Rahmenboden mit Bitumen-Filzauflage beklebt. Dämpfungsfilz auf Radkästen, Kofferboden und um das Rückblickfenster. Kotflügel, vorn: Stützen für Scheinwerfermulde entfallen. Bohrung oben für Kabel mit Gummischutzschlauch.
11. 8. 59	2539142	–	Zierleisten: Neu: Abdichtung mit Gummihütchen von außen. Bisher: Angeklebte Gummihütchen an der Innenseite der Außenhaut.
29. 8. 59	2575176	–	Vorreiber für Drehfenster: Neu: Verstärkte Ausführung. Innerer Schenkel des Lagerbügels verstärkt. Drehfenster-Rahmen geändert.
9. 9. 59	2577839 (151)	–	Türen: Neu: Türkeilpuffer unterhalb Türschloß.
14. 9. 59	2600263 (151)	–	Vorderer Deckel: Neu: Mit Neusilber gelötet zwischen Deckelauflage und Wasserrinne.
24. 9. 59	2616071 (151)	–	Dämpfung: Neu: Filzmatte auf dem Kofferboden unterhalb Rückblickfenster.
Elektrische Anlage			
6. 4. 59	2368910	–	Zündkerzen: Neu: Mit Wärmewert 175. Bisher 225.
6. 8. 59	2528668 (113) 2533099 (151)	– –	Winkerschalter: Neu: Automatischer Winker-Rückstellschalter. Abblendlicht: Neu: Abgesichert in vorderer Steckdose. Winker: Neu: Anschläge durch Gummipuffer gedämpft.
6. 8. 59	2528890	–	Lichtmaschine: Neu 180 Watt. Bisher 160 Watt.

1960

Der Käfer verliert seine Winker! Stattdessen werden auf den vorderen Kotflügeln Blinker montiert, während die hinteren Blinker mit Rück- und Bremslicht in einem Gehäuse zusammengefaßt sind. Das Relais der Blinkanlage befindet sich an der Rückseite der Schalttafel.

Die Scheinwerfer aller Modelle haben asymmetrisches Abblendlicht. Auch bei abgeblendeten Scheinwerfern bleibt der rechte Straßenrand in ausreichender Entfernung gut ausgeleuchtet.

Während das die sichtbaren, äußeren Veränderungen des neuen Modelljahres sind, vollzieht sich unter der Motorhaube eine kleine Revolution: Nach sechs Produktionsjahren wird die Motorleistung von 30 auf 34 PS angehoben. In seinem grundsätzlichen Aufbau entspricht der Motor dem seit Mai 1959 bekannten Transporter-Triebwerk. Die höhere Motorleistung um vier PS ist vornehmlich durch die höhere Verdichtung (von 6,6 auf 7,0) erzielt worden.

Der Motor besitzt einen ganz neuen Vergaser (Solex 28 PICT) mit einer Startautomatik anstelle der von Hand zu bedienenden Starterklappe. Die Startautomatik für die Luftklappe wird über einen Thermostat und der Zündverteiler durch den Unterdruck im Ansaugrohr gesteuert. Zur Verbesserung der Betriebsverhältnisse bei kaltem Motor wird dem Motor warme Ansaugluft zugeführt. Die warme Luft wird dem linken Heizkörper entnommen und durch einen flexiblen Schlauch und einen Ansaugstutzen dem Ölbadluftfilter des Vergasers zugeführt.

Um den Raum für Gepäck entscheidend zu vergrößern, wird der Kraftstoffbehälter neu gestaltet. Dadurch erhöht sich das Gepäckvolumen von 85 auf 140 Liter Inhalt. In diesem Zusammenhang wird auch der Einfüllstutzen – Innendurchmesser 60 Millimeter – auf die linke Seite verlegt. Die Entlüftung des Kraftstoffbehälters erfolgt jetzt nicht mehr durch den Verschlußdeckel, sondern durch eine besondere Leitung am Einfüllstutzen, die neben dem Kraftstoffbehälter nach unten außen führt.

Für die Bremse wird ein durchsichtiger Ausgleichbehälter aus Kunststoff eingebaut. Er ist unter der vorderen Haube hinter dem Reserverad mit einem Spannband am Versteifungsblech des Aufbaues befestigt.

Ab sofort ist auch für den Beifahrer serienmäßig eine Sonnenblende vorgesehen und ein Haltegriff vor dem Beifahrersitz. Die Kleiderhaken über den Halteschlaufen links und rechts bestehen zur Erhöhung der Sicherheit aus Kunststoff.

Der Geschwindigkeitsmesser zeigt nunmehr den Bereich von 0 bis 140 km/h an. Die roten Marken zur Begrenzung der Höchstgeschwindigkeit im 1., 2., und 3. Gang sind entfallen.

In allen Wagen ist eine Scheibenwaschanlage eingebaut. Die Zugpumpe ist mit dem Zugschalter für Scheibenwischer kombiniert. Der durchscheinende Wasserbehälter mit etwa einem Liter Fassungsvermögen liegt unter der vorderen Haube hinter dem Reserverad.

Eine achtpolige Sicherungsdose befindet sich unterhalb der Schalttafel rechts neben dem Mantelrohr. Die Sicherungen sind vom Wageninnern her zugänglich.

Das kombinierte Zünd-Anlaßschloß hat eine Sperrvorrichtung, die wiederholtes Betätigen des Anlassers beim Startvorgang nur nach vorhergehendem Ausschalten der Zündung gestattet. Weitere markante Verbesserungen: Ein vollsynchronisiertes Vierganggetriebe und farblich auf die Lackierung des Fahrzeugs abgestimmte Einsteigverkleidungen und Kotflügel-Keder.

Die gesamte deutsche Automobilindustrie produziert in diesem Jahr mehr als 2 Millionen Fahrzeuge: VW allein 725 939 Personenwagen und 139 919 Transporter. Das Standard-Modell ist daran mit nur noch 3,4 Prozent beteiligt. Der Konzern-Umsatz steigt auf 4,6 Milliarden Mark. Am Jahresende gibt es im Inland 1319 und im Ausland 4088 VW-Vertretungen.

In Düsseldorf hält Nordhoff eine Rede vor der Wirtschaftspolitischen Vereinigung. Hier einige Kernsätze: *»Das Publikum hat sich in aller Welt, wo man dem Volkswagen eine faire Chance gibt, für diesen Wagen entschieden. Selbst mit einer Tagesproduktion von nun nahe an 4000 Volkswagen bleiben wir um Monate hinter dem Bedarf zurück, obwohl ein Monat jetzt 80 000 Volkswagen bedeutet, eine in Europa nie vorher erreichte Zahl, die auch in den USA nur von zwei Marken überschritten wird... So ist es möglich gewesen, den viermillionsten Volkswagen herzustellen – nun geht es an die nächste Million.«*

Daten und Fakten

1960	11. 3.	Gründung der »Volkswagen France« als Vertriebsgesellschaft für Frankreich.
	27. 4.	Der 600 000ste VW-Transporter wird fertiggestellt.
	15. 6.	Der 500 000ste VW wird in die USA exportiert.
	15. 6.	Der 1 000 000ste Besucher seit 1949 besichtigt das Volkswagenwerk in Wolfsburg.
	22. 8.	Die »Volkswagenwerk GmbH« wird Aktiengesellschaft. 40% des Kapitals verbleiben bei Bund und Land Niedersachsen, 60% sollen als Volksaktien veräußert werden.
	25. 11.	Beschluß zur Gründung der »Stiftung Volkswagenwerk« zur Förderung von Wissenschaft und Technik in Forschung und Lehre; sie soll bis April 1961 errichtet sein. Als Vermögens-Grundstock erhält sie den Erlös aus dem Verkauf von 360 Millionen DM (60%) VW-Aktien.

Blinker auf den vorderen Kotflügeln, hinten sind sie in den Brems-Schlußleuchten integriert. Hauptscheinwerfer mit asymmetrischem Licht. Schlüsselöffnung am Schließzylinder liegt waagerecht. Vor die Öffnung legt sich von innen eine Klappe.

Motor mit 34 PS. Solex 28 PICT-Vergaser mit Startautomatik. Der Luftklappenzug entfällt.

Luftfilter mit Vorwärmung der Ansaugluft, um die Betriebsverhältnisse bei Leerlauf und niedrigen Motordrehzahlen zu verbessern.

Export-Modell: Beifahrer-Haltegriff. Gepolsterte Sonnenblende auch für den Beifahrer. Kombiniertes Zünd-/Anlaßschloß mit Anlasser-Sperrvorrichtung.

Tachometer-Anzeigebereich bis 140 km/h.

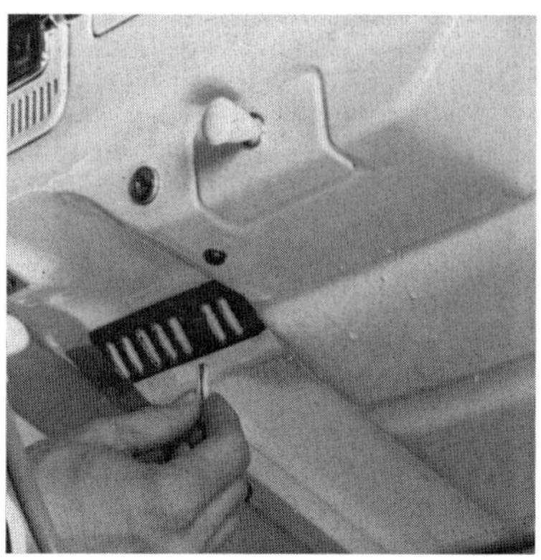

Achtpolige Sicherungsdose neben dem Lenk-Mantelrohr, dadurch vom Wageninnern her zugänglich.

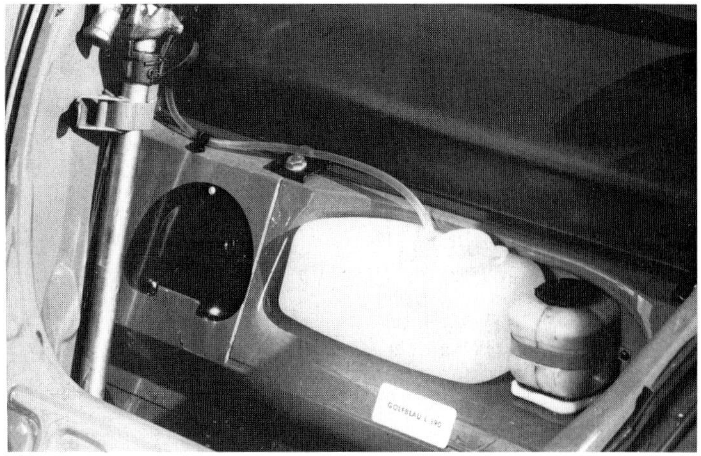

Kraftstoff-Einfüllstutzen auf der linken Seite. Durchmesser des Einfüllstutzens 60 Millimeter.

Hinter dem Reserverad: Durchsichtiger Nachfüllbehälter für Bremsflüssigkeit. Behälter für Scheibenwaschanlage mit 1 Liter Fassungsvermögen.

Querschnitt des überarbeiteten Käfers.
Durch neue Gestaltung des Tanks erhöht sich das Gepäckraumvolumen von 85 auf 140 Liter.

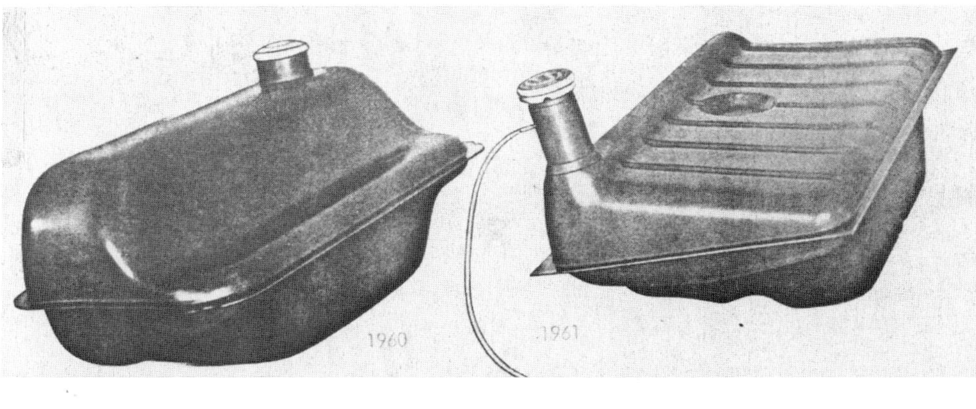

Neu gestalteter Kraftstoffbehälter. Dadurch mehr Platz für Gepäck.

1960

Die wichtigsten Änderungen

Motor/Kupplung/Heizung

Baujahr	Fahrgestell-Nr.	Aggregate-Nr.	Änderung
7. 1. 60	–	3 351 754	Ventil-Nachstellmutter: Neu: Schlüsselweite 13 mm (Motor – Pkw). Bisher: 14 mm.
1. 8. 60	3 192 507	5 000 001	Motorleistung: Neu: 34 PS/1192 ccm, Verdichtung: 7,0:1. Bisher: 30 PS/1192 ccm, Verdichtung: 6,1:1. 28 PICT-Vergaser. Heizkörper: Neu: Heizkörper links mit Anschluß für Verbindungsschlauch zur Warmluftentnahme.
5. 8. 60	3 223 145	5 042 363	Vorwärmleitung: Neu: Dichtung für linken Anschlußflansch, Innen ∅ 6 mm. Bisher: 16 mm.

Vorderachse/Lenkung

Baujahr	Fahrgestell-Nr.	Aggregate-Nr.	Änderung
2. 3. 60	2 921 552	2 926 037	Traghebel: Neu: Nadellager außen, Sitzfläche gehärtet. Bisher: Kunststoffbuchsen. Lenkungsdämpfer: Neu: Zwischen oberem Achsrohr und langer Spurstange.

Hinterachse/Getriebe

Baujahr	Fahrgestell-Nr.	Aggregate-Nr.	Änderung
1. 8. 60	3 192 507	–	Hinterachse: Neu: Gehäuse einteilig, Vorwärtsgänge sperrsynchronisiert und nadelgelagert. Antriebswelle geteilt. Bisher: Gehäuse zweiteilig, 1. Gang nicht synchronisiert. Antriebswelle ungeteilt. Neu: 3. Gang Zähnezahl 29:22, 4. Gang 24:27. Bisher: 3. Gang 28:23, 4. Gang 23:28.
1. 8. 60	3 192 507	–	Hinterradfederung: Neu: Gummipuffer um 10 mm verlängert.

Aufbau

Baujahr	Fahrgestell-Nr.	Aggregate-Nr.	Änderung
16. 3. 60	2 940 783 (141) 2 940 880 (143)	– –	Außenspiegel: Neu: Ohne Kunststoff-Einfassung. Größeres Blickfeld.
25. 3. 60	2 960 114 (143) 2 960 127 (141)	– –	Türfensterscheibe: Neu: Schrauben für Fensterheber – Führungsschiene versetzt. Bessere Abdichtung am Fensterschacht.
29. 3. 60	2 967 161 (141) 2 967 166 (151)	– –	Verdeck: Neu: Je ein Drahtseil im Hohlraum der Verdecksäume entlang, Dachrahmen bis zum Hauptspriegel.
9. 5. 60	3 060 711	–	Warmluftleitungen: Neu: Rohre mit Schalldämpfer aus Kunststoff zwischen Motor und Aufbau. Bisher: Metallschläuche sowie Schalldämpfer unter Hintersitze.

Baujahr	Fahrgestell-Nr.	Aggregate-Nr.	Änderung
1. 8. 60	3 192 507	–	Lackierung (VW-Export): Neu: Schwarz, pastellblau, rubin, beryllgrün, türkis, perlweiß und golfblau. Bisher: Jadegrün, mangogrün, keramikgrün, kieselgrau, arktis, indigoblau und indiarot. Vorderachskörperbefestigung: Neu: Gewindenippel um 7 mm verlängert. Befestigungsschrauben nach hinten versetzt. Türgriffe (auch Standard): Neu: Türgriffe und Schließzylinder geändert, Schlüsseleinführung waagerecht mit Mulde und Klappenstaubverdeck. Drei neue Schlüsselprofile SC, SU und SV. Verdeckschnäpper (VW-Cabriolet): Neu: Form geändert und angeschraubt. Bisher: Angenietet. Deckelschloßzug (Typ 142, 144 und 152): Neu: Rechtslenker mit Deckelschloßzug rechts. Bisher: Deckelschloßzug, links. Abschlußblech, hinten (Typ 113/151): Neu: Auf längeren Motor abgestimmt. Motorabdeckbleche (Typ 141/143): Neu: Auf längeren Motor abgestimmt. Innenausstattung (Standard): Neu: Sonnenblende für Fahrer. Neu: Fahrersitz-Lehne verstellbar. Vordersitz mit Lehne: Neu: Federkern, Rahmen und Polsterauflage verbessert. Gepäckraum: Neu: vorne 140 Liter. Bisher: 85 Liter.
Elektrische Anlage			
22. 1. 60 8. 2. 60	2 849 651 2 880 160	3 262 188 (141/143) 3 604 932 (111/113)	Zündleitungen: Neu: Widerstandzündleitungen. Bisher: Entstörte Zündkerzenstecker und Verteilerläufer.
22. 1. 60	2 849 651	3 262 188	Zündverteiler: Neu: Bosch ZV/PAU R 4 R 1 mit nur Unterdruck-Verstellung (Ghia-Modelle). Bisher: ZV/JUR 4 R 1.
1. 8. 60	3 192 507	–	Öldruckschalter (auch Standard): Neu: Nicht einstellbar. Bisher: Einstellbar. Bremslichtschalter (auch Standard): Neu: Steckverbindung. Bisher: Schraubverbindung. Abblendschalter (auch Standard): Neu: 10 mm weiter links angeordnet.

Baujahr	Fahrgestell-Nr.	Aggregate-Nr.	Änderung
			Sicherungsdose (auch Standard): Neu: Achtpolige, durchsichtige Sicherungsdose neben Lenkrohr. Bisher: Sicherungsdose hinter Schalttafel. Geschwindigkeitsmesser: Neu: Anzeigebereich 0 bis 140 km/h ohne Geschwindigkeitsmarkierungen. Bisher: Anzeigenbereich 0 bis 120 km/h. Schutzrohr für Tachowelle (auch Standard): Neu: Schutzrohr entfällt. Scheibenwaschanlage (auch Standard): Neu: Scheibenwaschanlage in Verbindung mit dem Wischerschalter. Bisher: Ohne Scheibenwaschanlage. Zünd-/Anlaßschloß (auch Standard): Neu: Anlaß-Wiederholsperre. Bisher: Ohne. Türkontaktschalter: Neu: Masseverbindung durch Blechschraube. Bisher: Klemmfeder. Anlasser (auch Standard): Neu: Wahlweise Bosch EED 0,5/6 L 49, Bosch EEF 0,5/6 L 1 20 mm kürzer. »VW« Steckanschluß für Klemme 50. Bisher: Bosch EED 0,5/6 L 49 »VW«. Scheinwerfer (auch Standard): Neu: Asymmetrisches Abblendlicht. Bisher: Symmetrisches Abblendlicht.
19. 8. 60	3 248 025	5 105 302	Zündzeitpunkt-Einstellung: Neu: 10° vor OT. Bisher: 7,5° vor OT.
20. 10. 60	3 390 251	5 242 646	Widerstandszündleitungen: Neu: Orangerot. Weiterhin sattrot. Bisher: carmesinrot (zwei
20. 10. 60	3 390 251	3 903 620	Ausführungen).
17. 11. 60	3 411 658 (143)	–	Blinkleuchten, vorn: Neu: Gelbe Fenster.
17. 11. 60	3 411 659 (141)	–	Bisher: weiß.
17. 11. 60	3 411 668 (144)	–	
18. 11. 60	3 411 800 (142)	–	

1961

Um das Blinklicht bei eingeschaltetem Rücklicht besser erkennen zu können, erhält der Käfer anstelle der Einkammer-Leuchte eine Zweikammerausführung. Weitere Verbesserungen: Der vordere Haubendeckel wird beim Export-Modell federnd gelagert, dadurch entfällt die Arretierstütze. Die Scheibenwaschanlage wird von Handbetätigung auf pneumatischen Betrieb umgestellt. Die benötigte Druckluft kann an der Tankstelle getankt werden.
Um die Windschutzscheiben-Entfrostung zu intensivieren, lassen sich die Heizungsöffnungen im Fußraum durch Schieber verschließen. Im Fondraum werden in den Fersenbrettern zwei zusätzliche Heizungsöffnungen vorgesehen.
Der Kraftstoffvorrat, bislang nur über den Reservehahn zu ermitteln, wird nunmehr von einer Kraftstoffuhr angezeigt.
Durch eine Nockenänderung ist der Verstellbereich der Vordersitzlehne größer. Darüberhinaus erlauben verlängerte Sitzschienen einen größeren Sitz-Verstellbereich.
Auf dem Geschwindigkeitsmesser wird die 50 km/h-Marke durch einen roten Strich markiert.

Die Preise: Export-Käfer 4740 DM, Standard-Käfer 3790 DM, Käfer-Cabriolet 5990 DM, Ghia Coupé 6900 DM, Ghia Cabriolet 7600 DM.

Daten und Fakten

1961	16. 1.	Bis zum 15. 3. Verkauf der VW-Aktien: Ausgabekurs 350% abzüglich Sozialrabatt.
	1. 7.	Erste Hauptversammlung des Volkswagenwerkes in der Produktionshalle 9 im Volkswagenwerk Wolfsburg.
	1. 9.	Der neue »VW 1500« wird als Limousine und Karmann-Ghia-Coupé in das Produktionsprogramm aufgenommen.
	18. 10.	An diesem Tage endet der seit 11 Jahren laufende VW-Sparer-Prozeß mit einem Vergleich.
	4. 12.	Seit Kriegsende wurden 5 Millionen Volkswagen gebaut. Erstmals überschreitet die Produktion im Gesamtunternehmen eine Million Fahrzeuge im Jahr.

Zweikammerleuchte auf den hinteren Kotflügeln.

Die vordere Haube wird in geöffneter Stellung durch 2 Stützen mit Federn gehalten.

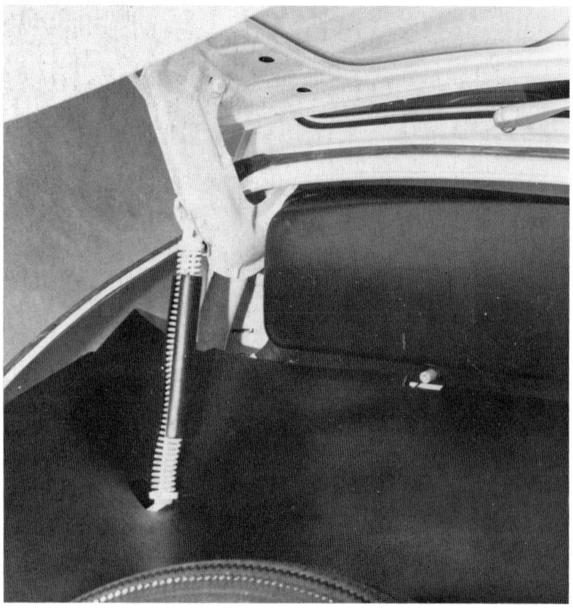

Druckluftbehälter für Scheibenwaschanlage.

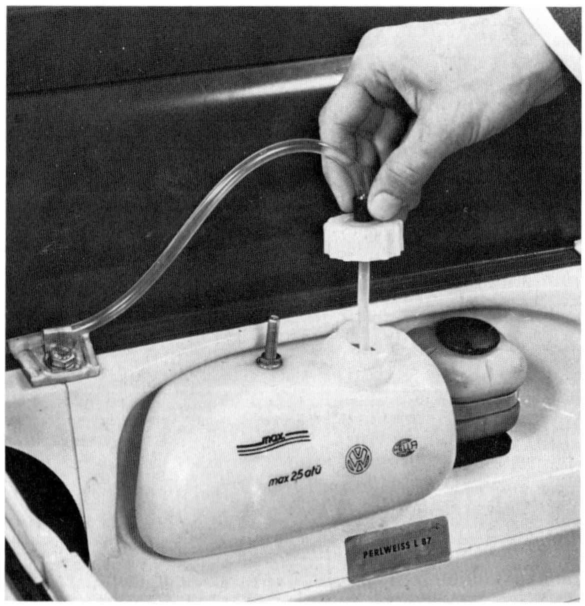

Schalter für pneumatische Scheibenwaschanlage.

In den Fersenbrettern Luftausströmer.

Heizöffnungen vorn mit Schieber.

Serienmäßig Sicherheitsgurtverankerung.

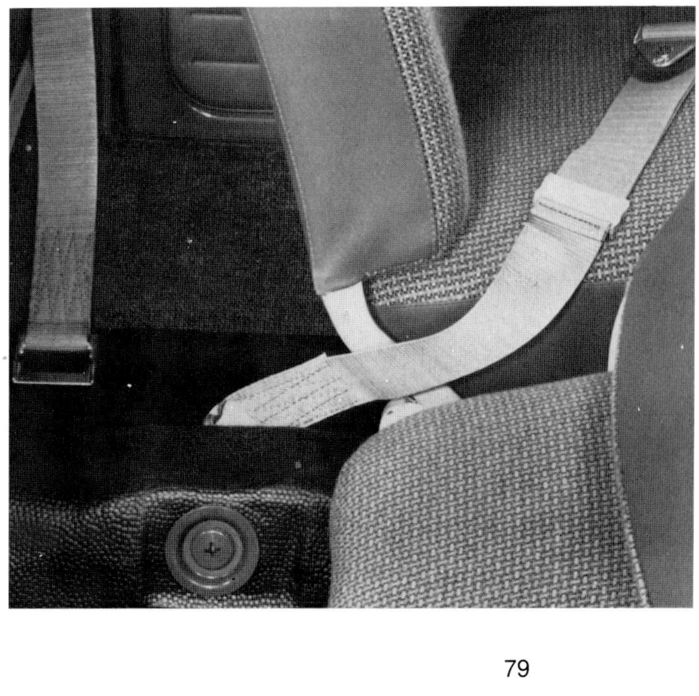

Sitzschienen nach hinten verlängert.
Sitzlehne stärker nach hinten verstellbar.

Stoffdesign für das Modelljahr 1962.

In den Handbremsseilen bis zum 8. August 1961 Schmiernippel, danach wartungsfrei.

Lenk-Zünd-Anlaßschloß serienmäßig.
Eine Tankuhr ersetzt den Kraftstoffhahn.

1961 Die wichtigsten Änderungen

Motor/Kupplung/Heizung

Baujahr	Fahrgestell-Nr.	Aggregate-Nr.	Änderung
Kraftstoffanlage			
11. 5. 61	Industriemotor	122-084 781	Vergaser 26 VFIS: Ausgleichluftdüse 170 (ab Vergaser-Nr. 5 554 995). Bisher: 160.
31. 7. 61	4 010 995	–	Kraftstoffvorratsanzeige: Für Exportmodelle. Bisher: Kraftstoffhahn.
Vorderachse/Lenkung			
30. 6. 61	3 933 185 (143)	–	Lenkung: Rollenlenkung (In- und Ausland). Bisher: Spindellenkung.
30. 6. 61	3 933 247 (141)	–	
30. 6. 61	3 933 263 (151)	–	
31. 7. 61	4 010 995	–	Lenkung: Rollenlenkung, fixierte Einbaulage (außer Standardmodell, Exportmodell nur Inland). Bisher: Spindellenkung. Spurstangen: Links und rechts einstellbar, außer Standardmodell (nur Inland). Bisher: Nur rechte Spurstange einstellbar. Spurstangen: Wartungsfreie Ausführung (nur Inland). Bisher: Mit Schmiernippeln.
30. 8. 61	4 089 142	4 068 130	Spurstangen: Links und rechts einstellbar und wartungsfrei (Ausland). Bisher: Nur rechte Spurstange einstellbar. Mit Schmiernippeln.
Hinterachse/Getriebe			
16. 11. 61	4 289 952	–	Gangschalthebel: Neu: Konisch mit kleinerem Kopf.
Bremsen/Räder/Reifen			
8. 8. 61	4 036 536	–	Handbremsseile: Wartungsfreie Schutzhüllen. Bisher: Mit Schmiernippel.
Aufbau			
16. 3. 61	3 711 714	–	Tür-Schließkeil: Neu: Aus Kunststoff in einem Spritzgußgehäuse.
25. 3. 61	3 712 664 (151)	–	Türdichtung: Neu: Lippe im Bereich der Schließplatte etwa 4 mm breiter als bisher (ab 20. 2. 61 teilweise).
28. 3. 61	3 771 255	–	Vordersitze: Neu: Rückenlehnen-Sicherung an Zapfen mit Hutmutter.

Baujahr	Fahrgestell-Nr.	Aggregate-Nr.	Änderung
31. 7. 61	4010995	–	Heizung: Neu: Austrittsöffnungen im vorderen Fußraum mit Schieber (außer Standard-Modell). Neu: Fersenbretter mit Warmluftaustrittsöffnungen (nur Export-Modell).
31. 7. 61	4010995	–	Halter für Sicherheitsgurte: Neu: Für Fahrer und für Mitfahrer.
31. 7. 61	4010995	–	Vordersitze: Neu: Sitzschienen nach hinten verlängert. Verstellbereich: 120 mm (außer Standard-Modell). Bisher: 100 mm.
31. 7. 61	4010995	–	Türen: Neu: Türfeststeller (außer Ghia-Modelle). Bisher: Türhaltestangen.
31. 7. 61	4010995	–	Vorderer Deckel: Neu: Abstützung in geöffneter Stellung durch zwei Stützen mit Federn (außer Standard-Modell).
31. 7. 61	4010995	–	Lackierung (Export-Modell): Neu: Anthrazit. Weiterhin gültig: Schwarz, rubin, beryllgrün, türkis, perlweiß und golfblau. Entfallen: Pastellblau.
21. 8. 61	4057923	–	Vordersitze-Lehne: Neu: Durch Nockenänderung weiter nach vorn und hinten verstellbar (auch Fahrersitz im Standard-Modell).
23. 8. 61	4060506	–	Türfeststeller: Neu: Halteband mit Kerbstift.
14. 12. 61	4357893	–	Türscharniere: Neu: Scharnierstifte phosphatiert sowie mit Molybdändisulfid behandelt. Bisher: Geölt.
Elektrische Anlage			
14. 2. 61	3672005	5552894	Zündspule: Neu: Gummischutzkappe für Zündleitungskabel entfallen.
2. 5. 61	3856472	–	Schluß-Brems-Blinkleuchte: Neu: Zweikammer-Ausführung für Export- und Standard-Modelle (Inland).
4. 5. 61	3862145	–	Geschwindigkeitsmesser: Neu: Auf der Skala roter Strich für 50 km-Markierung. (Nur Tachometer mit km-Anzeige.)
29. 5. 61	3924800	5843201	Öldruckschalter: Neu: Schaltdruck 0,15–0,45 atü. Bisher: 0,3–0,6 atü.
30. 6. 61 30. 6. 61	3933185 (143) 3933347 (141)	– –	Schaltschloß mit Zündanlaßschalter: Neu: Mit Anlaßwiederholsperre als M-Ausstattung (nur Inland).
30. 6. 61 31. 7. 61	3933263 (151) 4010995	– –	Lenk-/Anlaßschloß: Neu: Für alle Volkswagen außer Ghia-Modelle als M-Ausstattung, nur Inland.

1962

In diesem Jahr fallen eine Fülle von kleinen Detailverbesserungen an: Die Heizluft für den Innenraum, die bislang an den heißen Zylindern vorbeigeführt wurde, wird jetzt von Wärmetauschern erhitzt. Werksintern spricht man von der neuen »Frischluftheizung«. Die neue Luftführung sorgt für eine geruchsfreie Heizluft.

Auch die Standard-Modelle erhalten serienmäßig die hydraulische Fußbremse, der Deckel für den Bremsflüssigkeitsbehälter wird aufgeschraubt. Am vorderen Haubendeckel entfällt die Wappenplakette, ein neues VW-Zeichen sitzt oben auf der Haube. Die Zierleiste für die Haube wird verlängert.

die hinteren Austrittsdüsen für die Fußraumheizung sind mit einem Regulierhebel ausgestattet. Ein pflegeleichter Kunststoffhimmel löst den bisherigen Wollstoffhimmel ab.

Daten und Fakten

1962	9. 1.	Fertigungsbeginn des VW 1500 Variant.
	20. 11.	VW-Chef Nordhoff übergibt in den USA Englewood/Cliffs das neue VW-Zentrum seiner Bestimmung. In USA sind 15 Großhändler und 687 Händler tätig.
	Dez.	Täglich werden 3330 Käfer produziert.

Oben und unten rechts: Das Wappen auf der Fronthaube entfällt. Dadurch wird die Zierleiste entsprechend länger.

Das Faltschiebedach wird in der Export-Limousine noch bis zum August 1963 produziert.

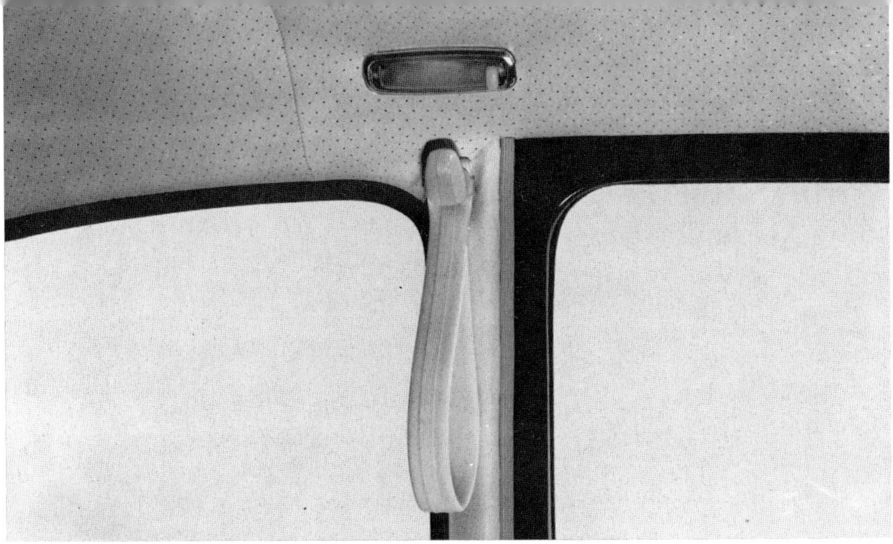

Für die Himmelauskleidung Kunststoff, vorher Stoff.

Export-Modell:
In den Fersenbrettern Luftausströmer mit Regulierhebel.

Im Dezember wird der Motor serienmäßig mit einer Frischluftheizung (Wärmetauscher) ausgestattet, erkennbar an den beiden dicken Luftschläuchen vom Gebläsekasten.

1962 Die wichtigsten Änderungen

Motor/Kupplung/Heizung

Baujahr	Fahrgestell-Nr.	Aggregate-Nr.	Änderung
23. 2. 62	4 519 277	6 502 426	Kurbelgehäuse-Entlüftung: Neu: Verbindungsschlauch am Unterteil des Ölbadluftfilters. Bisher: Am Ansaugstutzen.
28. 5. 62	4 745 703	6 754 500	Motorenöl: Neu: Erstfüllmenge 2,5 l SAE 10, mit 1% Lubrizol legiert. Bisher: 1,75 l.
3. 5. 62	4 683 160	6 719 146	Kupplung: Neu: Alle Druckfedern braun gefärbt. Bisher: Je 3 gelbe und graublaue Druckfedern.
30. 7. 62	4 846 836	6 916 251	Ölkühler: Neu: Mit Luftsieb. Saugrohr und Vorwärmleitung: Neu: Rohrdurchmesser am Verbindungsflansch zum Zylinderkopf 27 mm. Bisher: 25 mm Durchmesser. Kühlgebläsegehäuse/Gebläserad: Neu: Geänderte Form, dadurch erhöhter Luftdurchsatz. Zylinderkopf: Neu: Ansaugkanal 27 mm Durchmesser. Bisher: 25 mm Durchmesser.
2. 8. 62	4 874 267	3 942 539	Kurbelgehäuse-Entlüftung: Neu: Öldämpfe werden in das Ölbadluftfilter geleitet. Bisher: Ins Freie.
21. 9. 62	4 988 623	7 076 057	Kolben und Kolbenringe: Neu: Einstichtiefe der beiden oberen Kolbenringnuten um 0,6 mm verringert. Neu: Kolbenringe mit Fase an den Innenkanten.
5. 10. 62	5 020 751	7 115 342	Motorenöl-Erstfüllung: Neu: SAE 10 W. Bisher: SAE 20.
15. 12. 62 15. 12. 62	5 199 980 5 199 981	7 336 420 3 949 223	Frischluftheizung: Neu: Erwärmung der Luft in Wärmetauschern. Bisher: An den Zylindern.
15. 12. 62	5 199 980	–	Heizung: Neu: Heizrohre zwischen Geräuschdämpfer und Aufbau mit Kunststoffrohr isoliert.

Kraftstoffanlage

Baujahr	Fahrgestell-Nr.	Aggregate-Nr.	Änderung
15. 1. 62	4 432 260	6 424 690	Kraftstoffpumpe: Neu: Pumpenantriebshebel als Preßteil. Druckfeder verlängert. Bisher: Zweiteiliges Gußstück.
9. 4. 62	4 636 869	6 660 578	Kraftstoffleitung zwischen Pumpe und Vergaser: Neu: Rohr mit Schlauchanschlußstükken. Bisher: Gummischlauch mit Gewebeumhüllung.

Bremsen/Räder/Reifen

Baujahr	Fahrgestell-Nr.	Aggregate-Nr.	Änderung
5. 4. 62	4630938 (111/112) (115/116)	–	Bremsanlage: Neu: Hydraulisch. Bisher: Mechanisch.
18. 9.62	4978442	–	Ausgleichbehälter für Bremsflüssigkeit: Neu: Schraubverschluß. Bisher: Stopfen.
Aufbau			
16. 1. 62	4420885	–	Türen: Neu: Untere und seitliche Aufnahmelöcher für Türverkleidung mit Gummihütchen. Neu: Ölpapier am Türinnenblech festgeklebt. Neu: Gummidichtung der Scheibe und Fensterhebeschiene verlängert; als Wasserablaufrinne wirksam. Neu: Zusätzliches Gleitblech für Fensterheber-Gummidichtung.
28. 4. 62	4671926	–	Türscharniere: Neu: Befestigung mit je 3 Schrauben. Bisher: 4 Schrauben.
28. 4. 62	4672922	–	Fensterheber links und rechts: Neu: Mit Feder in der Führungsschiene gehalten.
16. 5. 62	4723425	–	Warmluftschlauch, hinten: Neu: Stützkäfig als Drahtnetzschlauch mit 2 Asbestringen. Bisher: Aus Kunststoff.
30. 7. 62	4846836	–	Griff für Schiebedach: Neu: Flacher und mit Gelenk. Fensterführung: Neu: Kunststoff. Bisher: Wollflor. Dachverkleidung: Neu: Kunststoff. Bisher: Wollstoff.
30. 7. 62	4764158 (141-144)	–	VW-Zeichen: Neu: Schriftzug »VOLKSWAGEN«.
1. 8. 62	(141, 143)	–	Lackierung: Neu: Polarblau, terrabraun, manilagelb, smaragdgrün. Weiterhin gültig: Schwarz, perlweiß, rubin, anthrazit, seeblau, pacific. Entfallen: Paprikarot, lavendel, pampasgrün, sierrabeige.
1. 10. 62	5010448 (113-118)	–	Deckel vorn: Neu: VW-Zeichen neu gestaltet. Bisher: Mit Wappenplakette. Neu: Zierleiste verlängert.
13. 12 62	5188470	–	Fußraumheizung; hinten: Neu: Austrittsdüsen mit Regulierhebel.
Elektrische Anlage			
15. 12. 62	5199980	7336420	Zündkerzenstecker: Neu: Mit Kunststoffschutzkappen.

1963

Das Faltdach ist beim Export-Modell passé (VW-Standard bis 1. 8. 67), der Dachausschnitt wird für ein Stahlkurbeldach verkleinert, das auf Wunsch lieferbar ist. Das Gehäuse der neuen Kennzeichenleuchte hat eine breite, leicht gerundete Form, die den Konturen des Wagenhecks ein neues Gepräge gibt. Lampenträger und Fenster wurden von der Kennzeichenleuchte der Typ-3-Limousine (VW 1500) übernommen. Die geänderte Sicke des hinteren Deckels paßt sich der neuen Kennzeichenleuchte an.

Im November dieses Jahres werden neu geformte, breitere Blinkleuchten montiert, so daß sich auch ihr Sitz (Lochbild) in den vorderen Kotflügeln ändert.

An die Stelle des Lenkrades mit Signalhalbring tritt ein Lenkrad mit Signaltasten.

Das VW-Zeichen in den verchromten Radkappen ist zur besseren Wirkung des Chromschmuckes nur noch geprägt und nicht mehr schwarz ausgelegt.

Der VW-Konzern erzielt einen Umsatz von 6,84 Milliarden Mark. Damit steht er an der Spitze aller deutschen Industrie-Unternehmen. An der deutschen Kraftfahrzeugproduktion hat VW einen Anteil von 42,4 Prozent. Im Inland stellt VW 1 029 591 und im Ausland 77 511 Wagen her. Mit insgesamt 685 769 exportierten Wagen ist VW der größte Automobil-Exporteur der Welt. Im Wolfsburger Stammwerk wird eine vollautomatische Montagestraße für den Zusammenbau der Käfer-Karosserien in Betrieb genommen. Die Tagesproduktion liegt im Jahresmitttel bei täglich 5229 Stück.

Daten und Fakten

1963	August	Neues Modell: VW 1500 S (Limousine, Variant, Coupé). 54 PS, 2 Solex Fallstromvergaser, 880 kg, Preis 6400 DM. Auch in diesem Jahr ist mehr als jedes zweite exportierte Automobil der Bundesrepublik ein Volkswagen.
	Sept.	Im australischen VW-Montagewerk Clayton/Victoria beginnt im September die Montage des VW 1500 und Variant.

Breite Kennzeichenleuchte, die dem Wagenheck ein neues Aussehen gibt. Die geänderte Sicke des hinteren Deckels paßt sich den Konturen der neuen Kennzeichenleuchte an.

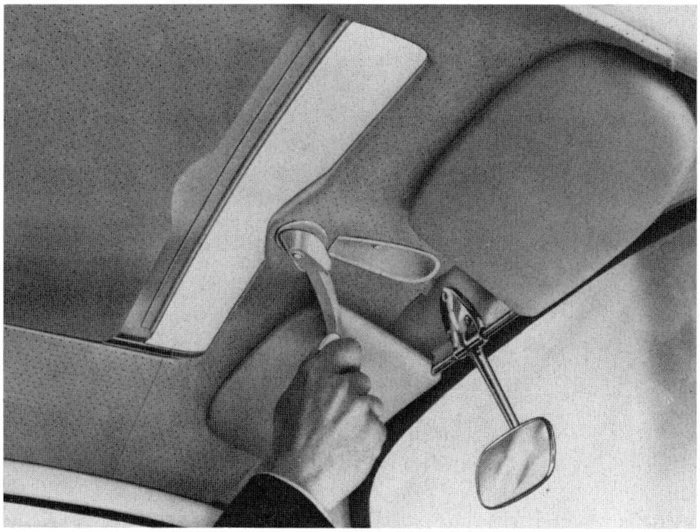

Auf Wunsch gibt es für die Export-Limousine ein Stahl-Schiebedach mit versenkbarem Kurbelgriff.

Das VW-Zeichen in den Radkappen ist nicht mehr schwarz ausgelegt.

Größere Blinkleuchten auf den vorderen Kotflügeln.

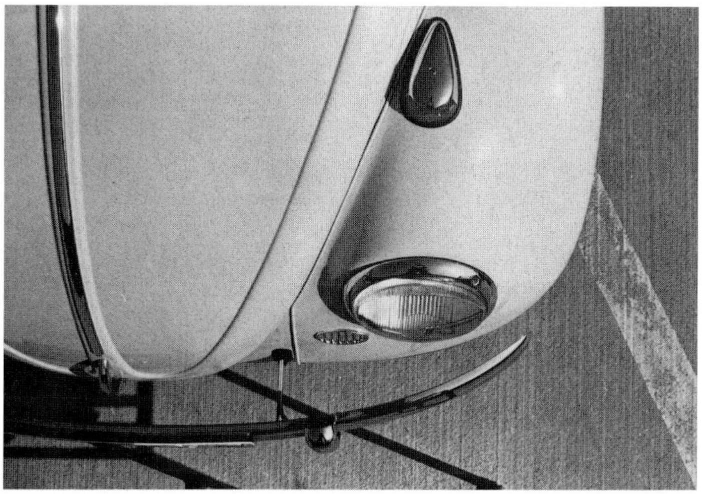

Lenkrad mit Signaltasten, der Signalhalbring ist entfallen.

1963 Die wichtigsten Änderungen

Motor/Kupplung/Heizung

Baujahr	Fahrgestell-Nr.	Aggregate-Nr.	Änderung
1. 10. 63	5 815 778	8 046 097	Kurbelgehäuseentlüftung: Neu: Kondenswasser-Ablaufrohr mit Gummiventil.
19. 12. 63	6 009 513 (Export)	8 250 020	Kipphebelmechanismus: Neu: Neigung der Ventile erhöht. Kipphebelachse verlegt. Zylinderkopf, Kipphebel und Stößelstange geändert.

Kraftstoffanlage

Baujahr	Fahrgestell-Nr.	Aggregate-Nr.	Änderung
12. 11. 63	5 909 656		Ölbad-Luftfilter: Neu: Eindrückung am Filterunterteil. (Bedingt durch vergrößerte Startautomatik.)

Vorderachse/Lenkung

Baujahr	Fahrgestell-Nr.	Aggregate-Nr.	Änderung
5. 8. 63	5 677 119 (113/114) (117/118) (141-152)	–	Lenkrad: Neu: Signaltaste. Bisher: Signalhornring.
10. 9. 63	5 765 471	–	Stoßdämpfer: Neu: Einrohr-Dämpfer mit Kunststoff-Schutzrohr. Kolbenstange nach unten herausziehen.

Bremsen/Räder/Reifen

Baujahr	Fahrgestell-Nr.	Aggregate-Nr.	Änderung
5. 8. 63	5 677 119 (113/114) (117/118)	–	Radkappe: Neu: VW-Zeichen nicht mehr mit Farbe ausgelegt.
5. 8. 63	5 677 119	–	Reifen 5.60-15: Neu: Luftdruckwert hinten 1,7 atü. Bisher: 1,6 atü.

Rahmen

Baujahr	Fahrgestell-Nr.	Aggregate-Nr.	Änderung
28. 10. 63	5 875 847	–	Rahmenoberteil: Neu: Ausschnitt hinten für Schaltstangenkupplung vergrößert.

Aufbau

Baujahr	Fahrgestell-Nr.	Aggregate-Nr.	Änderung
1. 2. 63	(111-112) (115-116)	–	Lackierung: Neu: Golfblau. Weiterhin gültig: Jupitergrau, riedgrün.
1. 4. 63	5 419 871	–	Abdichtung für Stoßfängerträger: Neu: Kunststoff. Bisher: Gummi.
3. 4. 63	5 440 221	–	Vordersitz-Rückenlehnenverstellung: Neu: Anlageflächen der Verstellnocken vergrößert.
5. 8. 63	5 677 119 (111/112) (115/116)	–	Bedienungsknöpfe und Lenkrad: Neu: Farbe silberbeige. Bisher: Schwarz. Dachverkleidung: Neu: Aus Kunststoff. Bisher: Wollstoff.

Baujahr	Fahrgestell-Nr.	Aggregate-Nr.	Änderung
			Sitze: Neu: Mit Kunststoffbezug. Bisher: Wollstoff.
5. 8. 63	5677119 (111-118) (151/152)	–	Abdichtung der Tür: Neu: Schaumstoff-Dichtung. Türinnenhaut und Türverkleidung. Bisher: Leder und Ölpapier an der Türinnenhaut.
5. 8. 63	5677119 (117/118)	–	Volkswagen 1200 Export: Neu: Stahlkurbeldach. Bisher: Faltschiebedach.
5. 8. 63	5677119 (113/114) (117/118) 5718489 (151/152)	– – –	Deckel – hinten: Neu: Mittlere Sicke geändert. Neu: Befestigungslöcher der Kennzeichenleuchte versetzt.
5. 8. 63	5718489 (141-144)	–	Türschloß: Neu: Innenbetätigung geändert.
5. 8. 63	5677119 (111/112) (115/116)	–	Lackierung: Neu: Seeblau, anthrazit, perlweiß, rubin. Entfallen: Riedgrün, jupitergrau, golfblau.
15. 8. 63	5699145	–	Tür: Neu: Türfeststeller am Gummipuffer um 90° abgewinkelt. Bisher: Splint.
31. 10. 63	5888185	–	Kotflügel und Seitenteile vorn: Neu: Lochbild durch Verlegung der Blinkleuchten geändert.
Elektrische Anlage			
19. 10. 63	5851619 (141-144)	–	Scheibenwaschanlage: Neu: Einbau des Flüssigkeitsbehälters.
31. 10. 63	5888185	–	Blinkleuchte vorn: Neu: Geänderte Form.

1964

Die augenfälligste Änderung erfolgt am Aufbau: Durch kleinere Holmquerschnitte und eine leicht gewölbte Windschutzscheibe, die 28 Millimeter weiter in das Dach reicht, haben sich die Sichtwinkel beträchtlich verbessert. Rund 20 Millimeter höher und 10 Millimeter breiter ist das Heckfenster, vergrößert wurden auch Tür- und Drehfenster; geringere Querschnittte des Türfensterrahmens machen es möglich. Der Steg zwischen Drehfenster und Türfenster steht nicht mehr senkrecht, sondern schräg. In Verbindung mit der vergrößerten Türfensterscheibe wird der Einarmfensterheber durch einen Kabelzugfensterheber ersetzt. Der Verschlußgriff des Drehfensters hat keine Druckknopfauslösung mehr. Dadurch läßt sich der Verschluß während der Fahrt leichter bedienen.

Statt des bisherigen Knebelgriffes ist die hintere Haube mit einem Druckknopfverschluß aus verchromten Edelstahl versehen. Der Verschluß rastet nach Herablassen des Deckels selbsttätig ein.

Die Rücksitzlehne läßt sich ganz herabklappen und durch ein verstellbares Spannband arretieren.

Die Sonnenblenden haben eine neue Form und lassen sich auch zur Seite schwenken.

Die Kühlluftregelung des 34 PS-Motors ist auf die Druckseite des Gebläses verlegt worden. Der bisherige Drosselring am Luftkasten ist aus diesem Grund entfallen. Die neue Kühlluftregelung bewirkt, daß der Motor schneller seine Betriebstemperatur erreicht.

Anstelle des Drehgriffes für die Heizungsregulierung stehen nun zwei Schwenkhebel zur Verfügung. Über den rechten Hebel (roter Knopf) wird die Heizung betätigt. Der linke Hebel (weißer Knopf) steuert die Klappen der hinteren Fußraumheizung. Mit den Schwenkhebeln läßt sich die Heizung schneller bedienen.

In Verbindung mit der vergrößerten Windschutzscheibe ist auch die Scheibenwischeranlage geändert worden. Genau 15 Millimeter längere, federnde Wischerblätter erweitern das Wischfeld. Beim Exportmodell und beim Cabrio wechselte die Parkstellung der Scheibenwischer auf die linke Seite hinüber.

Der Wagenheber, bislang nur mit einem Hebelgelenk ausgestattet, bekommt zwei Gelenke, und zwar je eins zum Heben und zum Senken. Das zweite Gelenk erlaubt es, das Fahrzeug langsam abzulassen. Der Standard-Käfer wird mit dem vom Exportmodell her bekannten vollsynchronisierten Vierganggetriebe ausgestattet.

Der VW-Konzern investiert in diesem Jahr 154,4 Millionen Mark für das neue Montagewerk in Emden und 44,5 Millionen Mark für die im März begonnene Erweiterung des Montagewerkes bei Port Elizabeth (Süd-Afrika).

Insgesamt 68 Spezialschiffe mit 550 000 BRT transportieren in diesem Jahr 470 000 Volkswagen in Exportländer, hauptsächlich nach Amerika. Die Chartergebühren für die Schiffe betragen jährlich 150 Millionen Mark.

Rund 89 000 ehemalige VW-Sparer melden bis März ihre Ansprüche an, davon werden 82 000 anerkannt. Nach dem Vergleich vom 18. 10. 1961 erhält jeder Sparer je nach Sparsumme bis zu 600 DM Preisnachlaß auf einen VW 1200 oder bis zu 100 DM Bargeld. Bislang wurden an die Sparer 18 000 Käfer ausgeliefert und 41 000 Abfindungen ausgezahlt.

Daten und Fakten

1964	23. 10.	Daimler Benz und das Volkswagenwerk geben die Absicht zur Zusammenarbeit bekannt. Sie erstreckt sich zunächst auf die Auto Union GmbH Ingolstadt, die sie gemeinsam betreiben wollen. Die 80 Millionen DM Stammkapital der Auto Union, im Besitz von DB werden um weitere 80 Millionen DM erhöht. VW übernimmt insgesamt 50,4 Prozent des Auto Union-Stammkapitals.
	1. 12.	Produktionsbeginn im neuen Volkwagenwerk Emden. Erstmals übersteigt die Lohn- und Gehaltssumme in der VW-Aktiengesellschaft 1 Milliarde DM.

Das Heckfenster ist nach oben ca. 20 Millimeter höher und seitlich 10 Millimeter breiter.

Rechts: Rundherum größere Fensterflächen.

Geringere Querschnitte des Türfensterrahmens ermöglichen ein größeres Türfenster nach oben und hinten. Der Steg zwischen Drehfenster und Türfenster verläuft schräg.

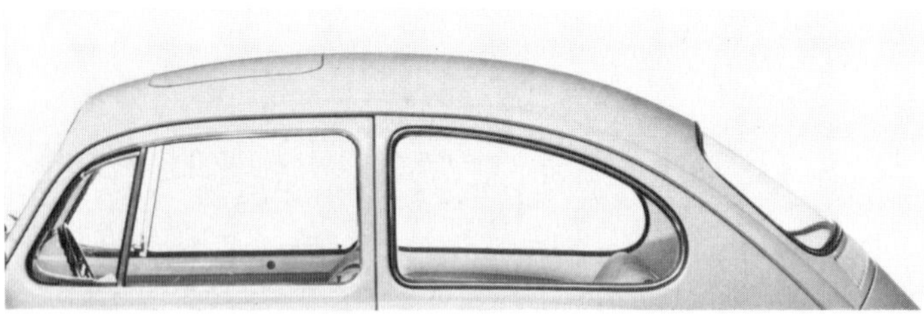

Die leicht gewölbte Windschutzscheibe reicht 28 Millimeter höher ins Dach. Die Wischer liegen in der Endstellung links.

Der Verschlußgriff des Drehfensters hat keine Druckknopfauslösung mehr.

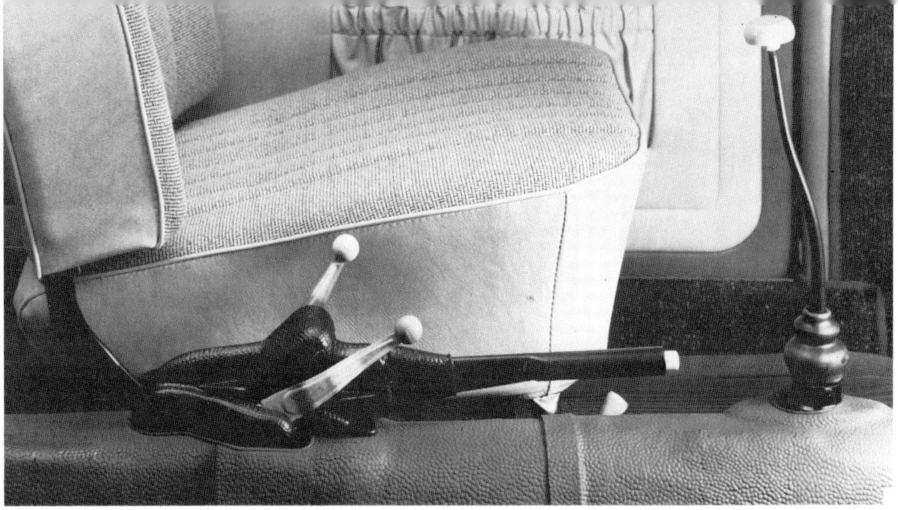

Anstelle des Drehgriffes Heizungsbedienungshebel auf dem Mitteltunnel. Linker Hebel, grauer Knopf für hintere Fußraumheizung. Rechter Hebel, roter Knopf für die Heizung.

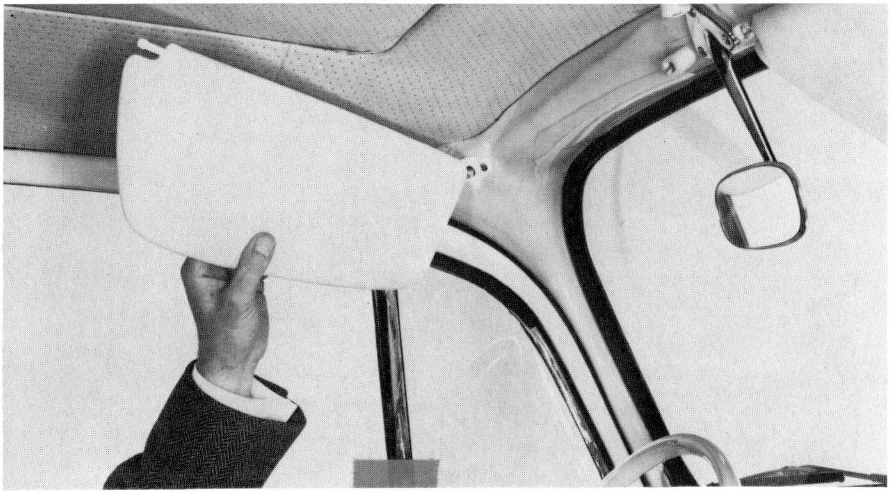

Sonnenblende in neuer Form und zur Seite schwenkbar.

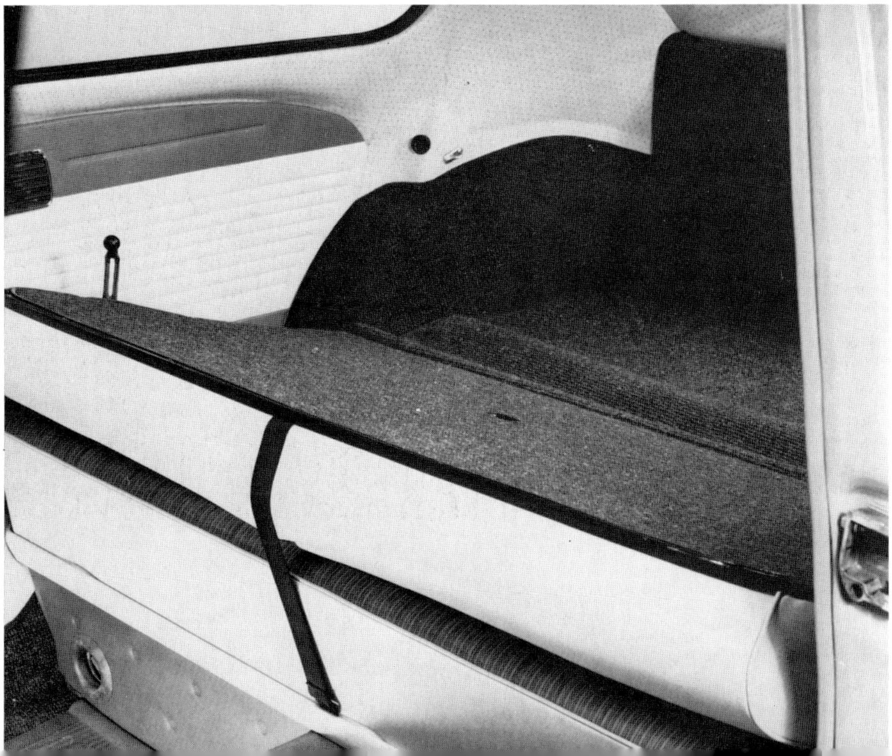

Die hintere Rücksitzlehne läßt sich ganz nach vorn klappen und durch ein verstellbares Spannband arretieren.

Statt Knebelgriff jetzt Druckknopfverschluß aus verchromten Edelstahl.

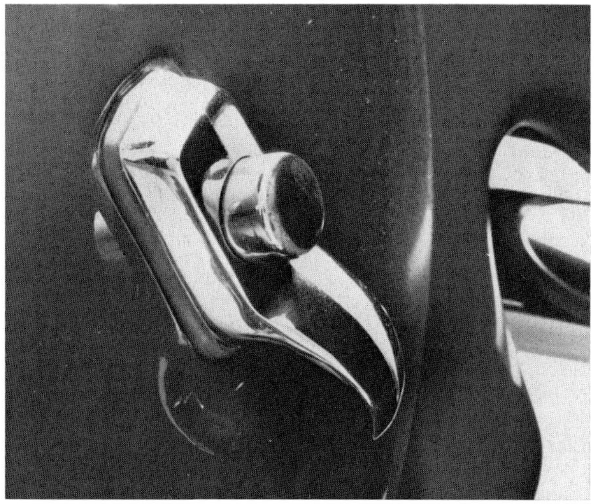

Phantomdarstellung des überarbeiteten Käfers, Modell 65.

Cabrio: Innenleuchte vorn oben am Windschutzrahmen.

1964 Die wichtigsten Änderungen

Motor/Kupplung/Heizung

Baujahr	Fahrgestell-Nr.	Aggregate-Nr.	Änderung
21. 3. 64	6 223 768 (Export)	8 487 010	Ölsiebverschlußdeckel: Neu: Mit Hutmuttern und Kupferdichtringen befestigt. Bisher: Sechskantmuttern und Federscheiben. Neu: Material der Dichtung geändert.
7. 10. 64	115 162 922	HA 7 256 130	Kugelausrücklager: Neu: Mit Kunststoffring. Bisher: Mit Graphitring.
8. 10. 64	115 162 787	8 963 731	Kupplungsscheibe 180 und 200 mm ∅: Neu: Verzahnung in der Nabe gleitphosphatiert. Neu: Verzahnung der Antriebswelle mit Molybdändisulfid behandelt.
6. 11. 64	115 262 699	–	Auspufftopf: Neu: Wahlweise dunkelblau emailliert.
7. 12. 64	115 336 420 (1200 A)	–	Ölbadluftfilter: Neu: Mit Kurbelgehäuse-Entlüftung. Bisher: Ohne.

Hinterachse/Getriebe

Baujahr	Fahrgestell-Nr.	Aggregate-Nr.	Änderung
3. 8. 64	115 000 001	7 022 722	Deckel für Hinterradlager: Neu: Ölablenkscheibe vor Dichtring. Hinterradlager. Neu: Lagerdeckel und Bremsträger mit Ablaufbohrung. Bisher: Ölfangschale.
30. 10. 64	115 247 529 (1200A)	7 356 688	Volkswagen 1200 A: Neu: Vollsynchrongetriebe. Bisher: Teilsynchrongetriebe.

Bremsen/Räder/Reifen

Baujahr	Fahrgestell-Nr.	Aggregate-Nr.	Änderung
3. 8. 64	115 000 001	–	Bremsträger und Bremsbacken: Neu: Zusätzliche Anlageflächen am Bremsträger (Dreipunktauflage). Neu: Schlitze der Nachstellschrauben und der Kolben für Radbremszylinder verbreitert. Neu: Schrägabstützung der Bremsbacken. Lagerbock kastenförmig ausgebildet. Bremstrommel hinten: Neu: Bohrung in der Ölfangschale für Befestigung entfallen.

Rahmen

Baujahr	Fahrgestell-Nr.	Aggregate-Nr.	Änderung
3. 8. 64	115 000 001	–	Heizungsbetätigung: Neu: Führungshülse für Heizklappenzug entfällt. Neu: Am Lagerbock für Handbremshebel auf beiden Seiten je ein Heizungshebel montiert. Rechter Hebel (roter Knopf) betätigt gesamte Heizung. Linker He-

Baujahr	Fahrgestell-Nr.	Aggregate-Nr.	Änderung
			bel (weißer Knopf) betätigt Fondausströmer. Neu: Beide Führungsrohre für Heizklappenzüge auf die rechte Seite des Rahmentunnels verlegt. Neu: Zusätzlich zwei Führungsrohre zur Betätigung der Fondausströmer auf der linken Seite verlegt, die hinter dem Fersenbrett seitlich aus dem Rahmentunnel austreten. Fahrgestell-Nummer am Rahmentunnel: Neu: Durch einen eingeschlagenen Stern vorn und hinten begrenzt.
24. 10. 64	115 224 816	–	Nachstellmutter für Kupplungsseil: Neu: Flügelmutter. Bisher: Sechskantmutter.
Aufbau			
5. 2. 64	6 130 478 (151/152)	–	Zierleiste für Einsteigverkleidung: Neu: Chromstahl. Bisher: Aluminium.
1. 7. 64	6 483 093	–	Wachskonservierung: Neu: Vollkonserviert. Bisher: Teilkonserviert.
3. 8. 64	115 000 001	–	Fenster: Neu: Fensterflächen vergrößert.
3. 8. 64	115 000 001	–	Hinterer Deckel mit Schloß: Neu: Druckknopf-Schloß. Bisher: Deckelschloß mit Griff und Schloßträger. Neu: Deckelfeder mit Hebelgelenk. Neu: Anschläge an den Deckelscharnieren 12 mm hoch. Bisher: 7 mm.
3. 8. 64	115 000 001	–	Innenausstattung: Neu: Rückenlehnen der Vordersitze dünner und elastischer. Äußere Lehnenrohre mit Federkern verschraubt. Neu: Rückenlehne kann zur Vergrößerung des Gepäckraumes in vorgeklappter Stellung durch verstellbares Gurtband gehalten werden. Neu: Sonnenblenden vergrößert und in der Form geändert. Befestigt rechts und links mit Gelenken am Dachholm. Bisher: Am Rückblickspiegel.
3. 8. 64	115 000 001	8 796 623	Heizungsbetätigung: Neu: Hebel. Bisher: Drehgriff.
3. 8. 64	115 000 001	–	Fensterheber: Neu: Kabelzug-Fensterheber. Bisher: Einarm-Fensterheber.
3. 8. 64	115 000 001	–	Wagenheber: Neu: Mit je einem Hebelgelenk für das Anheben und Ablassen. Bisher: Ein Hebelgelenk.
3. 8. 64	115 000 001 (1200 A)	–	Lackierung: Neu: Fontanagrau. Weiterhin gültig: Rubin, seeblau, perlweiß. Entfallen: Anthrazit.

Baujahr	Fahrgestell-Nr.	Aggregate-Nr.	Änderung
	(Export)	–	Neu: Fontanagrau. Weiterhin gültig: Schwarz, rubin, seeblau, perlweiß, panamabeige, javagrün, bahamablau. Entfallen: Anthrazit.
1. 10. 64	115 161 388	–	Außenspiegel: Neu: Rückseite des Spiegelglases mit Tesadurband beklebt.
Elektrische Anlage			
3. 8. 64	115 000 001	–	Scheibenwischer: Neu: Federnde Scheibenwischerblätter. Neu: Endablagepunkt links. Bisher: Rechts.
3. 8. 64	115 000 001	8 788 071	Zündverteiler: Neu: Unterbrechernocken asymmetrisch. Nocken des 3. Zylinders um 2° zurückversetzt.
1. 12. 64	115 331 161	9 129 761	Zündkerzen: Neu: Champion L 87 V. Weiterhin gültig: Bosch W 175 T 1, Beru 175/14 und Champion L 85.
Allgemeine Änderungen			
3. 8. 64	115 000 001	–	Fahrgestell-Nummer: Neu: Neunstellig. Bisher: Siebenstellig
30. 10. 64	115 247 529 (1200 A)	7 356 688	Volkswagen 1200 A: Neu: Vollsynchrongetriebe.

1965

Neu im Programm ist der VW 1300, der von einem 1,3 Liter 40 PS-Motor angetrieben wird. Beim neuen 1300er-Motor wurde die Kurbelwelle vom 1,5 Liter-Triebwerk (Typ 3) übernommen. Dadurch erhöht sich der Hub von 64 auf 69 Millimeter.

Äußerliches Kennzeichen des neuen Jahrgangs sind die Lochscheibenräder. Die Durchbrüche in der Felge beeinflussen nicht nur »das Aussehen des Wagens vorteilhaft«, sondern verringern auch das Gewicht der ungefederten Massen.

Alle Käfer-Modelle erhalten geänderte Bremstrommeln, deren Naben mit sternförmigen Verstärkungsrippen versehen sind.

Um den Volkswagen mit 40 PS-Motor äußerlich von seinem kleineren Bruder unterscheiden zu können, ist links auf der Heckklappe ein verchromter Schriftzug »1300« angebracht.

Eine neue Vorderachse stellt eine konstruktive Kombination zwischen der bisherigen Käfer-Achse und der Vorderachse des VW 1500 dar. Bei der neuen Achse verbinden wartungsfreie Kugelbolzen Achsschenkel und Traghebel miteinander. Die geänderten Blattfederstäbe ergeben zusammen mit anders abgestimmten Stoßdämpfern und neuen Gummihohlfedern eine komfortablere Federung. Während an den Achsschenkeln die Schmiernippel entfallen sind, müssen die Achsrohre (4 Schmiernippel) auch weiterhin alle 10 000 km abgeschmiert werden.

Weitere Neuerungen an der 1300er-Limousine und dem Viersitzer-Cabrio: Die Lehnen der Vordersitze sind durch eine Verriegelung gegen unbeabsichtigtes Vorklappen gesichert. Eine zusätzliche Defrosterdüse in der Mitte der Schalttafel sorgt für eine schnellere Entfrostung der Windschutzscheibe. Die Hupe wird über einen Signal-Halbring am Lenkrad und die Lichthupe über den Blinkerhebel betätigt.

Das Volkswagenwerk errichtet bei der Auto Union in Ingolstadt ein Fließband für die Montage des VW 1200. Mit diesem Fließband erhöht sich die VW-Tagesleistung auf 6000 Wagen, 4550 Stück davon sind Käfer. Mit dem Einkaufsvolumen von über 4 Milliarden Mark ist der Konzern der größte private Auftraggeber in der Bundesrepublik.

Daten und Fakten

1965	5. 1.	Das Volkswagenwerk erwirbt von Daimler-Benz die Auto Union GmbH.
	9. 3.	Vorstellung des Kleinlieferwagens VW 147, der in Zusammenarbeit mit der Deutschen Bundespost entwickelt wurde und von den Westfalia-Werken Wiedenbrück karossiert wird. Der Volksmund tauft ihn »Fridolin«. An diesem Tage auch erste Auslieferung an die Deutsche Bundespost.
	12. 7.	Zur Durchführung von Transport- und Speditionsaufgaben wird als weiteres Tochterunternehmen die »Wolfsburger Transportgesellschaft mbH« gegründet.
	6. 8.	Neues Typ 3-Modell: VW 1600 TL (»Fließheck«, engl. »Fastback«).
	15. 9.	10 Millionen Volkswagen seit Kriegsende!
	Dez.	Im Forschungs- und Entwicklungszentrum des Werkes Wolfsburg wird der modernste Windkanal Europas in Betrieb genommen.

Neu im Programm: VW 1300 mit 1,3 Liter/40 PS-Motor. Schriftzug auf dem hinteren Deckel »1300«.

Flache Radkappen vom VW 1500 (Typ 3), Durchbrüche in den Felgen.

Neuer 1,3-Liter-Motor mit 40 PS. Das Membranventil, bislang zwischen Kraftstoffleitung und Kraftstoffpumpe installiert, befindet sich in der Kraftstoffpumpe.

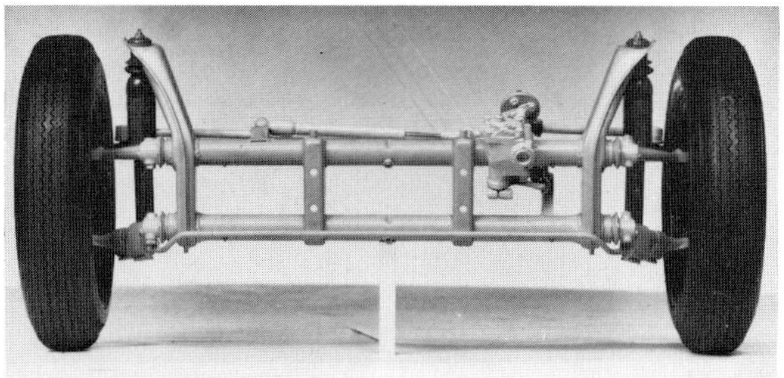

Die überarbeitete Vorderachse führt in ihren beiden Rohren je ein Federpaket mit jeweils 10 Blattfedern. Wartungsfreie Kugelbolzen verbinden Achsschenkel und Traghebel. Abgeschmiert werden müssen nur noch alle 10000 Kilometer die in den Querrohren befindlichen 4 Schmiernippel.

VW 1300 und Cabrio: Zusätzliche Entfrosterdüse in der Mitte der Schalttafel. Handabblendschalter und damit auch Lichthupe am Blinkerhebel. Signalhalbring, bei dem die Drucktasten in leicht veränderter Form erhalten bleiben.

Sicherheitsschloß, bei dem die Sicherungsplatte bei starken Aufbauverwindungen das Aufspringen der Tür verhindert.

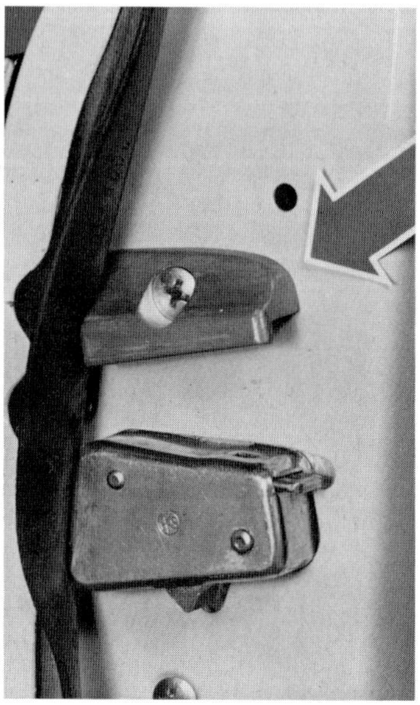

Die Lehnen der Vordersitze werden durch eine Verriegelung gegen unbeabsichtigtes Vorklappen gesichert.

Tür- und Seitenverkleidungen werden mit einer horizontalen Zierleiste geschmückt.

VW 1200 A: 1,2 Liter/34 PS-Motor. Neue Vorderachse, Lochscheibenräder. Sitz- und Lehnenverstellung wie im VW 1300. Schriftzug auf der Motorhaube »1200«.

Cabrio: Durchbrüche in der Felge, hier zusätzlich mit Radzierringen. Flache Radkappen.

Fußabblendschalter nur noch bei 1200er-Limousine.

1965

Die wichtigsten Änderungen

Motor/Kupplung/Heizung

Baujahr	Fahrgestell-Nr.	Aggregate-Nr.	Änderung
1. 3. 65	115 579 323	9 282 492	Kupplungsbelag (180 mm ∅): Neu: Radialnuten auf der Schwungradseite.
6. 4. 65	115 685 587	HA 7 889 618	Kupplungshebel: Neu: Gerade, Flügelmutter zum Nachstellen des Kupplungsseiles. Bisher: Gebogen, Kugelmutter zum Nachstellen.
31. 5. 65	115 855 772	9 623 350	Wärmetauscher: Neu: Achse der Heizklappe verzinkt.
2. 8. 65	116 000 001 (1200 A)	D 0 000 001	Kurbelgehäuse: Neu: Lagerschalen für Nokkenwelle. Bisher: Lagerung im Gehäuse. Zylinder – 1200 A und 122: Neu: 18 Kühlrippen. Bisher: 12. Zylinder – 1500, 124A und 126A: Neu: 19 Kühlrippen. Bisher: 14.
15. 12. 65	116 407 142	HA 8 729 521	Kupplungs-Ausrücklager: Neu: Kunststoffring mit Molybdändisulfid behandelt.

Kraftstoffanlage

Baujahr	Fahrgestell-Nr.	Aggregate-Nr.	Änderung
24. 6. 65	115 946 462	–	Dichtung für Tankverschluß: Neu: Gummi. Bisher: Kork.

Vorderachse/Lenkung

Baujahr	Fahrgestell-Nr.	Aggregate-Nr.	Änderung
2. 8. 65	116 000 001	–	Vorderachskörper: Neu: Abstand der Achsrohre 150 mm. Bisher: 120 mm. Federstäbe: Neu: 10 Blatt. Bisher: 8 Blatt. Traghebel: Neu: Lagerung innen in Metallbuchsen. Bisher: Kunststoffbuchsen. Achsschenkel: Neu: Durch wartungsfreie Traggelenke mit den Traghebeln verbunden. Oberes Traggelenk faßt in Exzenterbuchse, mit der der Sturz genau eingestellt werden kann. Lenkung 1200 A: Neu: Rollenlenkung. Bisher: Spindellenkung.
15. 10. 65	116 232 227	–	Radlagereinstellung: Neu: Schlitz der Klemmmutter 2,5+0,5 mm. Bisher: 2–0,5 mm.

Rahmen

Baujahr	Fahrgestell-Nr.	Aggregate-Nr.	Änderung
29. 12. 65	116 460 614	–	Progressives Gaspedal: Neu: Mit angeschweißter Kurvenbahn, auf der eine am Gashebel angebrachte Rolle abläuft. Vergaserzug: Neu: 2627 mm lang (Linkslen-

Baujahr	Fahrgestell-Nr.	Aggregate-Nr.	Änderung
			ker). Bisher: 2650 mm. Neu: 2635 mm lang (Rechtslenker). Bisher: 2615 mm.
Aufbau			
18. 1. 65	115 460 398	–	Zierrahmen für Türfenster: Neu: Kunststoff-Führungspfropfen am Zierrahmen entfallen.
31. 3. 65	115 623 180	–	Türverkleidung links und rechts: Neu: PVC-Folie auf der Rückseite.
15. 6. 65	115 928 504 (1200 A)	–	Deckelstütze vorn: Neu: Durch Federkraft gehalten. Bisher: Einknickbar und einrastend.
Elektrische Anlage			
5. 3. 65	115 594 027 115 594 028 (1200 A)	9 285 001 3 994 721	Zündleitungen: Neu: Mit Kupferseele, Widerstände für Zündkerzenstecker (1 Kilo-Ohm) und entstörte Zündverteiler. Bisher: Widerstandszündleitungen.
9. 3. 65	115 574 730	9 273 966	Zündverteiler: Neu: Entstört.
Allgemeine Änderungen			
18. 2. 65	115 553 822 115 558 010 (1200 A)	9 247 364 3 991 433	Kennzeichnung der Motoren: Neu: Alle Motoren werden entsprechend der PS-Leistung mit einem Buchstaben gekennzeichnet. Vor dem Buchstaben wird ein VW-Zeichen eingeschlagen. Motorleistung – Kennzeichen 30 PS – A 34 PS – D 40 PS – F

1966

Die auffälligste Änderung am Aufbau erfolgt an der Motorhaube. Sie ist jetzt im unteren Bereich kürzer. Die Befestigungsfläche für das polizeiliche Kennzeichen steht entsprechend den Bestimmungen in verschiedenen Exportländern steiler als bisher. Im Zusammenhang mit dieser Änderung ergibt sich auch ein größerer Motorraum, so daß sich der Motor leichter aus- und einbauen läßt.

Die neuen Zierleisten sind schmäler, wirken eleganter und betonen die Außenkonturen zurückhaltender.

Der neue 1,5 Liter-Motor erreicht seine Leistung von 44 PS bei 4000 Umdrehungen, das höchste Drehmoment von 102 Nm fällt schon bei 2000/min an. Die Höchstgeschwindigkeit liegt mit dem neuen Motor bei 125 km/h, die Ghia-Modelle erreichen 132 km/h. Neu am Käfer-Motor ist neben der Hubraumsteigerung vor allem die Ansaugluftvorwärmung: Die Luft wird durch zwei Schläuche der Kühlluft beider Zylinderköpfe entnommen und der Ansaugluft beigemischt.

Alle Käfer-Modelle erhalten an der Hinterachse eine Ausgleichfeder. Die Ausgleichfeder unterstützt die hinteren Drehfederstäbe beim Einfedern in der Kurve. Gleichzeitig wird die Spur an der Hinterachse vergrößert, und zwar auf 1350 mm.

Den höheren Fahrleistungen entsprechend erhält der VW 1500 Scheibenbremsen an der Vorderachse.

Ein oft geäußerter Wunsch geht mit dem Einschlüsselsystem in Erfüllung. Das Zündanlaßschloß kann mit dem gleichen Schlüssel betätigt werden, der auch zum Öffnen und Schließen der Türen dient.

Die Türen lassen sich durch einen Knopf in der unteren, hinteren Ecke des Fensterausschnittes verriegeln.

An der Fahrertür ist eine Armlehne vorhanden, die gleichzeitig als Griff zum Schließen der Türen dient.

In den Sitzlehnen befindet sich die Lehnensperre für den Sitz.

Fensterkurbeln, Lichtschalter und Schalter für Scheibenwischer haben Knöpfe aus Weichplastik bekommen. Sie sind schwarz, um Spiegelungen in der Windschutzscheibe zu vermeiden.

Alle Käfer-Motoren erhalten eine frühladende Lichtmaschine, deren Regler im Wageninnern auf der linken Seite unter dem Rücksitz angebracht ist. In der Sicherungsdose befinden sich jetzt 10 statt 8 Sicherungen. Mit einer zusätzlichen Sicherung ist der Scheibenwischermotor abgesichert, während an die zweite Sicherung nachträglich eingebautes Zubehör angeschlossen werden kann.

Anstelle des VW 1200 tritt der VW 1300 A, der wahlweise mit 34- beziehungsweise 40 PS-Motor bestückt werden kann.

1966 erhöht der Konzern sein Aktienkapital von 600 auf 750 Millionen Mark. Insgesamt hat der Konzern bislang über 12 Millionen Fahrzeuge produziert, allein in den USA sind 2 Millionen VW zugelassen.

Das Kundendienstnetz wird in der Bundesrepublik Deutschland auf 2287, im übrigen Europa auf 2972 Werkstätten ausgedehnt.

Daten und Fakten

1966 Juni — Das Volkswagenwerk und die Daimler-Benz AG gründen gemeinsam die »Deutsche Automobilgesellschaft mbH«, Sitz Hannover. Aufgabe ist u. a. die Intensivierung von Forschung und Entwicklung.

18.10. — Die »Volkswagen Leasing GmbH«, Wolfsburg, wird gegründet.

Daten und Fakten

25.11. — Der 12millionste VW läuft vom Band. 9 Millionen Käfer, 1,2 Millionen 1500er und 1600er und 1,8 Millionen Transporter.

Nov. — Das Volkswagenwerk erwirbt 19,2 Prozent des Kapitals der brasilianischen Auto-Union-Firma Vemag (drittgrößter brasilianischer Kfz-Produzent).

Neu im Programm Käfer-Limousine VW 1500 mit 44 PS-Motor.

1,5 Liter-Motor mit 44 PS. Die Ansaugluftvorwärmung erfolgt über 2 Schläuche.
Je eine gewichtsbelastete Regelklappe in den beiden Ansaugstutzen steuert den Zutritt der vorgewärmten Luft.

Schmale Zierleisten kennzeichnen den neuen Jahrgang.

Schriftzug auf der Motorhaube »VW 1500«. Die Motorhaube ist im unteren Bereich kürzer, die Fläche für das polizeiliche Kennzeichen steiler. Die Mittelsicke ist entfallen, die Kennzeichenleuchte wurde der neuen Form angepaßt.

Alle Schalter haben großflächige Knöpfe aus Weichplastik. Sie sind schwarz, um Spiegelungen zu vermeiden. Der Zugknopf für den Ascher entfällt. Der Reglerschalter für die Lichtmaschine befindet sich links unter der hinteren Sitzbank.

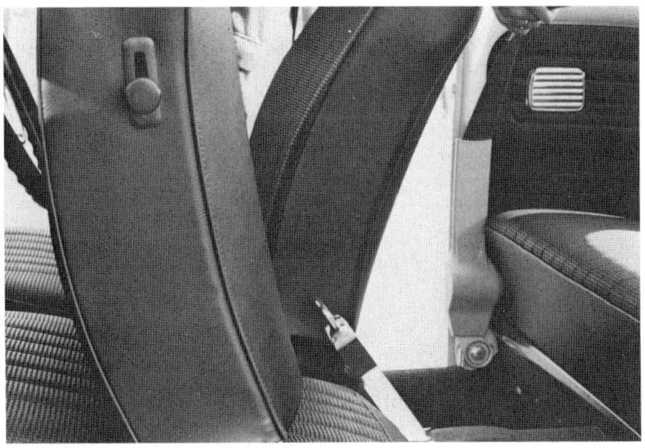

Die Lehnensperre befindet sich in den Sitzen.

Die Türverriegelung wird durch einen Knopf in der hinteren Ecke des Türausschnittes betätigt. Die Türen lassen sich ohne Schlüsselbetätigung verriegeln. Die Armlehne an der Fahrertür dient auch zum Schließen der Tür.

Ausgleichfeder an der Hinterachse für alle Käfer-Modelle.

Drehfallenschloß für erhöhte Sicherheit gegen das Aufspringen der Tür.

Neu geformter Türgriff. Zündschloß kann mit dem Türschlüssel betätigt werden.

VW 1500: Scheibenbremsen an den Vorderrädern. Die Räder werden bei diesem Modell nur noch mit 4 Radbolzen befestigt.

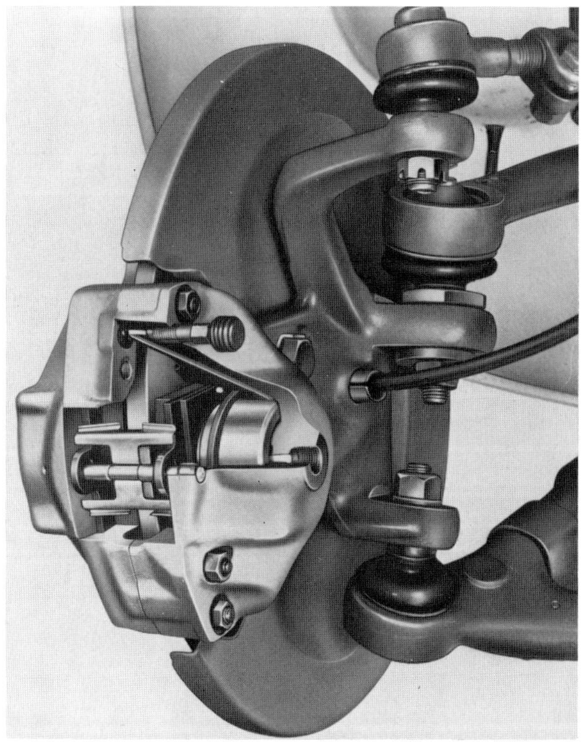

1966

Die wichtigsten Änderungen

Motor/Kupplung/Heizung

Baujahr	Fahrgestell-Nr.	Aggregate-Nr.	Änderung
3. 1. 66	116 471 044	F0 437 269	Öldeckel: Neu: Blechdurchzug für Gewinde der Ölablaßschraube – mit Ringwulst als Randabdichtung. Bisher: Gewindeplatte eingeschweißt, keine Ringwulst.
3. 1. 66	116 463 104 116 463 105	D0 050 315 F0 442 243	Heizrohr im Wärmetauscher links: Neu: Einteilig gezogen. Bisher: Zweiteilig geschweißt.
7. 1. 66	116 478 507	F0 451 421	Pleuelstange: Neu: Paßschrauben mit Muttern. Bisher: Pleueldeckel mit Sechskantschrauben befestigt.
10. 2. 66	116 561 017	F0 541 013	Pleuelbuchse: Neu: Stahlblech mit Bleibronzeschicht. Bisher: Messingblech.
3. 5. 66	116 807 190	D0 079 454	Vergaservorwärmung: Neu: Warmluftentnahme aus den Wärmetauschern. Bisher: Entnahme Unterseite – Zylinderkopf.
23. 6. 66	116 975 949	F0 904 848	Stößelstange: Neu: 0,8 mm verlängert. Neu: 9 mm ∅. Bisher: 8,14 mm ∅.
1. 8. 66	117 000 002 (113/114)	H0 204 001	Motor: Neu: 44-PS-Motor (1,5 l).
15. 8. 66	117 054 916	H0 225 117	Ölüberdruckventil: Neu: Kolben mit Ringnut. Bisher: Ohne Nut.
29. 9. 66	117 197 986 117 198 502	F0 991 728 H0 398 526	Kurbelgehäuse-Stiftschrauben M 12×1,5 am Lager 2: Neu: Dichtringe zwischen den Kurbelgehäusehälften. Bisher: Selbstsichernde Dichtungsmuttern.
25. 11. 66	117 359 672	H0 507 977	Ölrohr: Neu: Nahtloses Rohr. Bisher: Geschweißtes Rohr.
7. 12. 66	117 374 455	H0 530 628	Pleueldeckel: Neu: Radius im Bereich der Auflagefläche der Paßschrauben 2,5 mm. Bisher: 4 mm Radius.

Kraftstoffanlage

Baujahr	Fahrgestell-Nr.	Aggregate-Nr.	Änderung
3. 1. 66	116 463 104 (1200 A)	D0 050 315	Vergaser 28 – und 30 PICT – 1: Neu: Vergasergehäuse-Oberteil mit Halter für Rückzugfeder. Neu: Vergaser-Bezeichnung 28 PICT-1.
1. 4. 66	116 723 046 116 723 047	D0 071 815 F0 684 881	Kraftstoffpumpe: Neu: Geteiltes Kunststoff-Führungsstück des Membranstößels. Bisher: Gummimanschette. Kraftstoffpumpen-Oberteil: Neu: Dichtung zwischen Deckel und Absperrmembrane.

Baujahr	Fahrgestell-Nr.	Aggregate-Nr.	Änderung
Vorderachse/Lenkung			
1. 8. 66	117 000 003 (1500)	–	Vorderachse: Neu: Mit Scheibenbremsen. Bisher: Trommelbremsen. Neu: Achsschenkel geändert.
1. 8. 66	117 000 002 (111/112) (115/116)	–	Lenkrad: Neu: Zweispeichenrad mit tiefgelegter Nabe. Bisher: Dreispeichenlenkrad.
2. 9. 66	117 112 756	8 590 035	Lenkspurstange: Neu: Lenkspurstangenkopf außen mit Klemmschelle und innen mit Kontermutter gesichert. Zwischenrohr und Sicherungsblech entfallen. Bisher: Einstellmöglichkeit am rechten Kugelkopf und in der Mitte.
Hinterachse/Getriebe			
1. 8. 66	117 000 001	–	Hinterachsfederung: Neu: Mit Ausgleichfeder (außer Typ 147 und 1200 mit Saxomat).
Bremse/Räder/Reifen			
1. 8. 66	117 000 001	–	Bremsträgerblech hinten: Neu: Mit zwei Nachstellöffnungen und zwei Schaulöchern.
1. 8. 66	117 000 003 (1500)	–	Vorderräder: Neu: Scheibenbremse. Bisher: Trommelbremse.
1. 8. 66	117 000 003 (1500)	–	Scheibenräder für Scheibenbremse: Neu: 4 Radschrauben M 14×1,5, Anzugsdrehmoment 13 mkg, Lochkreisdurchmesser 130 mm. Bisher: 5 – M 12×1,5, Anzugsdrehmoment 10 mkg, Lochkreisdurchmesser 250 mm. Radkappen: Neu: Form geändert. Zierringe: Neu: Den geänderten Scheibenrädern angepaßt.
17. 11. 66	117 349 409 (1500)	–	Bremsflüssigkeitsbehälter für Einkreis-Bremsanlage: Neu: 17 mm höher gesetzt.
27. 12. 66	117 398 501	–	Radkappen: Neu: Form geändert.
Rahmen			
3. 5. 66	116 851 572	–	Fußhebelwerk: Neu: Brems- und Kupplungshebel aus Blech. Bisher: Grauguß.
1. 8. 66	117 000 001	–	Rahmentunnel: Neu: Wasserablaufloch mit Gummiventil vor der Rahmengabel.
Aufbau			
2. 5. 66	116 809 564	–	Türgriff: Neu: Form geändert; Ummantelung aus Nirosta-Stahl.

Baujahr	Fahrgestell-Nr.	Aggregate-Nr.	Änderung
1. 8. 66	117 000 001	–	Türschloß: Neu: Schließplatte mit 4 Schrauben befestigt. Bisher: 3 Schrauben.
1. 8. 66	117 000 003	–	Zierleisten außen: Neu: Im Profil schmaler, Befestigung mit Kunststoff-Clips (außer Zierleiste Unterholm und Einsteigverkleidung). Aufnahmebohrung für Clips kleiner.
1. 8. 66	117 000 001	–	Motorraum: Neu: Abschlußblech innen verkürzt. Motorabdeckbleche schmaler. Breitere Dichtung an der Motorabdeckung. Neu: Dämpfung um das Rückblickfenster unten verstärkt. Vordere Dämpfung aus 3 verklebten Materialschichten.
1. 8. 66	117 000 001	–	Türschlösser: Neu: Einschlüsselsystem.
1. 8. 66	117 000 001	–	Innenausstattung: Neu: Bedienungsknöpfe aus elastischem Kunststoff. Ascher mit Griffmulde. Neu: Fernbetätigung für Türschloß versenkt angeordnet. Tür- und Seitenverkleidung geändert.
1. 8. 66	117 000 001	–	Seitenteil hinten: Neu: Bei den Verstärkungen im Radhaus Formänderungen zum Einbau der Ausgleichfeder.
1. 8. 66	117 000 001	–	Deckel hinten: Neu: Form geändert. Abschlußblech hinten: Neu: Dem Deckel angepaßt. Innenblech schmaler und Leisten zur Aufnahme einer breiteren Gummidichtung geändert.
1. 12. 66	117 425 908	–	Vordersitz-Lehnensperre: Neu: Betätigung links und rechts im oberen Bereich der Lehne. Bisher: Im Sitzgestell.

Elektrische Anlage

Baujahr	Fahrgestell-Nr.	Aggregate-Nr.	Änderung
1. 8. 66	117 000 002 (111/112) (115/116)	–	Lenkrad: Neu: Blinkerschalter und Horndruckknopf geändert (Zweispeichenlenkrad).
1. 8. 66	117 000 001	–	Anlasser: Neu: Verkleinerter Ritzel-Durchmesser (Schwungrad und Getriebegehäuse geändert).
1. 8. 66	117 000 001	–	Lenk-Anlaßschloß: Neu: Blättchenschließung, Schließzylinder einknöpfbar (»Einschlüsselsystem«). Bisher: Stiftschließung (Zündschlüssel extra). Neu: Modell 14 – Lenk-Anlaßschloß. Bisher: Schaltschloß mit Zündanlaßschalter.
1. 8. 66	117 000 001	Nur bestimmte Exportländer	Scheinwerfer: Neu: Senkrecht angeordnet (Sealed-Beam-Scheinwerfer), Vorglas ent-

Baujahr	Fahrgestell-Nr.	Aggregate-Nr.	Änderung
			fällt. Standlicht in vorderen Blinkleuchten untergebracht. Kotflügel geändert.
1. 8. 66	117 000 001	–	Sicherungsdose: Neu: 10 Sicherungshalter.
1. 8. 66	117 000 001 117 000 002 117 000 003	D0 095 050 F0 940 717 H0 204 001	Zündverteiler: Neu: Geändert. Zündspule: Neu: Mit 3 Anschlüssen an Klemme 15 (außer Typ 147). Bisher: Zwei Anschlüsse.
1. 8. 66	117 000 001 (111-118) (151/152)	–	Schlußleuchten: Neu: Lampenträger für Bremsschlußleuchte geändert.
1. 8. 66	117 000 001	–	Scheibenwischermotor: Neu: Modell 14 – zwei Wischgeschwindigkeiten (gleiche Änderung bei Modell 11 und 15 mit M-Ausstattung 12 V). Bisher: Nicht regelbar. Schalter für Scheibenwischermotor: Neu: Drehschalter. Bisher: Zugschalter.
1. 8. 66	117 000 001	–	Rückfahrscheinwerfer (M 47): Neu: 2 Rückfahrscheinwerfer am hinteren Stoßfänger montiert.
22. 8. 66	117 050 500	–	Kraftstoffvorratsanzeiger: Neu: Bowdenzug mit einem Clip befestigt.
3. 10. 66	117 199 633	F0 993 239	Zündspule 6 Volt: Neu: Mit zwei Steckerfahnen an Klemme 15. Bisher: Eine Steckerfahne.
5. 10. 66	117 207 566	F0 950 336	Zündspule 12 Volt: Neu: mit zwei Steckerfahnen an Klemme 15. Bisher: Eine Steckerfahne.
8. 12. 66	117 383 344	H0 533 523	Zündkerzen: Neu: Wärmewert 145 (nur bei Motoren mit Batteriezündung Typ 122 und 126 A). Bisher: 175.

1967

Die Stoßfänger dieses Jahres sind wesentlich verstärkt und vorn und hinten höher angesetzt. Deshalb mußten auch die beiden Hauben gekürzt und die Abschlußbleche entsprechend höher gezogen werden.
Die vordere Haube, mit neuem Schloß und Griff, ist mit einem zusätzlichen Fanghaken ausgestattet, der durch einen Druckknopf ausgelöst wird.
Die vorderen Kotflügel sind zur Aufnahme senkrechtstehender Scheinwerfer neu gestaltet. Die Ziergitter in den vorderen Kotflügeln der Export-Limousine entfallen.
In der Fronthaube sind jetzt Schlitze für die Frischluftzuführung. Die Frischluft wird über einen Frischluftkasten und zwei Schläuche nach rechts und links zu den Austrittsdüsen an der Windschutzscheibe geführt.
Die ebenfalls geänderten Türschlösser werden durch eine im Türgriff eingebettete Klinke betätigt und sind so ausgelegt, daß ein unbeabsichtigtes Aussperren unmöglich ist. Der Tankeinfüllstutzen ist von außen zugänglich. Der vergrößerte Außenspiegel kann bei einem Aufprall bis zum Türfenster umschwenken.
Alle Käfer-Modelle erhalten eine Sicherheitslenkung. Für das Anbringen von Dreipunkt-Sicherheitsgurten sind die entsprechenden Befestigungspunkte vorhanden.
Bei den Käfer-Modellen 1300/1500 ist die Bremsanlage in zwei Bremskreise aufgeteilt. Der Tandem-Hauptbremszylinder mit Nachfüllbehälter ist am linken Seitenteil im Kofferraum angeschraubt.
Im Tacho sind alle wichtigen Kontrolleuchten und eine Kraftstoffvorratsanzeige vereint. Der Innenspiegel löst sich bei einem Aufprall selbsttätig aus der Verankerung.
In Verbindung mit der Wählautomatik erhält der 1500er Käfer eine völlig neu konstruierte, technisch aufwendige Schräglenker-Hinterachse.
VW 1300 und 1500 sind mit einer 12 Volt-Anlage ausgerüstet. In Zusammenhang damit ändern sich alle spannungsabhängigen Teile der elektrischen Anlage.
Die neue Rückleuchte hat eine größere Lichtaustrittsfläche und bietet mehr Sicherheit. Bei der zusätzlichen Ausstattung mit zwei Rückfahrscheinwerfern sind diese in den Rückleuchten eingeschlossen. Im Zusammenhang mit dem neu angeordneten Lenk-Anlaßschloß hat sich auch der Blinkerschalter geändert.
Nachdem im August 1966 die Produktion des VW 1200/34 PS eingestellt wurde (auf Wunsch gab es den VW 1300 A mit 34 PS-Motor), wird er kaum sechs Monate später (Januar 67) wieder ins Angebot aufgenommen. Er wird unter dem Begriff »Sparkäfer« bis zum Ende der Käfer-Zeit im Programm bleiben. Die Neuauflage des VW 1200 ist die Antwort auf die in diesem Jahr sich immer stärker abzeichnende Konjunkturflaute. Der Sparkäfer kostet 4485 DM, der VW 1300 A/40 PS 4735 DM.

Daten und Fakten

1967	August	Der »neue Transporter« erscheint.
	Sept.	Zur IAA Frankfurt kommt der NSU Ro 80 heraus. 115 PS-Zweischeiben-Wankel-Motor zu je 995 ccm, 2 Vergaser und Zündkerzen, Motorgewicht 100 kg, 175 km/h Spitze. Wagengewicht 1210 kg, Preis 14 150 DM.
		VW Bus-Taxi von Westfalia, Wiedenbrück. Es faßt 5 Fahrgäste, beschußsichere Trennwand, mittlere Sitzbank, beidseitige Schiebetüren.
	Nov.	Die VW-Fertigung läuft im neuen Volkswagen-Werk Puebla/Mexiko mit dem 1200er an.

Verstärkte und höher eingebaute Stoßfänger. Deshalb vorderer und hinterer Deckel verkürzt und Abschlußbleche höher gezogen. Kürzere Auspuffendrohre passen sich den Änderungen der hinteren Aufbauteile an.

Geänderte vordere Kotflügel mit senkrecht stehenden Scheinwerfern. Die Ziergitter in den vorderen Kotflügeln sind entfallen (außer VW 1200).

Rückleuchte mit größerer Lichtaustrittsfläche. Rückfahrscheinwerfer als Mehrausstattung.

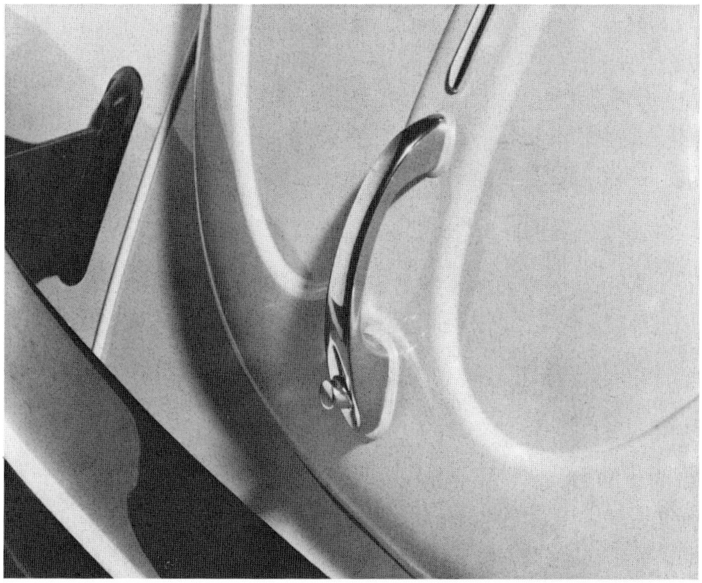

Neu gestalteter Griff für die vordere Haube mit Druckknopf und zusätzlichem Fanghaken.

Tankeinfüllstutzen in der rechten, vorderen Seitenwand mit Klappe.

VW 1300 und 1500:
Frischbelüftung; Luftschlitze im vorderen Deckel.

Der Verteiler für die Frischbelüftung sitzt vorn in der Mitte des Armaturenbrettes.

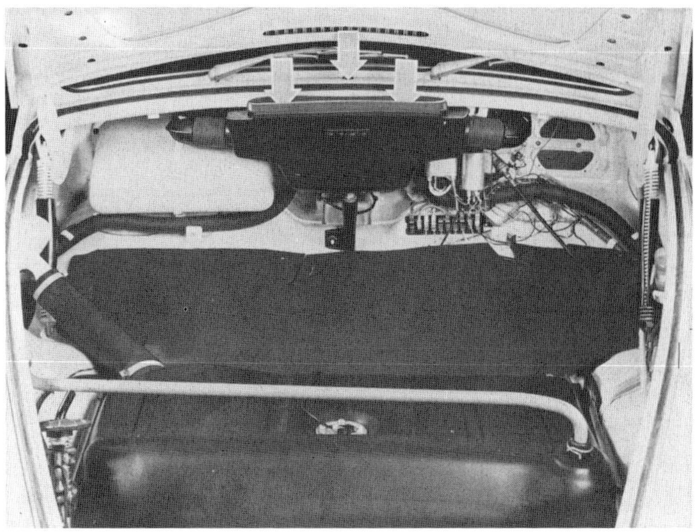

Vergrößerter Außen-Rückblickspiegel. Geänderte Betätigung des Vorreibers am Ausstellfenster, verformbarer Drehknopf.

Die Türschlösser werden durch eine im Türgriff eingebettete Klinke betätigt.

Mehrausstattung: Armaturenbrettpolsterung. Alle Bedienungsknöpfe sind flacher, breiter und mit Symbolen versehen.

Das Zentralinstrument vereint die Kraftstoffanzeige und alle im Fahrbetrieb wichtigen Kontrolleuchten. Das Lenk-Anlaßschloß wird von der Lenksäulenverkleidung eingeschlossen. In der Schalttafel befinden sich drei Luftausströmer.

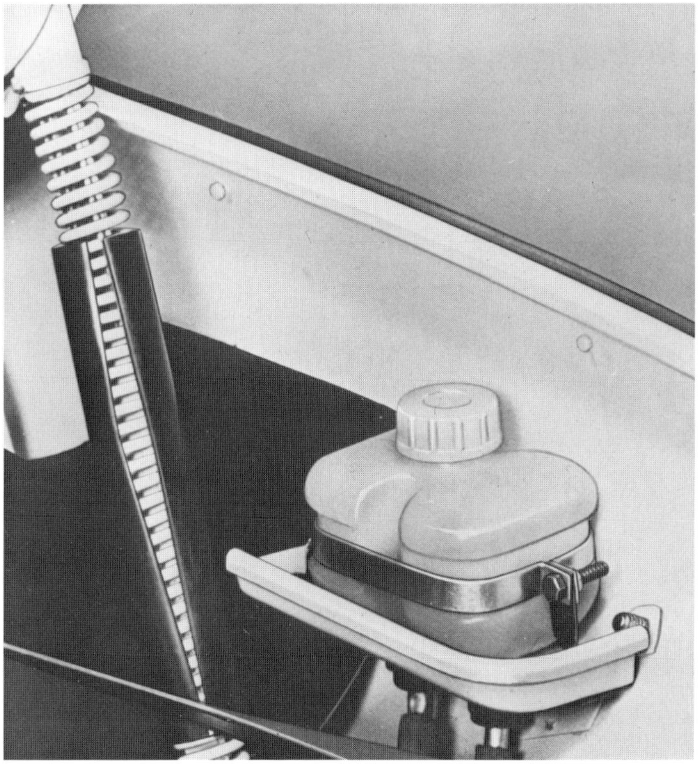

VW 1300 und 1500: Zweikreisbremsanlage. Der Vorratsbehälter für die Bremsflüssigkeit befindet sich vorn im Kofferraum auf der linken Seite.

Der neue Wischwasserbehälter ist mit 2 Knebeln am Reserverad befestigt.

Der Innen-Rückblickspiegel ist mit Kunststoff ummantelt und springt bei Aufprall aus seiner Halterung.

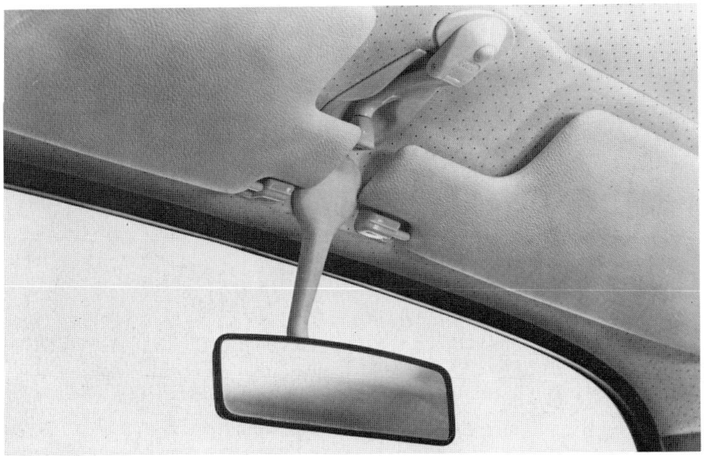

Kürzerer Schalthebel, gerade, und mit 78 Millimeter nach hinten versetzt. Dadurch auch verkürzter Handbremshebel.

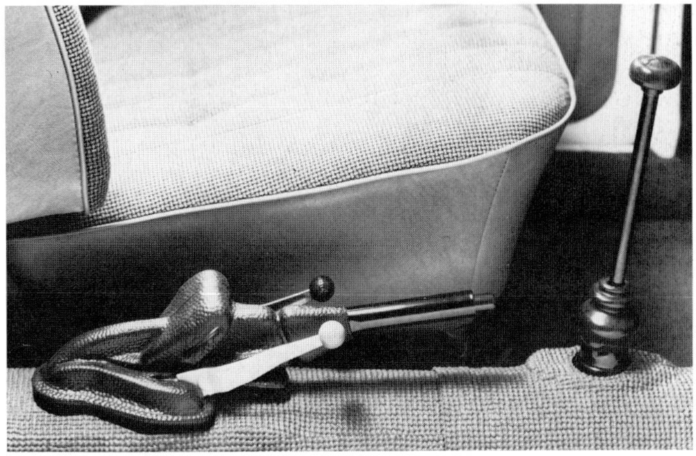

1,5 Liter-Motor mit neuer Vergaservorwärmung und geändertem Ölbadluftfilter. VW 1300 und 1500 mit 12 Volt-Anlage.

Sicherheitslenksäule mit scherenförmigem Gitter.

Alle Käfer-Modelle werden mit der Sicherheitslenksäule ausgestattet, die bei einem Aufprall des Fahrers auf das Lenkrad nachgibt.

Automatik-Käfer mit aufwendiger Schräglenker-Hinterachse.

1967 Die wichtigsten Änderungen

Motor/Kupplung/Heizung

Baujahr	Fahrgestell-Nr.	Aggregate-Nr.	Änderung
24. 1. 67	117 493 539 117 489 408 117 488 652	D0 126 605 F1 064 485 H0 593 766	Nockenwelle: Neu: Anlaufbund Lager 3 – 36,2 mm ∅. Bisher: 34 mm ∅.
26. 6. 67	117 811 587	H0 823 800	Kurbelwelle: Neu: Doppelte Ölkanäle in »X«-Anordnung. Öltaschen an Eintrittsöffnungen der Kanäle. Bisher: Einfache Ölkanäle.
26. 6. 67	117 810 605	F1 162 296	Kupplung 180 mm ∅. Neu: Torsionsgefederte Kupplungsscheibe.
1. 8. 67	118 000 002 118 000 003 118 000 008 (M 88)	F1 237 507 H0 874 200 D0 234 017	Auspuff: Neu: Austrittsrohr 249 mm lang. Bisher: 276 mm lang.
14. 8. 67	118 054 329 118 051 625	D0 234 159 F1 237 766	Ölsieb: Neu: Mit Trichtereinsatz und federbelastetem Ventil.

Kraftstoffanlage

Baujahr	Fahrgestell-Nr.	Aggregate-Nr.	Änderung
1. 8. 67	118 000 001 (111-118)	–	Tank: Neu: Einfüllstutzen durch Klappe am rechten vorderen Seitenteil zugänglich (Tankentlüftung geändert). Bisher: Unter vorderem Deckel.
1. 8. 67	118 000 003 118 000 007 (M 157)	H0 874 200 H5 000 001	Vergaser: Neu: Motor 1,5 und 1,6 l mit Vergaser 30 PICT-2 mit vergrößerter Schwimmerkammer.
13. 10. 67	118 233 162	H0 884 591	Ansaugluftvorwärmung mit thermostatischer Regelung: Neu: Bowdenzug 800 mm, Hülle und Feder des Typ 2 eingebaut. Bisher: Bowdenzug 650 mm lang.

Vorderachse/Lenkung

Baujahr	Fahrgestell-Nr.	Aggregate-Nr.	Änderung
11. 4. 67	117 632 001	–	Radnabendeckel mit Öffnung für Tachowelle: Neu: Mit rotem Metallzement abgedichtet. Bisher: Mit Siegellack.
1. 8. 67	118 000 001	–	Lenkung: Neu: Lenkrohr mit scherengitterförmigen Sicherheitselement.
2. 10. 67	118 164 235	–	Radnabendeckel mit Öffnung für Tachowelle: Neu: Mit Spezial-Kunstkautschukmasse abgedichtet. Bisher: Mit rotem Metallzement.

Bremsen/Räder/Reifen

Baujahr	Fahrgestell-Nr.	Aggregate-Nr.	Änderung
1. 8. 67	118 000 002 (113/114) (115/116)	– –	Bremstrommel hinten: Neu: Bremsbackenbreite 40 mm. Bisher: 30 mm. Radbremszylinder hinten: Neu: 17,46 mm ∅.

Baujahr	Fahrgestell-Nr.	Aggregate-Nr.	Änderung
1. 8. 67	118 000 002 (113/114) (117/118)	– –	Bremsanlage: Neu: Zweikreisbremssystem.
1. 8. 67	118 000 001	–	Nachfüllbehälter für Bremsflüssigkeit: Neu: In den vorderen Kofferraum verlegt.
10. 10. 67	118 227 175	–	Scheibenrad: Neu: Mit Hump-Felge.
Rahmen			
20. 4. 67	117 666 265 (Einkreisbremse)	–	Bestätigungsstange für Hauptbremszylinder: Neu: Einstellbar. Ausrückweg des Kupplungsfußhebels: Neu: Mit Anschlag hinter der Trittplatte begrenzt (nur Linkslenker).
1. 8. 67	118 000 001 (außer 147)	–	Handschalthebel: Neu: Weiter nach hinten verlegt, kürzer und gerade.
Aufbau			
9. 1. 67	117 470 115	–	Deckelgriff vorn: Neu: Wahlweise aus Aluminium. Bisher: Nirosta.
18. 1. 67	117 496 034	–	Türscharnier: Neu: Mit Ölvorratskammer.
1. 8. 67	118 000 001	–	Türschloß: Neu: Von außen nur mit Schlüssel zu verschließen (nur Inland).
1. 8. 67	118 000 001 (115/116)	–	Schiebedach: Neu: Stahlkurbeldach. Bisher: Faltschiebedach.
1. 8. 67	118 000 001	–	Sicherheitsgurte: Neu: Befestigungspunkte für Anbringung von Hüft-, Schulter- oder kombinierten Hüft-Schultergurten.
1. 8. 67	118 000 001	–	Armlehne: Waagerecht.
1. 8. 67	118 000 001 (111-118)	–	Stoßfänger: Neu: Verstärktes U-Profil, verstärkte Träger, höher angeordnet, ohne Stoßfängerhörner (außer 111/112, 115/116). Deckel: Neu: Vorn und hinten verkürzt. Abschlußbleche: Neu: Den geänderten Deckeln angepaßt. Kotflügel vorn: Neu: Senkrecht stehende Scheinwerfer, ohne Ziergitter und Öffnung für Signalhorn (außer 111/112, 115/116). Deckelschloß: neu: Zusätzlicher Fanghaken, durch Druckknopf betätigt. Deckelschloßzug: Neu: Mit verformbarem Kunststoffzugknopf. Im Cabriolet Bedienungshebel im verschließbaren Handschuhkasten. Frischbelüftung: Neu: Zentraler Belüftungskasten im Bereich des vorderen Windlaufs,

Baujahr	Fahrgestell-Nr.	Aggregate-Nr.	Änderung
			Lufteintritt durch Schlitze im vorderen Deckel, Regulierung durch Drehknöpfe. Rücksitzlehne: Neu: An beiden Seiten verriegelt, Entriegelung durch Zugschlaufe an linker Lehnenwange. Schalttafel: Neu: Als Komfort-Mehrausstattung gepolstert. Spiegel: Neu: Sicherheitsinnenspiegel mit Kunststoffummantelung. Außenspiegel an Türen befestigt und großflächiger. Aschenbecher vorn: Neu: Herausgezogener Kasten löst sich bei Druck von oben selbsttätig. Tankeinfüllstutzen: Neu: Auf rechte Wagenseite verlegt, von außen zugänglich.

Elektrische Anlage

Baujahr	Fahrgestell-Nr.	Aggregate-Nr.	Änderung
1. 8. 67	118 000 001	–	Bedienungsknöpfe: Neu: Flache Form mit Symbolen (verformbarer Kunststoff).
1. 8. 67	118 000 001	–	Flüssigkeitsbehälter für Scheibenwaschanlage: Neu: Im Reserverad montiert. Druckluftentnahme aus Reserverad. Bisher: Am Versteifungsblech befestigt.
1. 8. 67	118 000 002 (113/114) (117/118)	– –	Schluß- und Bremsleuchten: Neu: Vergrößert. Als M-Ausstattung eingebaute Rückfahrscheinwerfer.
1. 8. 67	118 000 001	–	Scheinwerfer: Neu: Senkrecht angeordnet (Kotflügel geändert).
1. 8. 67	118 000 001 (111-118)	–	Geschwindigkeitsmesser: Neu: Mit eingebautem thermoelektrischem Kraftstoffvorratsanzeiger.
1. 8. 67	118 000 002 (113/114) (117/118)	–	Signalhorn: Neu: Einbaulage geändert – unter dem Stoßfänger.
1. 8. 67	118 000 001	–	Lenkstockschalter: Neu: Einheitlicher Schalter.
	118 000 001	–	Innenleuchte: Neu: Glühlampe federnd aufgehängt.
1. 8. 67	118 000 002 (113/114) (117/118) (141-144) (151/152)	–	Elektrische Anlage: Neu: 12 Volt. Bisher: 6 Volt. Batterie: Neu: 12 V 36 Ah. Bisher: 6 V 66 Ah.
1. 9. 67	118 071 448	H0 879 927	Zündverteiler (Automatik): Neu: Mit kombinierter Fliehkraft- und Unterdruckverstellung. Anlasser (Automatik): Neu: Freiausstoßender Anlasser 0,8 PS (Bosch).

Baujahr	Fahrgestell-Nr.	Aggregate-Nr.	Änderung
27. 10. 67	118 265 979	–	Geschwindigkeitsmesser: Neu: Antriebswelle mit Sprengring gesichert. Bisher: Mit Splint.
10. 11. 67	118 328 519 118 327 724	D0 275 833 F1 261 913	Öldruckschalter: Neu: Wieder waagrechte Einbaulage. Bisher: Ab August 1967 (Modelljahr 1968) bis November 1967 senkrechte Einbaulage.
Allgemeine Änderungen			
10. 1. 67	117 483 306	D0 121 136	VW-Limousine 1200 (M 86): Fertigungsbeginn.
3. 7. 67	117 839 015	D0 222 312	Kupplung-Saxomat (M 5): Fertigung eingestellt.
1. 9. 67	118 071 448	H0 879 927	Volkswagen Typ 1/1500 wahlweise mit Wählautomatik ausgerüstet.
10. 10. 67	118 195 200	H5 077 366	Volkswagen – Typ 1/1500: Neu: Mit Abgasreinigung und Wählautomatik ausgerüstet.

1968

Die Klappe für den Tankeinfüllstutzen ist verriegelbar. Eine Zugschlaufe zum Entriegeln befindet sich rechts unter der Schalttafel.
Der Zughebel zum Entriegeln der vorderen Haube befindet sich im Handschuhkasten.
Die Warmluftdüsen im vorderen Fußraum sind an die Vorderkante der Sitzschienen zurückverlegt. Dadurch kommt mehr Luft an die Windschutzscheibe. Die im Armaturenbrett eingebauten Frischluft-Ausströmdüsen sind an die Heizluftkanäle angeschlossen.
Der Verstellbereich der Sitzlehnen hat vier Stufen, so daß sich in Verbindung mit den acht Sitzstellungen in Längsrichtung 32 mögliche Sitzpositionen ergeben. Serienmäßig gibt es für alle Käfer-Modelle eine Warnblinkanlage. Das Zentralinstrument (Tacho) ist überarbeitet worden und mit einem Blick klar und schnell zu überschauen. Die Kontrollampen sind durch Symbole gekennzeichnet! Die Kilometerzahlen der Geschwindigkeitsanzeige stehen senkrecht.
Die Kurbelgehäuseentlüftung erfolgt in einem geschlossenen Kreislauf. Der Entlüftungsschlauch ist am Ansaugstutzen des Ölbadluftfilters angeschlossen. Der Ölbadluftfilter des VW 1500-Motors hat nur noch einen Ansaugstutzen.
Auf Wunsch wird der VW 1300/40 PS mit Automatik und Scheibenbremsen (vorn) ausgestattet. Der bei stärkerem Stoß sich selbsttätig lösende Sicherheits-Innenspiegel ist auch als abblendbarer Spiegel (Mehrausstattung) lieferbar.
Am 16. August 1968 führt das Volkswagenwerk bei allen 2400 inländischen Kundendienst-Werkstätten die VW-Diagnose ein.
Der VW 1200 erhält in diesem Jahr in beiden Kotflügeln je ein Ziergitter. Bislang war bei diesem Modell nur im linken Kotflügel ein Ziergitter vorhanden.

Daten und Fakten

1968	5. 2.	Der zweimillionste Transporter läuft in Hannover vom Band. Außerdem baut VW den 150 000sten Automatik und den 100 000sten Wagen mit elektronischer Benzineinspritzung. Tagesproduktion insgesamt 7500 Fahrzeuge.
	19.3.	Der 30 000ste VW-Campingwagen wird bei Westfalia, Wiedenbrück hergestellt.
		Das Werk Clayton (Victoria) der Volkswagen Australasia beginnt die Fertigung des VW-Strand- und Busch-Wagens für den australischen Markt (Vorläufer des VW 181).
	12. 4.	Nach kurzer, schwerer Krankheit verstirbt Prof. Dr. Nordhoff im Alter von 69 Jahren.
	1. 5.	Dr. h. c. Kurt Lotz übernimmt als Vorstandsvorsitzender die Leitung des Konzerns.
	August	Als Neukonstruktion erscheint der VW 411, 2- und 4türig, mit 68 PS.
	29. 11.	Der 15millionste Volkswagen seit Kriegsende läuft vom Band.
	9. 12.	Den Import von Volkswagen nach Schweden übernimmt die neugegründete »Svenska Volkswagen AB« in Södertälje anstelle der Scania-Vabis. An der neuen Firma ist das Volkswagenwerk mit einem Drittel beteiligt.
		VW do Brasil bringt den viertürigen »Brasilia« als Limousine zur Abrundung des Programms auf den Markt.
		Am Südrand der Lüneburger Heide entsteht unweit des Dorfes Ehra ein umfangreiches Versuchsgelände, in dem alle nur denkbaren Fahrzustände praktiziert werden können.
		Bis zum Jahresende fördert die VW-Stiftung 2000 Objekte mit über 930 Millionen DM.

Haubengriff vorn ohne Druckknopf. Entriegelt wird die Haube über einen Hebel im Handschuhkasten.
Klappe für Tankeinfüllstutzen verriegelbar.

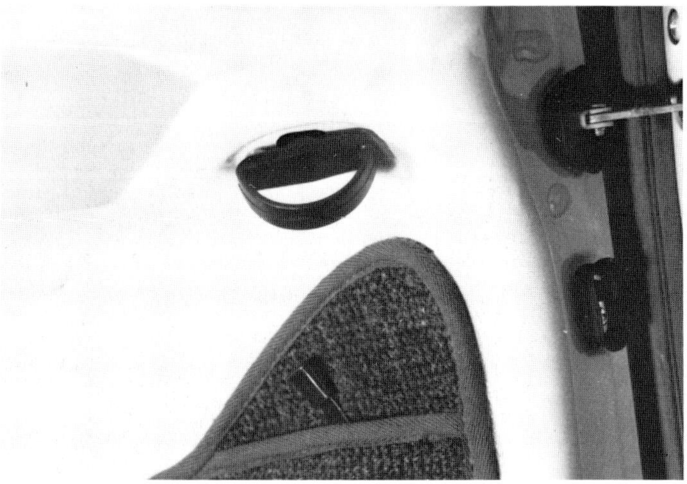

Griff für entriegelbare Tankklappe.
Darunter Hebel für Warmluftdüsensteuerung.

Die Warmluftdüsen im vorderen Fußraum sind an die Vorderkante der Sitzschienen verlegt worden.

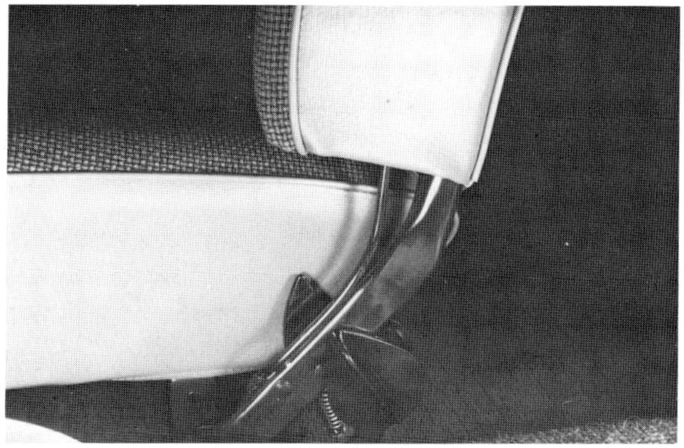

Die Sitzlehnenverstellung arbeitet umgekehrt wie bisher. Beim Anheben des Hebels stellt sich die Lehne steiler, beim Herunterdrücken flacher. Die Lehne läßt sich stärker nach hinten neigen.

Der VW 1200 erhält in beiden vorderen Kotflügeln je ein Ziergitter, vorher nur links.

1968 Die wichtigsten Änderungen

Motor/Heizung/Kupplung

Baujahr	Fahrgestell-Nr.	Aggregate-Nr.	Änderung
2. 5. 68	118 799 673	D0 351 591	Zylinderkopfdeckel: Dichtung aus Preßkork. Bisher: Aus Flexolit.
	118 799 674	F1 403 546	
	118 799 675	H0 975 667	
	118 799 676	H5 4325 600	
	118 799 677	E0 015 534	
	118 799 678	L0 020 794	
29. 5. 68	118 889 936	H5 359 314	Kupplung 200 mm ∅ (F u. S): Torsionsgefederte Kupplungsscheibe mit einfacher Belagfeder. Bisher: Nicht torsionsgefedert.
13. 6. 68	118 960 936	H0 992 155	
20. 6. 68	118 971 879	L0 020 951	
13. 6. 68	118 961 796	H0 992 270	Ölpumpengehäuse (Doppelölpumpe): Maßliche Änderung an beiden Doppelstutzen und Dichtringen: Dichtringe Kupfer-Asbest. Bisher: Alu-Asbest.
	118 963 102	H5 378 841	
22. 8. 68	119 058 113	H5 461 147	Kolben 83 mm ∅. Neu: Schliffbild (Ovalität) geändert.
19. 9. 68	119 183 797	H5 501 725	
5. 11. 68	119 311 485	H1 044 043	

Kraftstoffanlage

Baujahr	Fahrgestell-Nr.	Aggregate-Nr.	Änderung
20. 2. 68	118 582 000	F1 341 000	Vergaser: Motor 1,3 l mit Vergaser 30 PICT-2 mit vergrößerter Schwimmerkammer.
29. 2. 68	118 613 500	H5 248 586	Vergaser Solex 30 PICT-2: Vergasergehäuse-Oberteil und Unterteil sowie Dichtung geändert. Leerlaufluftbohrung im Unterteil.
	118 613 135 (M9+M157)	H5 245 666	
1. 3. 68	118 613 635	F1 350 553	
	118 613 636	H0 945 251	
	118 613 637 (M9)	H0 945 252	
18. 4. 68	118 778 781	H5 302 106	Kraftstoffleitung am Motor: Verzinkt. Bisher: Verkupfert.
19. 4. 68	118 781 780	H0 965 312	
22. 4. 68	118 784 587	F1 390 701	
	118 784 674	D0 343 622	
4. 6. 68	148 932 641 (141-144)	–	Kraftstoffbehälter: Einfüllschlauch durch Rohr unterbrochen. Verbindungen zusätzlich mit Dichtringen versehen. Bisher: Durchgehender Schlauch.
	158 932 476	–	
1. 7. 68	118 1003 668	–	
1. 8. 68	119 000 003	H1 003 256	Ölbadluftfilter: Gewichtsbelastete Regelklappe im Ansaugstutzen. Neu: Die Typen 11 und 15/1500 besitzen nur noch einen Ansaugstutzen mit Warmluftregelklappe und Regelklappe für Kurbelgehäuseentlüftung. Neu: Typ 1/1300/Automatic mit bowdenzug-gesteuerter
	119 000 009 (M9)	H1 003 257	
	119 000 007	H5 414 586	
	119 000 010 (M9)	H5 414 587	
	119 000 002	F1 451 086	
	119 000 008 (M9)	F1 462 682	

Baujahr	Fahrgestell-Nr.	Aggregate-Nr.	Änderung
			Warmluftklappe im Ansaugstutzen. Neu: Drahtzugbefestigung an Hebel der Warmluftklappe durch Öse mit Klammer. Neu: Drahtzug 850 mm und Hülle 750 mm lang. Bisher: Drahtzug 800 mm und Hülle 700 mm lang.
Vorderachse/Lenkung			
6. 5. 68	118 857 240	375 135	Vorderachse: Zapfen der Spurstangenköpfe auf 14 mm Ø erhöht. Gewindezapfen in M 12 ×1,5 geändert. Konische Aufnahmebohrungen für Spurstangenköpfe entsprechend vergrößert. Bisher: Zapfen Ø der Spurstangenköpfe 12 mm. Gewindezapfen M 10×1.
Hinterachse			
14. 11. 68	119 340 061	–	Ausgleichfeder: Neu: Obere Befestigung der Druckstange mit Silentblock. Bisher: Mit Anschlagpuffer.
Bremse			
3. 1. 68	148 469 038 (141-144)	–	Scheibenräder: Neu: Felgengröße 4½ J×15. Bisher: 4 J×15.
1. 8. 68	119 000 001	– –	Gummiventil: Neu: Ringdurchmesser 15,2 mm. Bisher: 19,5 mm Ø. Scheibenrad: Neu: Ventillochdurchmesser 11,5 mm. Bisher: 16 mm Ø.
Rahmen			
27. 3. 68	118 701 827 (111-118)	–	Fensterheber: Neu: Einspurige Ausführung. Bisher: Zweispurig. Kurbelfenstergriff: Mit Kunststoffabdeckung.
Aufbau			
25. 4. 68	118 739 438	– –	Dichtung für Stahlkurbeldach: Neu: Werkstoff 67% Trevira, 33% Baumwoll-Velvet. Bisher: 100% Baumwoll-Velvet.
21. 6. 68	118 980 404	–	Armlehne: Neu: Sicherheitsarmlehne ohne Zierleiste (in USA seit 1. 8. 67).
1. 8. 68	119 000 001	–	VW 1200: Jetzt mit je einem Ziergitter (insgesamt 2) in beiden Kotflügeln.
1. 8. 68	119 000 001 (111-118) (141-144) (151/152)	– – –	Heizung/Frischbelüftung: Neu: Heizrohre im Querschnitt vergrößert. Fondausströmerklappen zusätzl. mit Silikon-Gummi-Dichtungen abgedichtet. Beide Frischluftdüsen an die

Baujahr	Fahrgestell-Nr.	Aggregate-Nr.	Änderung
			Heizluftkanäle angeschlossen (außer 1200 A). Vordere Fußraumausströmer in den Bereich der Sitzschienen verlegt. Betätigung der Klappen (bisher Schieber) über Drahtzüge von der Scharniersäule aus. Vordersitze: Neu: Verstellbereich der Lehnen geändert. Vordersitze: Neu: Die rechten Seiten der Sitzgestelle mit einem Anschlag und die entsprechenden Führungsschienen mit einer Blattfeder versehen. Notsitzbank – Modell 14: Neu: Sitzmulden in Bank und Lehne eingelassen. Vordersitze – Modell 14: Neu: Als Komfort-Mehrausstattung mit Kopfstützen lieferbar. Klappe für Kraftstoffbehälter: Verriegelbar. Betätigung erfolgt über Drahtzug. Deckelschloß: Neu: Betätigung für Deckelschloßzug in den Handschuhkasten verlegt. Motorraumdichtung: Neu: Einteilige Profilgummi-Dichtung (Moosgummi). Bisher: Zweiteilige Lippen-Dichtung. Deckel hinten – Modell 15: Neu: Wasserfangkasten geändert (bedingt durch neues Ölbadluftfilter).
1. 8. 68	118 000 001 (111/112) (115/116)	– –	Lackierung: Neu: Cobaltblau, togaweiß. Weiterhin gültig: Königsrot, chinchilla. Entfallen: VW-blau, lotosweiß.
	(113/114) (117/118)	– –	Neu: Cobaltblau, perugrün, diamantblau, togaweiß. Weiterhin gültig: Savannabeige, königsrot, chinchilla. Entfallen: Deltagrün, zenitblau, lotosweiß, VW-blau.
	(141-144)	–	Neu: Zypressengrün, togaweiß, pirolgelb, sunset, chromblau. Weiterhin gültig: Kirschrot. Entfallen: Fichtengrün, gobibeige, veloursrot, chinchilla, regattablau, lotosweiß, bermuda.
	(147)	–	Weiterhin gültig: Neptunblau, lichtgrau.
	(151/152)	–	Neu: Cobaltblau, perugrün, diamantblau, togaweiß. Weiterhin gültig: Savannabeige, königsrot, chinchilla. Entfallen: Deltagrün, zenitblau, lotosweiß, VW-blau.
15. 9. 68	119 150 000	–	Rückenlehne vorn: Neu: Innere Verstellnokken zusätzlich mit Rastbolzen und Feder ausgerüstet.

Baujahr	Fahrgestell-Nr.	Aggregate-Nr.	Änderung
25. 11. 68	149 431 008 (141/142)	–	Cabrioletverdeck: Neu: Klappbares Rückblickfenster (Einscheiben-Sicherheitsglas). Bisher: Eingenähtes Polyglas. Neu: Verdeckverschlüsse in die seitlichen Dachrahmen verlegt.
Elektrische Anlage			
3. 1. 68	118 433 379	–	Warnblinkanlage 12 V: Neu: Umschaltung von Richtungsblinken auf Warnblinken im Warnblinkschalter. Bisher: Umschaltung im Relais.
3. 4. 68	–	122-168 949	Zündspule: Neu: Hochleistungszündspule. Bisher: Normale Spule.
11. 4. 68	148 760 153 (141-144)	–	Scheibenwischermotor: Neu: Schneckenradantrieb. Bisher: Stirnradantrieb.
7. 5. 68	118 857 720 (M 88) 118 857 708 118 857 872 118 856 529	D0 352 113 F1 404 775 H0 976 398 H5 327 302	Lichtmaschine und Reglerschalter: Neu: Anschlüsse der Lichtmaschine D+ und DF sowie Anschluß am Reglerschalter D+ durch Schraubverbindungen. Bisher: Steckverbindungen.
1. 5. 68	118 799 673	–	Zündverteiler: Neu: Alle Motoren mit Aufkleber für Grundzündzeitpunkt-Einstellung versehen.
7. 6. 68	118 953 664	–	Anschlußbrücke mit Sicherung: Neu: Steckanschluß. Bisher: Schraubanschluß.
1. 8. 68	119 000 001	–	Fahrtrichtungsanzeiger: Neu: Mit Blink-Warnlichtanlage. Kontrollampen: Neu: Fenster der Kontrollampen in Instrumenten und Schalterknöpfen durch Symbole gekennzeichnet. Masseleitungen: Neu: Alle elektrischen Einrichtungen zusätzlich mit Masseleitungen.
Allgemeine Änderungen			
1. 8. 68	119 000 002	–	Volkswagen 1300: Neu: Mit Scheibenbremsen an der Vorderachse (M 80).
1. 8. 68	119 000 008	F 1 462 682	Volkswagen 1300: Neu: Mit Wählautomatik ausgerüstet (M 9).
1. 8. 68		–	In die USA wird der Käfer auch in der Kombination Schaltgetriebe/Schräglenker-Hinterachse geliefert.

1969

Der 1500er Käfer erhält einen Motorraumdeckel mit zehn waagerechten Lufteintrittsöffnungen. Die Zahl der Lufteintrittsöffnungen beim VW Cabrio erhöht sich auf 28. Die zusätzlichen Luftschlitze sind erforderlich, weil der Export-Käfer für die USA mit der 1600er-Transporter-Maschine (47 PS) bestückt wird.
In der US-Ausführung sind Blink- und Schlußleuchten mit Seitenmarkierungsleuchten und -Rückstrahlern ausgestattet, zudem mit einer akustischen Warneinrichtung für das kombinierte Lenkrad-Anlaßschloß. Ein gesonderter Rückstrahler wird für die US-Modelle am Stoßfängerhalter angeschraubt.
Auf Wunsch gibt es für die 1300/1500er-Modelle ein L-Paket, das folgende Komfort- und Ausstattungsdetails enthält: 2 Rückfahrscheinwerfer, Stoßfänger mit Gummileiste, gepolsterte Armaturentafel, abblendbarer Innenspiegel, abschließbarer Handschuhkastendeckel, Make-up-Spiegel in der Sonnenblende, Türtasche an der Beifahrertür, zweiten Fondaschenbecher, Schlingenflor-Teppiche. Mit dieser Ausstattung heißen die Modelle VW 1300 L bzw. VW 1500 L. Alle Käfer-Motoren erhalten vergrößerte Ölkanäle, ein geändertes Ölpumpengehäuse und ein Öldruck-Regelventil. Die 1,2- und 1,3 Liter-Motoren werden mit der thermostatisch geregelten Vergaser-Warmluftzuführung ausgerüstet, wie sie der 1,5 Liter-Motor besitzt. Außerdem erhalten sie den Luftfilter des 1,3 Liter-Automatik-Modells.
Den Sparkäfer gibt es auch mit der 1300er-Maschine und Automatik. Auf Wunsch ist der 1300er auch mit 1,2 Liter-Motor und Scheibenbremsen (vorne) lieferbar.

Daten und Fakten

1969	Februar	Durch laufendes Ansteigen der NSU-Aktie bis auf die Höhe des VW-Kurses wird die Absicht der Volkswagenwerk AG bekannt, ihre Tochtergesellschaft mit den NSU Motorenwerken AG Neckarsulm zu verschmelzen.
	11. 3.	Mit der »VW-Porsche Vertriebsgesellschaft mbH«, einer Gemeinschaftsgründung von VW und Porsche, wird eine weitere Tochtergesellschaft zum Verkauf von Sportwagen gegründet.
		Das Vertriebsprogramm umfaßt den VW Porsche 914/80 PS, 914/6/110 PS und 914/6, Rallye/210 PS.
	Mai	Baubeginn des sechsten inländischen Volkswagenwerkes in Salzgitter.
	30. 6.	Karmann Ghia-Typ 34-Fertigung eingestellt.
	Juli	Im Juli stellt die Zeitschrift GUTE FAHRT einen fahrfertigen Buggy auf Käfer-Fahrgestell vor. Die Firma Karmann übernimmt Herstellung und Vertrieb. Der Buggy wird als Bausatz oder komplett geliefert.
		Die Auto Union GmbH Ingolstadt stellt die Montage des Käfers für die Wolfsburger Muttergesellschaft ein. Dafür wird jetzt die Audi-Kapazität erhöht. Seit Mai 1965 baute Audi 348 000 Käfer.
	August	Vorstellung des neuen VW 411 E mit 80 PS-Motor und elektronischer Benzineinspritzung. Gleichzeitig kommt als Mehrzweckfahrzeug der VW 181 auf den Markt.
	21. 8.	Audi und NSU verschmelzen zur AUDI NSU Auto Union AG. Durch die Einbringung der Auto Union GmbH erhält VW Anteile in Höhe von 59,5% an diesem Unternehmen.

Motorhaube beim 1500er Käfer mit 10 und beim Cabrio mit 28 Lufteintrittsöffnungen.

L-Paket: 2 Rückfahrscheinwerfer, Stoßfänger mit Gummileisten. Schriftzug »VW 1300 L« beziehungsweise »1500 L«.

Mehrausstattung für VW 1300 und VW 1500: Gepolstertes Armaturenbrett. Türinnengriffe und Fensterkurbel aus schwarzem Kunststoff. Zierleiste auf der Schalttafel entfallen. Die unteren Klappen für die Heizluftausströmer (Pfeil) werden direkt über Hebel betätigt, die Fernbedienung entfällt.

Chromfarben lackierte Felgen.

Vergaser mit thermostatisch geregelter Warmluftzuführung bei 1,2 l- und 1,3 l-Motoren.

1969

Die wichtigsten Änderungen

Motor/Kupplung/Heizung

Baujahr	Fahrgestell-Nr.	Aggregate-Nr.	Änderung
1. 8. 69	110 2 000 001 110 2 000 002 110 2 000 003 110 2 000 004	D0 525 050 F1 778 164 H1 124 669 B6 000 001	Kurbelgehäuse: Neu: Ölkreislauf der 1,2 l- mit 1,6 l-Motoren geändert. Neu: Zwei Öldruckventile, Durchmesser der Ölkanäle vergrößert, Nabe der großen Keilriemenscheibe verlängert. Bohrung für Zylinderaufnahme beim 1,2 l-Motor von 87 auf 90 mm vergrößert.
	110 2 000 005 110 2 000 006	E0 020 022 L0 024 107	Zündverteiler: 1/1600 M 9+M 157. Neu: Mit doppelt wirkendem Unterdruckversteller.
13. 8. 69	110 2 061 659 110 2 058 957 110 2 061 679 110 2 059 998	AA1 895 997 AB1 895 695 AC1 908 270 AH1 902 875	Lagerhülse für Kupplungswelle: Neu: Oberfläche eloxiert. Bisher: Rohteil.
13. 9. 69 15. 9. 69 16. 9. 69	110 2 163 149 110 2 161 389 110 2 163 923 110 2 166 464	AA1 987 164 AB2 005 650 AC2 006 070 AH1 991 457	Kupplung: Neu: Führungstopf für Rückholfeder wirbelgesintert und mit Polyamid beschichtet.

Kraftstoffanlage

Baujahr	Fahrgestell-Nr.	Aggregate-Nr.	Änderung
1. 8. 69	110 2 000 001 110 2 000 002	D0 525 050 F1 778 164	Vergaservorwärmung: Neu: Warmluftentnahme vom rechten Zylinderkopf. Bisher: Aus linkem Wärmetauscher.
	110 2 000 001 140 2 000 012 (147)	D0 525 050 D0 525 051	Vergaser 28 PICT-2: Neu: Gemischeinstellschraube mit schlankerem Kegel und feinerer Gewindesteigung am Vergaser in einem Anguß verdeckt und durch Plastikkappe verschlossen angeordnet.
	110 2 000 001 110 2 000 002	D0 525 050 F1 778 164	Luftfilter: Neu: Ansaugluftvorwärmung mit thermostatisch über Bowdenzug betätigter Warmluftklappe.
	110 2 000 002 110 2 000 003	F1 778 164 H1 124 669	Vergaser 30 PICT-2: Neu: Mit zwei Gemischeinstellschrauben. Bisher: Eine Gemischeinstellschraube.
	110 2 000 004	B6 000 001	Kraftstoffbehältersystem: Neu: Mit Aktivkohlefilteranlage (nur Kalifornien).

Bremsen/Räder/Reifen

Baujahr	Fahrgestell-Nr.	Aggregate-Nr.	Änderung
1. 8. 69 25. 9. 69	110 2 000 001 (1200) 140 2 014 943 (147)	– –	Bremsanlage: Neu: Zweikreissystem.
1. 8. 69	110 2 000 001	–	Warneinrichtung für Zweikreisbremsanlage:

Baujahr	Fahrgestell-Nr.	Aggregate-Nr.	Änderung
			Neu: Tandem-Hauptbremszylinder ohne Zylinder für Warneinrichtung. Funktion der Warneinrichtung durch zwei 3polige Bremslichtschalter.
Aufbau			
1. 8. 69	110 2 000 003 (1500) 150 2 000 015 (1500)	– –	Deckel hinten: Neu: mit zusätzlichen Luftschlitzen und Wasserablaufblech.
	110 2 000 002 (11/15)	–	Sonnenblende: Neu: Für Beifahrer nicht mehr seitlich schwenkbar. Kofferraum vorn: Neu: Pappe für Gepäckwanne und Schalttafel aus einem Teil. Stoßfänger: Neu: Im »L-Paket« (M 603) mit Stoßprofilen. Schalttafel: Neu: Zierleisten entfallen.
	110 2 000 001 (11/15)	–	Warmluftausströmer: Neu: Mit Hebel an der Betätigungsklappe. Bisher: Mit Fernbedienung. Kotflügel vorn: Neu: Lochbild für Blinkleuchte geändert.
	140 2 000 009 (141-144)	–	Seitenteile vorn und hinten: Neu: Ausschnitte für Blink- und Schlußleuchten verlegt. Dadurch Scheinwerfermulde, Stoßfänger hinten und Rammschutz hinten (M 107) geändert.
	110 2 000 001 (außer 147)	–	Scheibenräder: Neu: Chromfarben lackiert.
	110 2 000 001 (111/112) (115/116)	– –	Lackierung: Neu: Pastellweiß. Weiterhin gültig: Königsrot, chinchilla, cobaltblau. Entfallen: Togaweiß.
	(113/114) (117/118)	– –	Neu: Ulmengrün, pastellweiß, clementine. Weiterhin gültig: Savannabeige, königsrot, chinchilla, cobaltblau, diamantblau. Entfallen: Togaweiß, perugrün.
	(141-144)	–	Neu: Bahiarot, signalorange, pampasgelb, hellelfenbein, albertblau, pastellblau, irischgrün. Entfallen: Zypressengrün, togaweiß, pirolgelb, sunset, chromblau, kirschrot.
	(147)	–	Weiterhin gültig: Neptunblau, lichtgrau.
	(151/152)	–	Neu: Ulmengrün, pastellweiß, clementine. Weiterhin gültig: Savannabeige, königsrot, chinchilla, cobaltblau, diamantblau. Entfallen: Togaweiß, perugrün.
16. 9. 69	110 2 159 161 (11, 15)	–	Türscharnier: Neu: Scharnierstift mit zwei spiralförmigen Schmiernuten für Mehrzweckfett. Bisher: Scharnierstift mit Ölvorratskammer.

Baujahr	Fahrgestell-Nr.	Aggregate-Nr.	Änderung
Elektrische Anlage			
1. 8. 69	1102000001	–	Scheinwerfer: Neu: Streuscheiben mit neuen Prüfzeichen.
	1102000001	–	Blink- und Schlußleuchten: Neu: Aufgrund von Zulassungsbestimmungen in Europa und USA geändert.
	1102000001	–	Lenkschloß (USA): Neu: Mit Zündschlüssel-Warneinrichtung. Türkontaktschalter (Fahrerseite) mit zusätzlichem Kontakt für Summer.
	1102000001	–	Innenleuchte: Neu: Schalter im Fenster eingelassen.
	1102000001	–	Warneinrichtung für Zweikreisbremsanlage: Neu: Zwei 3polige Bremslichtschalter. Bisher: Tandem-Hauptbremszylinder mit angegossenem Zylinder für Warnschalter.
	1102000001	–	Scheibenwischeranlage 12 V: Neu: Entstört. Neu: Mit Schneckentrieb. Bisher: Stirnantrieb.
	1102000037	–	Scheibenwischerarme: Neu: Mit Rändelkonus und Hutmutter befestigt.
	1402000009 (141-144)	–	Scheibenwaschanlage: Neu: Scheibenwaschbehälter und Befestigung geändert.
	1102000001	–	Geschwindigkeitsmesser: Neu: Frontring und Zierring in der Schalttafel matt. Bisher: Glänzend.
12. 8. 69	1102059477	–	Scheinwerfer: Neu: Dichtring zwischen Kotflügel und Scheinwerfer.
14. 11. 69	1402105984 (147)	–	Rückfahrscheinwerfer: Neu: Mit Masseleitung.
15. 12. 69	1102459522	–	Blinkleuchte vorn: Neu: Seitenflächen des Plexiglases 1,5 mm verlängert.
Allgemeine Änderungen			
1. 8. 69	1102000001		Fahrgestellnummer: Neu: Zehnstellig. Bisher: Neunstellig.

1970

Zum Auftakt des neuen Modelljahres präsentiert VW ein völlig überarbeitetes Käfer-Modell: den VW 1302 mit Federbein-Vorderachse und Schräglenker-Hinterachse. Durch die raumsparende Federbein-Vorderachse vergrößert sich der Kofferraum vorn von 140 auf 260 Liter (VDA-Norm 225 l), das Reserverad liegt unter dem Kofferraumboden.
In Verbindung mit der vom Automatik-Käfer her bekannten Schräglenker-Hinterachse besitzt der 1302 Käfer eines der technisch aufwendigsten Fahrwerke seiner Klasse. Der vordere Stoßfänger und die vorderen Stoßfängerhalter sind verstärkt. Am linken hinteren Stoßfängerhalter ist eine Abschleppöse angeschweißt.
Der Rahmenkopf ist in Anpassung an die Federbein-Vorderachse flach ausgebildet; an ihm sind Querlenker und Stabilisator befestigt. Rechts vorn ist eine Abschleppöse angeschweißt.
Die größere Bauhöhe des 1,3- und 1,6 Liter-Motors bedingt einen stärker gewölbten Motorraumdeckel.
Neu ist die Zwangsbelüftung (Niere am hinteren Seitenfenster), die in Verbindung mit der Frischbelüftung (elektrisches Gebläse auf Wunsch) eine zugfreie Belüftung ermöglicht. Am Armaturenbrett sorgen zusätzliche Regeleinrichtungen und zwei weitere Schlitze in der Schalttafel für einen stärkeren Luftstrom.
Die Zwangsbelüftung gibt es nun auch für den VW 1300, nicht jedoch für den VW 1200.
Der neue 1302-Käfer kann wahlweise mit drei in der Leistung unterschiedlichen Motoren bestückt werden, und zwar als 1302 mit 34- beziehungsweise 44 PS-Motor und als 1302 S mit neuem 1,6 Liter-Motor und 50 PS. Aufgrund der höheren Verdichtung (7,5) leistet das überarbeitete 1,3 Liter-Triebwerk jetzt 44 PS. Der 1,6 Liter-Motor hat, wie auch das überarbeitete 1,3 Liter-Triebwerk, Zylinderköpfe und Doppelansaugkanäle und einen nach vorn versetzten Ölkühler mit eigenem Kühlluftstrom. Ein im Ölbadluftfilter eingebauter zusätzlicher Thermostat steuert die Warmluftzufuhr zum Vergaser.
Ein neuer Zündanlaßschalter bewirkt, daß beim Ausschalten der Zündung auch automatisch die Hauptscheinwerfer ausgeschaltet werden.
Seit dem neuen Modelljahr gibt es praktisch zwei Käfer-Linien. Den alten Stamm mit den Modellen 1200 und 1300 und die neue Linie mit den Modellen 1302 und 1302 S, siehe auch Modell-Übersicht.

Daten und Fakten

1970	Als größtes Unternehmen der Rent-a-Car-Branche wird die »Selbstfahrer-Union« vom Volkswagenwerk übernommen.
8. 7.	Der einmillionste VW des Brasilienwerkes läuft vom Band, die Tagesleistung liegt bei 970 VW. Generaldirektor ist Rudolf Leiding. In Brasilien beträgt der Marktanteil bei den Pkw 61,2 Prozent und bei den Transportern 49 Prozent.
September	Der von NSU-Ingenieuren konstruierte und vom Volkswagenwerk zur Serienreife gebrachte Personenwagen VW K 70 wird der Öffentlichkeit vorgestellt; Produktionsbeginn ist im Herbst im neuerrichteten Werk Salzgitter.

Daten und Fakten

August — Das Volkswagen-Werk erzielt seinen größten Absatz in England seit dem ersten Export 1953: 41 706 Stück (24 057). Damit steigt der VW-Marktanteil in England auf 3,5% bei Pkw und 1,9% bei Transportern. Es gibt bereits 262 VW-Händler unter Leitung von VW Motors (Thomas-Tilling-Gruppe). Käferpreis in England 684–699 Pfund.

Mitte September läuft bei Audi-NSU in Neckarsulm der einmillionste NSU-Wagen seit Wiederaufnahme der Automobilproduktion 1958 vom Band (ein Ro 80).

VW 1302: Neuer Vorderwagen. Trittbretter, Kotflügel, beide Hauben geändert. Zwangsbelüftung.

Die größere Bauhöhe des 1,3 l- beziehungsweise 1,6 l-Motors bedingt einen stärker gewölbten Motorraumdeckel.

VW 1302: Zwangsbelüftung im hinteren Seitenteil.

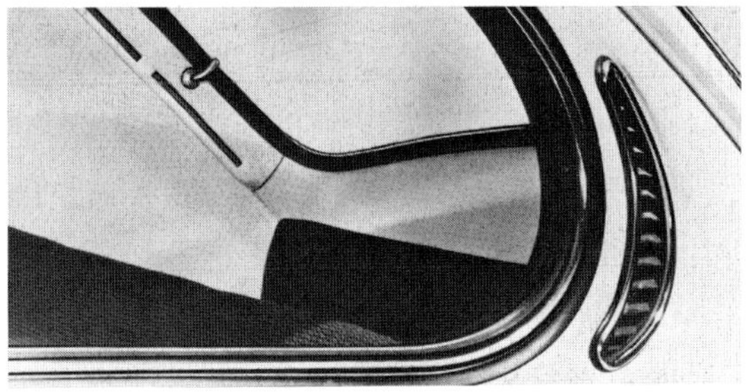

VW 1302: Kofferraumvolumen unter der vorderen Haube durch Federbeinvorderachse von 140 auf 260 Liter erhöht. Vorderes Abschlußblech nach unten gezogen. Stoßfänger und -Halter verstärkt. Das Reserverad liegt unter dem Kofferraumboden.

Wagenheber unter der hinteren Sitzbank.

In der Schalttafel 2 zusätzliche Belüftungsschlitze, sogenannte »Mann-Anströmer«.

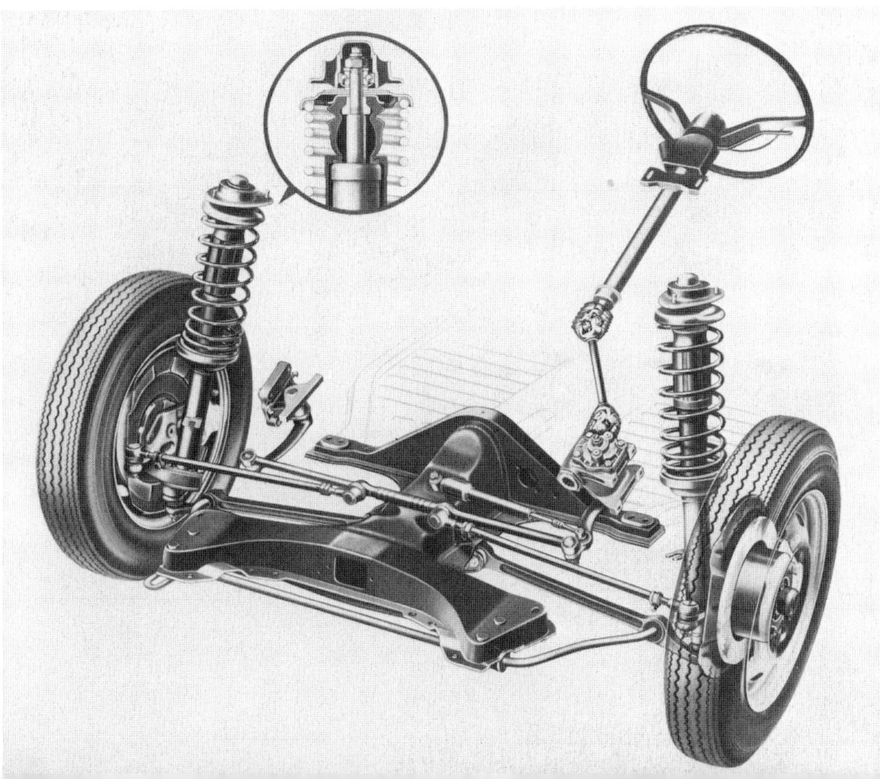

VW 1302: Federbein-Vorderachse mit Rahmenkopf, Querlenker und Stabilisator. Sicherheits-Rollenlenkung.

Federbeinvorderachse mit Querlenker und Stabilisator.

1,6 l-Motor/50 PS mit Doppelansaugrohr (1) und doppeltwirkender Unterdruckdose (2).

VW 1302: Serienmäßig mit Schräglenker-Hinterachse, wie sie seit 1967 für den Automatik-Käfer verwendet wird.

VW 1300: Alte Käfer-Form. Motordeckel wie beim VW 1302 mit 10 Luftschlitzen. Zwangsbelüftung im hinteren Seitenteil.

1,3 l- und 1,6 l-Motor: Ölkühler aus Aluminiumblech mit Zwischenflansch nach vorn versetzt.

Zusätzlicher Thermostat im Ölbadluftfilter.

Links: Einkanal-Zylinderkopf. Rechts: Doppelkanal-Zylinderkopf für 1,3 l- und 1,6 l-Motor seit August 1970.

Die Käfer 1970	VW 1200	VW 1300	VW 1302	VW 1302 S	VW 1302 LS Cabrio
Karosserie	alte Form	alte Form	neue Form mit großem Kofferraum	neue Form mit großem Kofferraum	neue Form mit großem Kofferraum
Fahrwerk	alte Vorderachse Pendel-Hinterachse ohne Ausgleichfeder	alte Vorderachse Pendel-Hinterachse mit Ausgleichfeder	neue Vorderachse Doppelgelenkwellen-Hinterachse	neue Vorderachse Doppelgelenkwellen-Hinterachse	neue Vorderachse Doppelgelenkwellen-Hinterachse
Motor	1200/34 PS wahlweise 1300/44 PS	1300/44 PS wahlweise 1200/34 PS	1300/44 PS wahlweise 1200/34 PS	1600/50 PS	1600/50 PS
Bremsen	Zweikreis vorn und hinten Trommeln	Zweikreis vorn und hinten Trommeln	Zweikreis vorn und hinten Trommeln wahlweise: vorn Scheiben	Zweikreis vorn Scheiben hinten Trommeln	Zweikreis vorn Scheiben hinten Trommeln
Höchstgeschwindigkeit	115 km/h	125 km/h	125 km/h	135 km/h	130 km/h
Gewichte	leer 760 kg gesamt 1140 kg gebremste Anhängelast 650 kg	leer 820 kg gesamt 1200 kg gebremste Anhängelast 650 kg	leer 870 kg gesamt 1270 kg gebremste Anhängelast 650 kg	leer 870 kg gesamt 1270 kg gebremste Anhängelast 650 kg	leer 920 kg gesamt 1280 kg gebremste Anhängelast 650 kg
Preise/DM	**4695.–**	**5495.–**	**5745.–**	**5945.–**	**7490.–**

Auf dem deutschen Markt wird die Wählautomatik mit Doppelgelenkhinterachse für alle Modelle, auch für den Sparkäfer angeboten; sie wird jedoch nicht mit dem 1200er Motor kombiniert. Die Höchstgeschwindigkeit mit Automatik wird vom Werk um je 5 km/h niedriger angegeben. In das bekannte »L«-Paket (2 Rückfahrscheinwerfer, Stoßstangen-Gummileisten, Teppichboden, Türtasche rechts, zweiter Aschenbecher hinten, abblendbarer Innenspiegel, Make-up-Spiegel, Armaturenbrettpolsterung, Bremskontrolleuchte, Schloß für Handschuhfach) wird noch das zweistufige Frischluftgebläse aufgenommen. Wagen mit L-Paket werden mit einem L im Schriftzug am Wagenheck versehen.

Für USA gibt es zusätzlich zu den neuen Volkswagen noch ein Custom-Modell mit alter Karosserieform, alter Vorderachse, Doppelgelenkwellen-Hinterachse, Trommelbremsen und 1600er Motor.

1970 Die wichtigsten Änderungen

Motor/Kupplung/Heizung

Baujahr	Fahrgestell-Nr.	Aggregate-Nr.	Änderung
1. 8. 70	111 2 000 002 111 2 000 003 111 2 000 008	AB0 000 001 AD0 000 001 AE0 000 001	Kupplungs-Ausrücklager: Neu: Mit axial geführtem Ausrücklager. Kupplung: Neu: Ohne Ausrückring, Schenkelfedern geändert.
	111 2 000 003 111 2 000 008 111 2 000 010	AD0 000 001 AE0 000 001 AF0 000 001	Kurbelgehäuse: Neu: Aus warmfesterem Material (AS – 41).

Baujahr	Fahrgestell-Nr.	Aggregate-Nr.	Änderung
	111 2 000 009 111 2 000 010	AC0 000 001 AF0 000 010	1,3 und 1,6 l-Motoren: Neu: Mit Verdichtung 6,6:1 für Kraftstoffe mit niedriger Oktanzahl.
	111 2 000 002 111 2 000 003 181 2 000 007 111 2 000 008 111 2 000 009 111 2 000 010	AB0 000 001 AD0 000 001 AG0 000 001 AE0 000 001 AC0 000 001 AF0 000 001	Keilriemen: Neu: Dehnungsarm.
1. 9. 70	111 2 082 957 111 2 082 958 111 2 082 959 111 2 082 960 181 2 082 961 111 2 082 962 111 2 082 963	D0 681 001 AB0 035 142 AD0 029 897 AE0 044 772 AG0 000 238 AC0 000 187 AF0 000 149	Zylinderkopfdeckel: Neu: Mit Haltenasen für Dichtung.
12. 9. 70	111 2 148 684 (1600)	–	Zündspule, Zündverteiler: Neu: Geänderte Gummischutzkappen.
30. 9. 70 6. 10. 70 8. 10. 70	111 2 174 804 111 2 174 902 111 2 186 917 111 2 190 819	AB0 060 950 AD0 059 694 AF0 000 155 AC0 000 323	Dichtung für Vorwärmleitung links: Neu: Öffnung 19 mm ∅. Bisher: 6 mm ∅.
6. 10. 70	111 2 184 833 (1600)	–	Lichtmaschine: Neu: Unterlegescheiben an den Anschlüssen, Kabelösen mit Gummischutzkappen.
26. 11. 70	111 2 342 211 (1600)	–	Lichtmaschine: Neu: Oberes Kohlebürstenfenster abgedeckt.

Kraftstoffanlage

Baujahr	Fahrgestell-Nr.	Aggregate-Nr.	Änderung
2. 1. 70	110 2 473 154 110 2 473 155 110 2 473 156 110 2 473 157 110 2 473 158 110 2 473 159	D0 592 446 F1 932 909 H1 187 830 B6 192 533 E0 020 938 L0 024 788	Leerlaufabschaltvenil: Neu: Düsenträger aus Stahl. Bisher: Aus Messing.
2. 1. 70	110 2 473 154 110 2 473 155 110 2 473 156 110 2 473 158 110 2 473 159	D0 592 446 F1 932 909 H1 187 830 E0 020 938 L0 024 788	Anschlag für Stufenscheibe der Startautomatik: Neu: Stahlspannstift. Bisher: Stahlkerbstift.
13. 1. 70	110 2 528 697	–	Kraftstoffbehälter: Neu: Klemmplatten zur Befestigung mit abgerundeten Ecken.
1. 8. 70	111 2 000 002 111 2 000 003 111 2 000 008 111 2 000 010	AB0 000 001 AD0 000 001 AE0 000 001 AF0 000 001	Ölbadluftfilter: Neu: Mit Thermostat. Bisher: Mit Bowdenzug.

Baujahr	Fahrgestell-Nr.	Aggregate-Nr.	Änderung
	111 2 000 011 (1302)	–	Verschlußdeckel: Neu: Gewinde mit Drehmoment. Bisher: Bajonettverschluß.
			Kraftstoffsystem: Neu: Belüftung mit Abscheider.
	111 2 000 001 111 2 000 002 111 2 000 003 181 2 000 007 111 2 000 008 111 2 000 009 111 2 000 010	D0 675 001 AB0 000 001 AD0 000 001 AG0 000 001 AE0 000 001 AC0 000 001 AF0 000 001	Vergaser 30-, 31-, 34 PICT-3: Neu: Mit Umluftkanal und Umluftgemischabschaltventil und ohne elektromagnetischem Abschaltventil.
17. 9. 70	111 2 156 331	AB0 045 198	Vergaser 31 PICT-3: Neu: Hauptdüse x145, Luftkorrekturdüse 170z, Leerlaufdüse 60z, Leerlaufluftdüse 120.
	111 2 158 703	AE0 058 480	Abgasreinigungsanlage (M 157): Neu: Drosselklappe mit Schließdämpfer für Schaltgetriebe-Fahrzeuge.
29. 9. 70	111 2 026 187	–	Verschlußdeckel für Kraftstoffbehälter: Neu: Gewindelänge 41 mm. Bisher: 37 mm.

Vorderachse/Lenkung

Baujahr	Fahrgestell-Nr.	Aggregate-Nr.	Änderung
1. 8. 70	111 2 000 011 (1302) 111 2 000 012 (1302 S)	– –	Vorderachse: Neu: Federbeinachse mit vergrößerter Trommelbremse (248 mm ∅). Bisher: Kegelgelenkachse. Neu: Federbeinachse mit Scheibenbremse (1302 S). Lenkung: Neu: Mit Gelenkwelle. Spurstangenköpfe: Neu: Mit größerer radialer Elastizität.
1. 8. 70	111 2 000 001 (1200) 111 2 000 002 (1300) 141 2 000 004	– – –	Lenkung: Neu: Mantelrohr und Befestigung geändert. Lenkstockschalter verkürzt.
16. 11. 70	111 2 325 213	2 792 995	Vorderachskörper: Neu: Mit Abschleppöse.

Hinterachse/Getriebe

Baujahr	Fahrgestell-Nr.	Aggregate-Nr.	Änderung
1. 8. 70	111 2 000 003	–	Schräglenkerachse: Neu: Einblatt-Strebe. Bisher: Doppelblatt-Federstrebe.

Bremsen/Räder/Reifen

Baujahr	Fahrgestell-Nr.	Aggregate-Nr.	Änderung
1. 8. 70	111 2 000 011 (1302)	–	Tandem-Hauptbremszylinder: Neu: Ein Abgang für vorderen Bremskreis mit Verteilerstück. Bisher: Zwei Abgänge. Vorderradbremse: Neu: Trommelbremse mit 248 mm ∅.
	111 2 000 012 (1302 S)	–	Vorderradbremse: Neu: Scheibenbremse mit in der Form geändertem Abdeckblech, dadurch Kühlleistung erhöht.

Baujahr	Fahrgestell-Nr.	Aggregate-Nr.	Änderung
Rahmen			
6. 2. 70	110 2 619 133	–	Heizungshebel: Neu: Unterhalb des Knopfes gekröpft und um 10 mm gekürzt.
22. 6. 70	110 3 032 778 (Rechtslenker)	–	Ausrückweg des Kupplungsfußhebels: Neu: Mit Anschlag hinter der Trittplatte begrenzt.
1. 8. 70	111 2 000 011 (1302)	–	Rahmenkopf: Neu: In Anpassung an Federbein-Vorderachse flach und T-förmig ausgebildet. Kupplungs- und Bremspedal: Neu: Steiler gestellt. Stufensprung zwischen Gas- und Bremspedal 60 mm. Bisher: 80 mm.
Aufbau			
24. 2. 70	150 2 572 520	–	Rückblickscheibe: Neu: Beheizbar.
6. 5. 70	140 2 758 569 (143/144)	–	Rückblickscheibe: Neu: Heizdüse entfallen.
1. 8. 70	141 2 000 004	–	Betätigung für Fußraumheizung: Neu: Hebel an der Betätigungsklappe. Bisher: Fernbetätigung. Abschleppvorrichtung: Neu: Am hinteren linken Stoßfängerträger Abschlepphaken angeschraubt.
	141 2 000 004 151 2 000 005	–	Türsicherung: Neu: In die Innenbetätigung verlegt.
	(15)	–	Warmluftführung: Neu: Warmluftausströmer geändert (bedingt durch verlängerten Vorderwagen).
	(15)	–	Deckel hinten: Neu: Stärker gewölbt. Wasserablaufblech entfallen (nur bei 1,6 l-Motor).
			Schalttafel: Neu: Zusätzlich zwei Luftaustrittsöffnungen.
	(15) (11/M 121)	–	Belüftung: Neu: Zweistufiges Frischluftgebläse.
	(11, 15)	–	Tankeinfüllklappe und Betätigung: Neu: Schließung durch Sperrstift. Bisher: Schließung durch Sperrhaken.
	111 2 000 002	–	Deckel hinten: Neu: Stärker gewölbt. Vordersitze: Neu: Lehnenwangen verbreitert. Neu: Führungsschienen am Rahmen T-Profil. Bisher: U-Profil. Neu: Führungsschiene am Sitzgestell entsprechend geändert.
	111 2 000 001 (111/112) (115/116)	–	Lackierung: Neu: Clementine, marinablau, kansasbeige. Weiterhin gültig: Pastellweiß. Entfallen: Königsrot, cobaltblau, chinchilla.
	(113/114)	–	Neu: Saphirblau, marinablau, iberischrot,

Baujahr	Fahrgestell-Nr.	Aggregate-Nr.	Änderung
	(117/118)		shantunggelb, kansasbeige, silber-metallic, colorado-metallic, gemini-metallic. Weiterhin gültig: Pastellweiß, ulmengrün, clementine. Entfallen: Savannabeige, königsrot, chinchilla, cobaltblau, diamantblau.
	(141-144)	–	Neu: Adriablau, blutorange, zitronengelb, weidengrün. Weiterhin gültig: Hellelfenbein, bahiarot, signalorange, irischgrün. Entfallen: Albertblau, pampasgelb, pastellblau.
	(147)	–	Weiterhin gültig: Neptunblau, lichtgrau.
	(151/152)	–	Neu: Saphirblau, marinablau, iberischrot, shantunggelb, kansasbeige. Weiterhin gültig: Pastellweiß, ulmengrün, clementine. Entfallen: Savannabeige, königsrot, chinchilla, cobaltblau, diamantblau.
	111 2 000 002 151 2 000 005	– –	Vorderwagen VW 1302: Neu: Durch Federbeinvorderachse geändert (74 mm länger). Stoßfänger: Neu: Blechstärke 1,75 mm. Bisher: 1,5 mm. Abschleppösen – VW 1302: Neu: Am Rahmenkopf rechts und am hinteren linken Stoßfängerträger angeschweißt. Belüftung/Entlüftung: Neu: Frischluftsystem mit Zwangsentlüftung.
Elektrische Anlage			
1. 8. 70	111 2 000 001	–	Sicherungsdose: Neu: Mit Relaiskonsole. Beim VW 1302 links neben der Lenksäule eingebaut.
	111 2 000 011 (1302)	–	Geber für Kraftstoffvorratsanzeiger: Neu: Geber mit zwei verschieden langen Schwimmerarmen mit Schwimmern. Bisher: Ein Schwimmerarm.
	111 2 000 008	–	Schlußleuchte (USA): Neu: Vergrößerte Lichtausstrittsöffnungen. Vergrößerter Rückstrahlereinsatz Typ 1.
	111 2 000 001	–	Scheibenwaschanlage: Neu: Ausführung wie Typ 4 mit Druckentnahmeschlauch vom Reserverad für Scheibenwaschbehälter.
25. 11. 70 25. 11. 70	111 2 339 482 111 2 342 211	AD0 105 510 AE0 166 832	Lichtmaschine: Neu: Abdeckblech für oberes Kohlebürstenfenster.

1971

Die Motorhaube hat leicht veränderte Konturen und nun insgesamt 26 Luftschlitze (außer beim Sparkäfer) zur besseren Kühlung des Motors.
Das Wasserablaufblech unter den Kühlluftschlitzen ist entfallen. Dafür sind Lichtmaschine, Verteiler, Zündspule und Zündkerzen besser gegen Feuchtigkeit geschützt.
Das Rückfenster ist vier Zentimeter größer und erleichtert den Rückblick. Im Fahrgastinnenraum fällt vor allem das neue Sicherheitslenkrad mit Prallkorb und großer Prallplatte auf, außerdem der an der Lenksäule nach rechts weisende Wisch-Waschhebel.
Der rückwärtige Kofferraum (außer Sparkäfer) erhält eine klappbare Abdeckung. Auf den hinteren Radkästen wird Geräuschdämpfungsmaterial aufgebracht.
Die Zwangsentlüftung hinter den Seitenfenstern ist mit einer Rückschlagklappe versehen, so daß bei geöffneten Fenstern kein Zug entsteht und kein Wasser durch die Belüftung nach innen kommen kann.
Zur Erhöhung der Sicherheit bei Kollisionen erhalten alle Käfer-Modelle einen Schraub-Tankverschluß mit Überdrehsicherung.
Zur schnelleren Regelung der Luftklappe im Luftfilter-Ansaugschnorchel wird diese über eine Unterdruckdose mit Bimetallfeder gesteuert.
Ein Diagnosestecker im Motorraum ermöglicht es der Werkstatt, etliche Inspektionspunkte automatisch vom Computer überprüfen zu lassen.
Die Doppelmembrandose am Zündverteiler entfällt und wird durch eine einfache Unterdruckdose ersetzt.
Der kleine Ghia erhält die kräftigeren Stoßstangen des Käfers und die sehr großen Rückleuchten des VW 1600.

Preise August 1971

Modell	DM
VW 1200 (34 PS)	5045.–
VW 1300 (44 PS)	5940.–
VW 1302 (44 PS)	6190.–
VW 1302 S (50 PS)	6390.–
VW 1302 LS (50 PS) Cabrio	8190.–
VW 181 (44 PS)	9100.–
Karmann Ghia (50 PS) Coupé	8690.–
Karmann Ghia (50 PS) Cabrio	9590.–

Daten und Fakten

1971 Februar Zur Neuordnung ihres Österreich-Importes gründet die Volkswagenwerk AG Wolfsburg die VW Import Austria Wien, an der beteiligt sind Porsche Konstruktionen KG Salzburg (75%, bisheriger Generalimporteur) und VW Wolfsburg (25%). Für den Audi-NSU-Vertrieb nach Österreich wird die Audi-NSU Austria GmbH & Co. KG Wien gegründet (VW 75%, Familie Piëch 25%).

Zusammenfassung der Audi- und NSU-Unternehmensleitung in Ingolstadt. Nach dem Streik im Herbst und dem Einbruch bei den NSU-Modellen entsteht ein Verlust von 34,9 Mill. DM, den lt. Organvertrag VW übernimmt. An Wankel-Lizenzen vereinnahmt Audi-NSU 23,6 Mill. DM, wovon die Genußscheininhaber je 6.26 DM = 10,9 Mill. DM erhalten.

Daten und Fakten

2. 7.	Das im Oktober 1970 vom Volkswagenwerk angekündigte Experimentier-Sicherheitsauto (ESVW I) wird als Modellstudie erstmals in der Öffentlichkeit vorgestellt. Das Fahrzeug soll nicht in Serie gebaut werden.
27. 8.	Der 5 000 000ste Volkswagen wird nach USA verschifft.

Daten und Fakten

1. 10.	Rudolf Leiding übernimmt nach dem Ausscheiden von Prof. Dr. Lotz die Leitung des Gesamtunternehmens als Vorstandsvorsitzender der Volkswagenwerk AG.
	Die Volkswagen Bruxelles wird gegründet, an der die Volkswagenwerk AG mit 75% beteiligt ist. Die Montagekapazität beträgt arbeitstäglich 800 Fahrzeuge bei einer Belegschaft von 2600 Mitarbeitern.

Das Rückfenster ist um 4 Zentimeter nach oben größer.

Die Motorhaube hat leicht abgeänderte Konturen und insgesamt 26 Luftschlitze.

Die Innenbelüftung ist verbessert worden und hat dreigeteilte Belüftungsschlitze im Heck.

Der Kofferraum mit klappbarer Abdeckung (außer VW 1200).

Sicherheitslenkrad mit großer Prallplatte (außer VW 1200).

Rechts vom Lenkrad:
Hebel für Scheibenwischer und -wascher.

Luftfilter mit temperatur- und unterdruckabhängiger Ansaugluftvorwärmung.

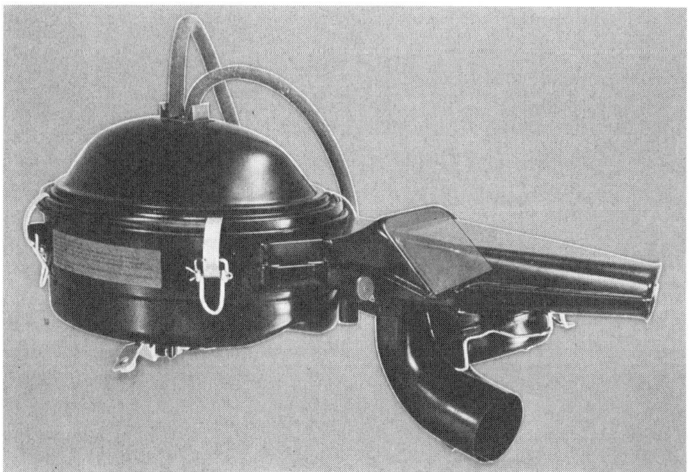

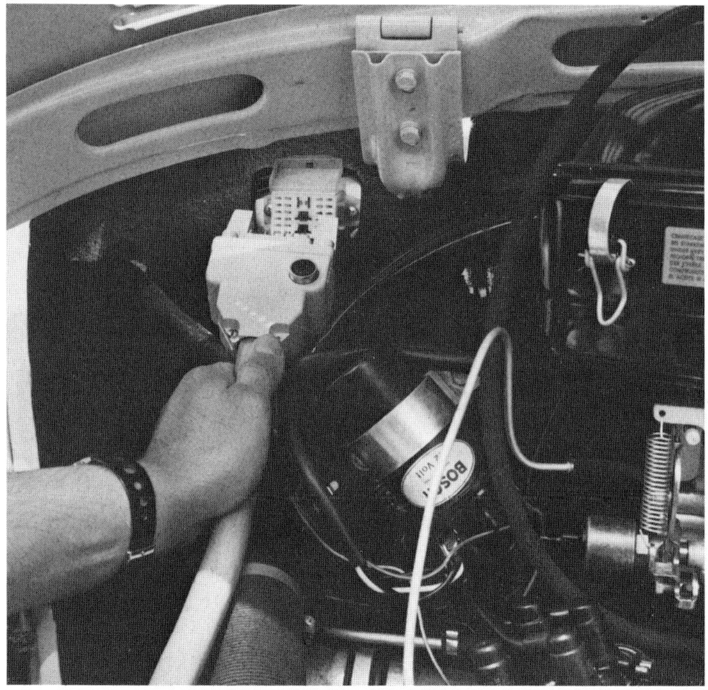

Für die Automatisierung der Inspektion:
Diagnosestecker im Motorraum.

VW 1300: Motorhaube mit 26 Luftschlitzen.

1971 Die wichtigsten Änderungen

Motor/Kupplung/Heizung

Baujahr	Fahrgestell-Nr.	Aggregate-Nr.	Änderung
12. 2. 71	111 2 580 353	AF0 000 293	Riemenscheibe: Neu: Markierung des OT.
15. 2. 71	111 2 596 148	AE0 284 764	
16. 2. 71	111 2 593 681	AB0 176 699	
	111 2 596 492	AC0 000 848	
	111 2 594 955	AD0 178 486	
18. 2. 17	111 2 598 841	D0 735 269	
26. 2. 71	181 2 617 472	AG0 001 545	
1. 3. 71	111 2 669 688	–	Zündkerze: Neu: Champion-Kerze L 88 A. Bisher: L 88.
9. 3. 71	111 2 688 024	D0 746 684	Kolben und Zylinder: Neu: Zwei Paarungsgrößen. Bisher: Drei Paarungsgrößen.
	111 2 689 929	AB0 208 118	
11. 3. 71	111 2 690 596	AD0 200 020	
12. 3. 71	111 2 698 340	AE0 330 184	
28. 4. 71	111 2 823 698	AD0 236 134	Ölpumpe: Neu: Zahnräder 26 mm breit, Ölfördermenge erhöht. Bisher: Zahnräder 21 mm breit. Nockenwelle: Neu: Der geänderten Pumpe angepaßt (M 819-Winkelantrieb).
	111 2 823 926	AE0 395 938	
29. 4. 71	111 2 830 896	AD0 236 195	
30. 4. 71	111 2 835 249	AE0 397 119	
5. 5. 71	181 2 836 133	AG0 002 099	
7. 5. 71	111 2 846 540	AF0 000 399	
1. 8. 71	112 2 000 002	AB0 350 001	
	112 2 000 010	AC0 003 240	
15. 6. 71	111 2 920 875	AB0 313 346	Zündverteiler: Neu: Einfache Unterdruckdose. Bisher: Doppeldose.
1. 8. 71	112 2 000 002	AB0 350 001	Zündverteiler: Neu: Mit einfacher Unterdruckentnahme, Zündzeitpunkt geändert. Bisher: Doppelte Unterdruckentnahme.
	112 2 000 003	AD0 360 023	
	182 2 000 007	AG0 003 001	
	112 2 000 010	AC0 003 240	
	112 2 000 011	AF0 000 445	
	112 2 000 008	AE0 558 001	Zündanlage: Neu: Zündverteiler und Zündzeitpunkt den erweiterten Abgasgesetzen angepaßt.
	112 2 000 009	AH0 000 001	
	112 2 000 008	AE0 558 001	Verdichtung: Neu: Herabgesetzt auf 7,3 von 7,5 durch Änderungen am Kolben und Zylinderkopf.
	112 2 000 009	AH0 000 001	
	112 2 000 002	AB0 350 001	Saugrohrvorwärmung am Auspuff: Neu: Von links nach rechts. Bisher: Von rechts nach links.
	112 2 000 003	AD0 360 023	
	112 2 000 008	AE0 558 001	
	112 2 000 009	AH0 000 001	
	112 2 000 010	AC0 003 240	
	112 2 000 011	AF0 000 445	
	112 2 000 002 (1300)	–	Zündspule, Zündverteiler: Neu: Geänderte

Baujahr	Fahrgestell-Nr.	Aggregate-Nr.	Änderung
			Gummischutzkappen. Lichtmaschine: Neu: Unterlegscheiben an den Anschlüssen, Kabelösen mit Gummischutzkappen. Neu: Oberes Kohlebürstenfenster abgedeckt.
1. 9. 71	112 2 073 652	AA3 978 108	Kupplungs-Ausrücklager: Neu: Kupplungsausrückwelle 20 mm ∅. Bisher: 16 mm ∅.
4. 10.71	112 2 131 717	AB0 383 315	Ventilspiel: Neu: 0,15 mm. Bisher: 0,10 mm.
5. 10. 71	112 2 132 974	D0 845 245	
6. 10. 71	112 2 133 730	AD0 317 989	
7. 10. 71	112 2 199 612	AE0 626 192	
11. 10. 71	112 2 137 213	AH0 001 279	
12. 10. 71	112 2 205 780	AC0 004 237	
15. 10. 71	112 2 212 134	AF0 000 570	
12. 10. 71	112 2 206 303	AE0 627 299	Drosselklappenversteller: Neu: Entfallen.
Kraftstoffanlage			
2. 2. 71	111 2 526 082 (1302)	–	Dichtung für Tankverschlußdeckel: Neu: Lippendichtung. Bisher: Rundschnurring.
1. 3. 71	111 2 669 689	AB0 193 791	Vergaser 31 PICT-3: Neu: Kennzeichnung der Stufenscheibe mit 37. Bisher 47.
15. 6. 71	111 2 920 875 112 2 000 010 112 2 000 011	AB0 313 346 AC0 003 240 AF0 000 445	Vergaser 30, 31, 34 PICT-3: Neu: Spätanschluß für Zündverstellung am Vergaser entfallen (außer USA und Kanada).
1. 8. 71	112 2 000 003 (1302)	–	Kraftstoffbehälter: Neu: Mit Schlingerblech.
1. 8. 71	112 2 000 002 112 2 000 003 182 2 000 007 112 2 000 008 112 2 000 009 112 2 000 010 112 2 000 011	AB0 350 001 AD0 360 023 AG0 003 001 AE0 558 001 AH0 000 001 AC0 003 240 AF0 000 445	Luftfilter: Neu: Temperatur- und unterdruckabhängige Ansaugluftvorwärmung.
1. 8. 71	112 2 000 009	AH0 000 001	Abgasreinigungsanlage: Neu: Abgasrückführung (nur für USA, Kalifornien).
Vorderachse/Lenkung			
20. 4. 71	111 2 810 528 (1302)	–	Befestigungsflansch am Stoßdämpfer: Neu: 9,5 mm stark. Bisher: 7,5 mm stark.
Hinterachse/Getriebe			
19. 1. 71	111 2 485 954	–	Doppelgelenkwelle: Neu: Gelenkschutzhülle zwischen zwei Wülsten auf der Welle gehalten. Bisher: Befestigung mit Zwei-Ohr-Klemme.
14. 7. 71	111 3 115 295	BE0 424 988	Getriebedeckel: Neu: Mit Ölablaßschraube. Dichtung von 0,75 mm auf 1,5 mm verstärkt.

Baujahr	Fahrgestell-Nr.	Aggregate-Nr.	Änderung
3. 9. 71	112 2 073 652 112 2 073 642 112 2 073 645 112 2 073 077	AA3 978 108 AB3 945 927 AM3 957 400 AH3 957 300	Kupplungsbetätigung: Neu: Betätigung geändert, dadurch vergrößertes Übersetzungsverhältnis und vergrößerter Wirkungsgrad beim Ausrücken der Kupplung. Neu: Kupplungshebel verlängert.
Rahmen			
25. 8. 71	112 2 005 693	–	Handbremshebel: Neu: Druckknopf 7 mm länger, Gummischeibe entfallen.
3. 9. 71	112 2 076 199	–	Schaltbock: Neu: 3-Punktanlage für Schalthebel sowie seitliche Führung für Anschlagplatte. Bisher: 4-Punktanlage.
Aufbau			
1. 8. 71	112 2 000 001 (11) 152 2 000 005	–	Rückblickfenster: Neu: Um 40 mm nach oben vergrößert.
	(11/15)	–	Deckel hinten: Neu: Schloß mit 1 Schraube befestigt. Bisher: 3 Befestigungsschrauben. Neu: 4 Kühlluftschlitzpakete (außer 1200). Bisher: 2 Kühlluftschlitzpakete. Neu: Wasserablaufblech entfallen (1,3 l-Motor).
	(11)	–	Zwangsentlüftung: Neu: Links und rechts neben der Rückblickscheibe je 3 Entlüftungsschlitze mit Rückschlagklappen. Bisher: Je 2 Entlüftungsschlitze ohne Klappen.
	(11)	–	Gepäckraum hinten: Neu: Mit Abdeckung (außer 1200). Türeinbauteile: Neu: Türaußengriff mit verlängerter Zugtaste (dadurch im Türaußenblech tiefere Griffmulde) Türschloß und Schließplatte geändert.
	112 2 000 001 152 2 000 005	– –	Befestigung Aufbau am Rahmen: Neu: Befestigung Stütze am Seitenteil hinten zum Lagerkörper geändert.
	142 2 000 004	–	Stoßfänger: Neu: Wie Typ-3-Ausführung. Stoßfängerträger geändert. Karosserie: Neu: Seitenteile und Abschlußbleche vorn und hinten dem geänderten Stoßfänger angepaßt. Neu: Dach geändert. Neu: Türen dem geänderten Dach angepaßt. Neu: Fensterscheiben, Zugtasten und Türaußengriffe, Schlösser und Schließplatten. Befestigung Aufbau am Rahmen: Neu: Befestigung Stütze am Seitenteil zum Lagerkörper geändert.

Baujahr	Fahrgestell-Nr.	Aggregate-Nr.	Änderung
	142 2 000 004 (143/144)	–	Schiene zwischen Seiten- und Türfenster: Neu: Mit Dach und Seitenteil verschweißt. Bisher: Verschraubt. Schalttafel: Neu: Mit mattschwarzer Folie belegt. Frischluftbetätigung unter Radioausschnitt verlegt. Rückblickspiegel außen: Neu: Gehäuse geändert. Sitze: Neu: Abnäher (Pfeifen) in Querrichtung eingearbeitet. Bisher: In Längsrichtung. Neu: Sitzunterteile mit Verkleidungsblenden.
	112 2 000 001	–	Dichtung zwischen Rahmen und Aufbau: Neu: Schaumstoffdichtung. Bisher: Profilgummidichtung.
	112 2 000 001 (111/112) (115/116)	– –	Lackierung: Neu: Leuchtorange, texasgelb. Weiterhin gültig: Pastellweiß, marinablau. Entfallen: Clementine, kansasbeige.
	(113/114) (117/118)	–	Neu: Kasanrot, leuchtorange, texasgelb, sumatragrün, enzianblau, türkis-metallic. Weiterhin gültig: Pastellweiß, marinablau, kansasbeige, silber-metallic, colorado-metallic, gemini-metallic. Entfallen: Saphirblau, iberisch-rot. shantunggelb, ulmengrün, clementine.
	(141-144)	–	Neu: Saturngelb, silber-metallic, gold-metallic, gemini-metallic. Weiterhin gültig: bahiarot, hellelfenbein, signalorange, irischgrün. Entfallen: Zitronengelb.
	(147)	–	Weiterhin gültig: Neptunblau, lichtgrau
	(151/152)	–	Neu: Kasanrot, leuchtorange, texasgelb, sumatragrün, enzianblau, silber-metallic, colorado-metallic, türkis-metallic, gemini-metallic. Weiterhin gültig: Pastellweiß, marinablau, kansasbeige. Entfallen: Saphirblau, iberischrot, shantunggelb, ulmengrün, clementine.
	112 2 000 001 113-118 152 2 000 005	–	Sitzbank hinten: Neu: Mit Fanghaken am Sitzrahmen und Lasche am Kofferboden zusätzlich befestigt.
12. 11. 71	112 2 324 948 (113, 114) (117, 118)	–	Sitze vorn: Neu: Polsterauflage mit ca. 20 mm Schaumstoffeinlage.
12. 11. 71	112 2 266 171	–	Führungsschiene hinten für Kurbelfenster: Neu: Abdeckblech für Türschloß entfallen.
6. 12. 71	112 2 389 435	–	Deckel vorn: Neu: Gummischeiben zwischen Deckelschloß-Oberteil und Deckel. Bisher: Ohne Zwischenlagen.

Baujahr	Fahrgestell-Nr.	Aggregate-Nr.	Änderung
Elektrische Anlage			
1. 8. 71	112 2 000 001	–	Sicherungsdose: Neu: Mit X-Klemme. Instrumente: Neu: Wegdrehzahl der Geschwindigkeitsmesser den unterschiedlichen Reifengrößen angepaßt. Schreibweise modernisiert, Endanzeige erhöht.
	112 2 000 002 (1302)	–	Lenkstock-Kombinationsschalter: Neu: Mit Scheibenwischerschalter (Zusatzfunktion: Tipwischen). Scheibenwischeranlage: Neu: Innere Schaltung des Scheibenwischermotors geändert. Intervall- und Trockenwisch-Automatik als Mehrausstattung.

1972

Seinen bisher größten Triumph seit Produktionsbeginn feiert der Käfer mit einem 1302 S im Februar dieses Jahres. Mit 15 007 034 produzierten Stück überrundet er das Ford-T-Modell und ist seitdem »Weltmeister«.
Seit August läuft der VW 1303 mit weit nach vorn gewölbter Windschutzscheibe (Panorama-Käfer) von den Fließbändern. Das Käferheck wird von großen runden Schlußleuchten beherrscht, die auf leicht umgeformten Kotflügeln montiert sind. Mit der vorverlegten Windschutzscheibe wanderten das Dach und der Windlauf ein gutes Stück nach vorn. Dadurch verkürzte sich die vordere Haube, die nunmehr ohne das VW-Zeichen auskommen muß. Der Türöffnungswinkel konnte auf 90° vergrößert werden.
Das Käfer-Cabrio entspricht in seinem Aussehen dem neuen VW 1303. Im Programm bleiben mit kurzem Vorderwagen der Sparkäfer (1200/34 PS) und der VW 1300 (44 PS). Den Panorama-Käfer gibt es in zwei Motorversionen: mit 1,3 Liter-Motor/44 PS und dem 1,6 Liter-Motor/50 PS. Gegenüber dem Vorgängermodell ist der VW 1303 insgesamt 20 Kilogramm schwerer geworden.
Im Fahrzeuginnern ist eine neue aufprall- und belüftungsfreundliche Armaturentafel eingebaut, die mit großen verformbaren Flächen ausgerüstet ist. Direkt hinter der Scheibe verläuft quer über die gesamte Breite des Innenraumes ein Heiz- und Frischluftkanal mit 42 Luftschlitzen, der zusätzlich links und rechts von Defrosterdüsen für die Seitenscheiben flankiert wird.
Der Griff zum Öffnen der Tankklappe ist entfallen; die vordere Haube wird über einen Hebel geöffnet, der wie bisher im Handschuhkasten untergebracht ist.
Der Sicherungskasten liegt unterhalb der Mitte des Armaturenbrettes und ist leicht zugänglich.

Das Sitzuntergestell besteht aus einem stabilen Dreibein und ist mit dem Fahrgestell-Tunnel verankert. Der Verstellbereich der neuen Sicherheitssitze ist um insgesamt 6 Zentimeter vergrößert worden, die Sitze lassen sich in 77 Positionen verstellen.
Wegen des vergrößerten Sitz-Verstellbereiches wurden Handbremshebel und Schaltknüppel in eine günstigere Bedienungsposition verlegt.
Im November erhält der Vergaser einen Thermostat für die Beschleunigungspumpe. Der Ölbadluftfilter (nicht VW 1200) wird durch einen Trokkenluftfilter mit Papiereinsatz ersetzt.

Preise August 1972

Modell	**DM**
VW 1200 (34 PS)	5 390.–
VW 1300 (44 PS)	6 330.–
VW 1303 (44 PS)	6 690.–
VW 1303 S (50 PS)	6 890.–
VW 1303 LS (50 PS)	8 840.–
Cabrio (ab 1. 12. 72)	9 110.–
Karmann Ghia (50 PS) Coupe	9 220.–
Karmann Ghia (50 PS) Cabrio	10 160.–

Daten und Fakten

1972 17. 2. Als »Weltmeister« läuft der 15 007 034ste Käfer vom Band. Damit wird der bisherige Produktionsrekord des Ford-T-Modells eingestellt.

August Als Ablösemodell des VW 411 E gibt es den an Front- und Heckpartie geänderten VW 412 E.

Für den Transporter ist jetzt auch ein automatisches Getriebe erhältlich.

Auf einem Symposium »Elektrischer Straßenverkehr« wird zum ersten Mal der Prototyp des Volkswagen-Elektromobils als Pritschenwagen vorgestellt – entwickelt in Zusammenarbeit mit der Firma Varta und den Rheinisch Westfälischen Elektrizitätswerken (RWE).

Gemeinsam mit dem jugoslawischen Volkswagen-Importeur UNIS errichtet das Volkswagenwerk in Sarajewo ein Montagewerk für Fahrzeuge und zur Teilefertigung.

24. 10. Im Werk Kassel wird der dreimillionste Austauschmotor hergestellt.

Täglich werden mehr als 5000 VW-Käfer aus je 5115 Zusammenbauteilen hergestellt.

VW 1303 mit weit nach vorn gewölbter Windschutzscheibe. Dach und Windlauf sind nach vorn versetzt. Dadurch verkürzte Fronthaube. Das vordere Deckelschloß ist mit einem schwarzen Druckknopf ausgestattet.

VW 1303: Völlig umgestaltetes Armaturenbrett. Frischluftkanal über die gesamte Fahrzeugbreite. Sicherungskasten in der Mitte des Armaturenbrettes. Griff für Tankklappe entfallen. Links und rechts Defrosterdüsen.

Am 17. 2. 1972 wird in Wolfsburg der Käfer als Weltmeister gefeiert. Mit über 15 Millionen Einheiten stellt er den bislang vom Ford-T-Modell gehaltenen Produktionsrekord ein.

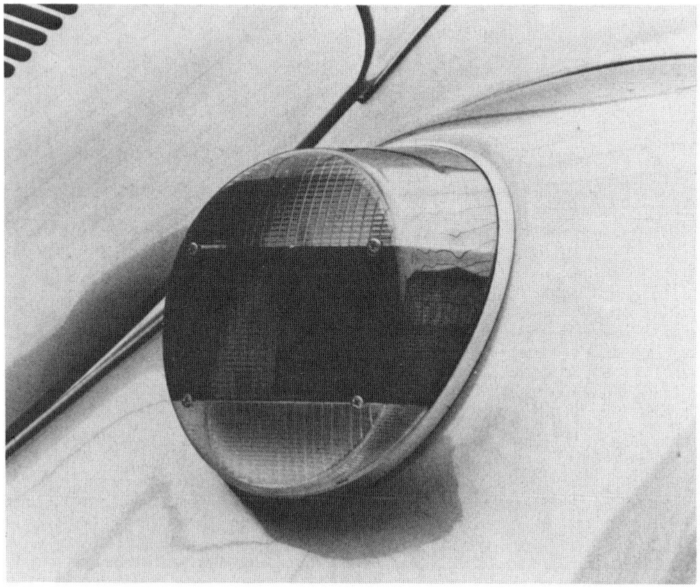

VW 1303: Auf den hinteren Kotflügeln große Dreikammer-Leuchten (»Elefantenfüße«).

Entriegelungshebel für vordere Haube im Handschuhkasten.

Trockenluftfilter mit Papiereinsatz.

Stahlschiebedach serienmäßig mit einem Windabweiser.
Auf den offiziellen VW-Fotos befindet sich zwar auf der Fronthaube das VW-Zeichen, der 1303 geht damit aber nicht in die Serie.

Dreibeinsitze. Sitzverstellung auf dem Mitteltunnel.

Phantomdarstellung vom 1303 Käfer.

1972 Die wichtigsten Änderungen

Motor/Kupplung/Heizung

Baujahr	Fahrgestell-Nr.	Aggregate-Nr.	Änderung
10. 1. 72	1122429477	–	Führungsrohr für Vergaserzug: Neu: Führungsende mit Dichtstopfen abgedichtet.
24. 3. 72	1122670583 (1200)	–	Kupplungsausrücklager: Neu: Zentrisch geführtes Kugelausrücklager. Bisher: Graphitausrückring.
16. 6. 72	1122927493	AB 633668	Deckblech für Riemenscheibe: Neu: Entfallen.
	1122929313	AE 902742	
	1122929558	AD 530106	
20. 6. 72	1122933968	AG 009343	Ölsiebdeckel: Neu: Ablaßschraube und Dichtring entfallen.
27. 6. 72	1122957000	AF 000764	
	1122939405	AC 005994	
	1122943471	AE 898985	
28. 6. 72	1122944804	AB 632352	
29. 6. 72	1122947386	AD 530013	
3. 7. 72	1122952726	AH 005321	
5. 7. 72	1122957069	D 0977392	
1. 8. 72	1132071860	D 0993590	Kipphebel: Neu: Wie 1,3 l- und 1,6 l-Motoren.
1. 8. 72	1132000002	AB 699001	Kurbelgehäuseentlüftung: Neu: An Öleinfüllung Entlüftungsrohr nach unten mit Gummiventil entfallen.
	1132000019	AC 006001	
	1132000024	AH 020001	
	1132000003	AD 598001	
	1832000010	AG 011001	
	1132000020	AF 000801	
	1132000011	AE 917264	
	1132000003	AD 598001	Kupplung: Neu: Membranfederkupplung. Bisher: Tellerfederkupplung.
	1832000010	AG 011001	
	1132000011	AE 917264	
	1132000012	AH 005900	
	1132000020	AF 000801	
21. 8. 72	1132095992	D 0992261	Kolben: Neu: Kalottenkolben mit Verdichtung 7,3:1. Bisher: Flachkolben mit Verdichtung 7,0:1.
1. 9. 72	2132014587	AD 626466	Stiftschraube für Zylinderkopfbefestigung: Neu: M 8 (Dehnschraube) mit Gewindehülse. Bisher: M 10 (Starrschraube).
7. 9. 72	2132014914	AF 032871	
5. 12. 72	1132376816	AD 719066	
6. 12. 72	1132382821	AK 041902	
11. 12. 72	1132382872	AH 037887	
12. 12. 72	1132390253 (M 9)	AH 053012	
10. 11. 72	1132302030	AB 785890	Auslaßventil: Neu: Ölabweisring entfallen.
	1132302031	AH 033862	
	1132304614	AK 023475	

Baujahr	Fahrgestell-Nr.	Aggregate-Nr.	Änderung
Kraftstoffanlage			
1. 3. 72 7. 3. 72 8. 3. 72 13. 3. 72	1122581695 1122639727 1122644302 1122639728	AB0 530 394 AE0 793 575 AD0 468 330 AH0 004 174	Kraftstoffpumpe mit Blechgehäuse: Neu: Mit eingebautem Absperrventil, Pumpendruck einheitlich 3 m Ws. Bisher: Kraftstoffpumpe und Absperrventil getrennt.
6. 3. 72 7. 4. 72	1122636632 1122688723 (M 157)	– –	Temperaturregler für Luftfilter: Neu: Doppelregler. Bisher: Einfachregler.
4. 5. 72	1122818748	–	Aktivkohlefilteranlage: Neu: Verbindungsleitungen aus Polyamid 11 bzw. 12 mm ∅. Bisher: Metall Mecano-Bundy-Rohre.
25. 9. 72	1132196230	AB 747 704	Vergaser 31 PICT-4: Neu: Thermostat für Beschleunigungspumpe. Luftfilter: Neu: Trockenluftfilter mit Papiereinsatz. Bisher: Ölbadluftfilter.
23. 11. 72 25. 11. 72 6. 12. 72	1132362151 1132366280 1132380890	AK 033 542 AH 052 152 AB 801 823	Schwimmer für Vergaser 30 PICT-3: Neu: Aus Schaumstoff. Bisher: Hohlkörper.
Vorderachse/Lenkung			
23. 2. 72	1122509832 (1302)	–	Lenkanschlag – Verlegung: Neu: Anschlag am Aufbau (Lenkgetriebe). Bisher: Am Lagerbock für Hilfslenker.
1. 8. 72	1132075826 (1200)	–	Trag- und Führungsgelenke: Neu: Verschlußstopfen, Schmierbohrungen und Gewindelöcher entfallen.
Hinterachse/Getriebe			
27. 4. 72	1122767602	–	Gelenkschutzhülle für Gleichlaufgelenk: Neu: Gelenkschutzhülle in Schutzkappe eingewalzt. Bisher: Mit Schlauchbinder befestigt.
30. 6. 72	1122857574	BG0 481 384	Temperatur-Warneinrichtung: Neu: Ohne Temperaturschalter. Bisher: Mit Schalter.
7. 11. 72	1132297984	A. 02 112	Übersetzungsverhältnis 1. und R.-Gang: Neu: 1. Gang 3,78, R.-Gang 3,79. Bisher: 1. Gang 3,80, R.-Gang 3,80.
7. 11. 72	1132297983 (1300) 1132300195 (1200)	AM 02 112 AB 02 112	4. Gang-Übersetzung: Neu: 0,931. Bisher: 0,883.
Bremsen/Räder/Reifen			
24. 1. 72 1. 2. 72 4. 2. 72	1122471100 (WOB). 1522363628 1122497034 Emden	– – –	Scheibenrad (außer 14, 147, 181): Neu: 4½ J×15 (34 mm Einpreßtiefe) nur in Verbindung mit M 170 und USA-Serie. Bisher: 4 J×15 (40 mm Einpreßtiefe).

Baujahr	Fahrgestell-Nr.	Aggregate-Nr.	Änderung
			Reifen (außer 14, 147, 181): Neu: 6,00×15 (M 170 und USA-Serie). Bisher: 5,60× 15.
15. 5. 72 9. 6. 72	112 2 837 179 (Teves) 112 2 923 294 (Schäfer)	– –	Hauptbremszylinder: Neu: Ohne Vordruckventile.
21. 6. 72 3. 8. 72	112 2 931 906 133 2 096 865	– – –	Scheibenrad: Neu: Mittenzentrierung. Bisher: Kalottenzentrierung (Radschrauben).
1. 8. 72	113 2 000 020	–	Hinterradbremse (M 86): Neu: Selbstnachstellende Trommelbremse.
3. 8. 72	143 2 096 866	–	Reifen: Neu: 6.00 – 15 L 4 PR. Bisher: 5.60 S – 15 4 PR. Scheibenrad: Neu: 4½ J×15. Bisher: 4 J×15.
Rahmen			
10. 1. 72	142 2 249 984 (147)	–	Kupplungsfußhebel: Neu: Mit Anschlag.
10. 1. 72	112 2 429 477	–	Führungsrohr für Vergaserzug: Neu: Führungsrohrende mit Dichtstopfen abgedichtet.
8. 2. 72	112 2 540 929	–	Kraftstoffleitung: Neu: Austritt auf die rechte Seite des Rahmenkopfes verlegt. Bisher: Austritt oben.
1. 8. 72	113 2 000 001 (außer 147)	–	Schalthebel: Neu: Ausschnitt im Rahmen 40 mm zurückverlegt. Schaltstange entsprechend gekürzt.
21. 11. 72	113 2 360 845	–	Bremsseil: Neu: 12 Drahtlitzen. Bisher: 19.
Aufbau			
26. 1. 72 28. 1. 72	152 2 363 626 (außer USA) 142 2 363 608 (außer USA)	– –	Verdeckbezug: Neu: Farbe texasbraun
13. 6. 72	112 2 875 100	–	Dachbezug: Neu: Durchgehend von Windschutz- bis Rückblickscheibe. Bisher: Nur bis Rückblickfensterrahmen.
1. 8. 72 16. 8. 72	113 2 031 720 (Emden) 113 2 099 856 (WOB)	– –	Warmluftschlauch zwischen Wärmetauscher und Aufbau: Neu: Geräuschdämpfer. Bisher: Metallgliederschlauch.
1. 8. 72	133 2 000 004 153 2 000 008	– –	Neu: VW 1303 (Modelländerung z. B. neuer Vorderwagen, geänderte Innenausstattung). Bisher: VW 1302.
	113 2 000 001 (113/117) (117/118) (133, 135/136)	–	Lackierung: Neu: Biscayablau, maya-metallic, alaska-metallic, marathon-metallic. Weiterhin gültig: Leuchtorange, sumatragrün, türkis-metallic. Entfallen: Pastellweiß, marinablau, kansasbeige, kasanrot, enzianblau, silber-metallic, colorado-metallic, gemini-metallic.

Baujahr	Fahrgestell-Nr.	Aggregate-Nr.	Änderung
	(141-144)	–	Neu: Sonnengelb, phoenixrot, olympiablau, sambesigrün, ravennagrün, marathon-metallic, alaska-metallic, saturngelb-metallic. Weiterhin gültig: Hellelfenbein, saturngelb, signalorange, bahiarot.
	(147)	–	Weiterhin gültig: Neptunblau, lichtgrau.
	113 2 000 001	–	Sitze vorn: Neu: Dreibeinsitz.
	(151/152)	–	Neu: Sonnengelb, phoenixrot, olympiablau, sambesigrün, ravennagrün, marathon-metallic, alaska-metallic, saturngelb-metallic. Weiterhin gültig: Hellelfenbein, saturngelb, signalorange, bahiarot. Entfallen: Pastellweiß, marinablau, kansasbeige.
Elektrische Anlage			
1. 8. 72	133 2 000 004 (1303)	–	Scheibenwischeranlage: Neu: Den geänderten Einbauverhältnissen angepaßt. Schalttafel: Neu: Einsatz mit Kippschaltern und Kontrollgeräten. Bisher: Zug- und Drehschalter einzeln angeordnet. Batterie: Neu: Um 180° gedreht. Dadurch Masseband auf 170 mm gekürzt. Bisher: 300 mm lang.
	113 2 000 011	–	Warnlichtschalter (USA): Neu: Kontrollampe als Beleuchtungslampe geschaltet.
	133 2000 004	–	Sicherungsdose: Neu: Geändert und oberhalb des Rahmentunnels an Gepäckwanne befestigt (1303). Bisher: Links neben der Lenksäule.
	133 2 000 004 113 2 000 024 (1300 nur USA)	–	Brems-Blink-Schlußleuchte: Neu: Form geändert (rund). Bisher: Oval.
	133 2 000 011	–	Sealed-Beam-Scheinwerfer: Neu: Fernlicht 60 Watt, Abblendlicht 50 Watt. Bisher: 50 und 40 Watt.
11. 9. 72	143 2 012 747 (141-144)	–	Batterie 36 Ah und 45 Ah: Neu: Mit Schutzdeckel.
4. 12. 72	113 2 380 035	–	Zweikreisbremskontroll-Leuchte: Neu: Mit 4 Leitungsanschlüssen. Bisher: Mit 5 Anschlüssen.

1973

Die Käfer werden in diesem Jahr äußerlich unverändert angeboten, allerdings gibt es einige Modell-Variationen.

VW 1200: Der Sparkäfer erfährt die erste große Veränderung seit 1967. Er trägt jetzt die großen, runden Heckleuchten des VW 1303 und ist mit schwarz lackierten und silbern abgesetzten Stoßfängern ausgerüstet, die in der Form den Stoßfängern der 1303-Käfer entsprechen. Dadurch entfallen die Ziergitter in beiden Kotflügeln. Der 1200/34 PS-Motor bleibt unverändert.

VW 1200 L: Die L-Version gibt es serienmäßig mit verchromten Stoßfängern, Zierstreifen und geräuschdämpfender Innenauskleidung. Außerdem: Zwangsentlüftung im Heck (ohne Gebläse). Hutablage. Zweistufenschaltung und automatische Rückstellung der Scheibenwischer. Rückfahrleuchten. Fahrersonnenblende schwenkbar. Türverkleidung links mit Armlehne und Tasche. Wahlweise kann sie mit dem 34- oder 44 PS-Motor geordert werden.

VW 1303: Dieser Käfer wird als normaler 1303 mit 44 PS-Motor geliefert. Als 1303 L bekommt er ein zusätzliches Komfort-Paket, als 1303 S den 50 PS-Motor und als 1303 LS zusätzlich ein L-Paket. Das viersitzige Cabrio ist nur in der LS-Version mit 50 PS zu haben.

VW 1303 A: Als preisgünstiger Ableger des Großraum-Käfers ist praktisch ein zusätzlicher Sparkäfer entstanden. Er hat zwar die Karosserie mit vorgezogener Frontscheibe, Federbein-Vorderachse und großem Bug-Kofferraum sowie Schräglenker-Hinterachse, wird aber in der Bundesrepublik Deutschland nur mit dem kleinen 34 PS-Motor angeboten. Die Schlicht-Ausstattung mit schwarzen Stoßfängern und einfacher Innenausstattung entspricht der des Sparkäfers.

Alle Käfer mit Federbein-Vorderachse erhalten den spurkorrigierenden Lenkrollradius. Er bewirkt eine automatisch einsetzende Stabilisierung der Fahrtrichtung in kritischen Fahrsituationen.

Ab 1300 ccm sind die Motoren mit einer Drehstrom-Lichtmaschine ausgerüstet und haben neue, dehnungsfeste Zylinderköpfe und haltbarere Schalldämpfer.

Alle Käfer einschließlich der Karmann Ghia-Modelle werden mit neuen Felgen ausgerüstet, die eine Einpreßtiefe von 41 mm haben.

Die Käfer für die USA erhalten verstärkte Stoßstangen, die zusätzlich mit zwei Teleskop-Stoßdämpfern ausgerüstet sind. Damit wird die US-Forderung erfüllt, daß sie einen Zusammenstoß mit mindestens 8 km/h ohne bleibende Verformung überstehen müssen.

VW bringt im Januar den »**Gelb-schwarzen Renner**« in einer Sonderserie (3500 Stück) auf den Markt. Der Käfer fällt durch eine gelb-schwarze Lackierung (schwarze Hauben) auf. Basis ist der VW 1303 S mit 50 PS. Zusätzlich sind: Sportlederlenkrad, Sportsitze, Stahlfelgen in der Größe 5½ J × 15, 175/70 HR 15-Reifen. Preis 7650 DM.

Im September bietet das Volkswagenwerk drei weitere Käfer-Sondermodelle an: **Jeans-Käfer 1200/34 PS:** Sonderlackierung in Tunisgelb. Klebestreifen auf Türen und hinterem Deckel mit Bezeichnung »Jeans«. Sitzbezüge aus Jeans-Stoff mit farbigen Steppstreifen und Nietentasche an den Rücklehnen. Schwarze Zierteile, Sicherheitsgurte, Radio Ludwigshafen (MW/UKW). Sportfelgen 4½ J×15. Kraftstoffvorratsanzeiger, beheizbare Heckscheibe, Beifahrerhaltegriff, Kleiderhaken, abblendbarer Innenspiegel, Beifahrersonnenblende, 12 Volt-Anlage. Preis 5995 DM.

City-Käfer 1303/44 PS: Sonderlackierung in Ibizarot, Ischia-metallic oder Ontario-metallic. Klebestreifen auf Türen mit Bezeichnung »1303 City«. Sitzbezüge mit breit durchgewebtem, der Außenlackierung angepaßten Farbstreifen, Schlingenflor-Teppich. Sicherheitsgurte mit Aufrollautomatik, Radio (KW/MW/LW/UKW), kunststoffumschäumtes Lenkrad. Sportfelgen 4½ J×15. Motorraumdeckelschloß, beheizbare Heckscheibe, Stoßfängergummileiste, abblendbarer Innenspiegel, Rückfahrleuchten. Preis: 7440 DM.

Big-Käfer 1303 S/50 PS: Sonderlackierung in Hellas-mettallic, Ontario-metallic oder Moon-metallic. Klebestreifen auf Türen mit Bezeichnung »1303 Big«. Sitzbezüge in großstreifigem Cord, Schlingenflor-Teppich. Sicherheitsgurte mit Aufrollautomatik, Holzfolie an Armaturentafel, kunststoffumschäumtes Lenkrad, gestylter Schalthebelknopf. Sportfelgen 5½ J×15 mit Stahlgürtelreifen. Motorraumdeckelschloß, beheizbare Heckscheibe, Stoßfängergummileiste, abblendbarer Innenspiegel, Rückfahrleuchten. Preis: 7670 DM.

Preise August 1973

Modell	**DM**
VW 1200 (34 PS)	5650.–
VW 1303 A (34 PS)	6640.–
VW 1303 (44 PS)	6990.–
VW 1303 S (50 PS)	7220.–
VW 1303 LS (50 PS) Cabrio	9690.–
Karmann Ghia (50 PS) Coupé	9785.–
Karmann Ghia (50 PS) Cabrio	10780.–
Aufpreis für L-Ausstattung	
VW 1200/1303 A:	300.–
1303 und 1303 S:	265.–

Daten und Fakten

1973	Februar	Zwischen der nigerianischen Regierung und Vertretern des Volkswagenwerks wird ein Vertrag zur Gründung der Volkswagen of Nigeria Ltd. unterzeichnet. Noch im selben Jahr beginnt man, 18 km von der Hauptstadt Lagos entfernt, mit dem Bau des Zweigwerks. Hier sollen Fahrzeuge für den nigerianischen Markt montiert werden.
	Mai	Vorstellung des Mittelklassewagens PASSAT mit neuer Konzeption (Frontantrieb, wassergekühlter Vierzylinder Reihenmotor mit obenliegender Nockenwelle, negativer Lenkrollradius, selbsttragende Ganzstahl-Karosserie). Motorversionen: 55, 75 und 85 PS.
	Sept.	Der 3,5millionste Transporter wird seit 1950 produziert.

VW 1200: Große Heckleuchten auf entsprechend geänderten Kotflügeln. Schwarz lackierte und silbern abgesetzte Stoßfänger. Durch die höher angesetzten Stoßfänger entfallen in den vorderen Kotflügeln die Ziergitter für das Horn. Deckelschloß hinten aus Kunststoff.

Sondermodell: Gelb-schwarzer Renner. Gelb-schwarze Lackierung, Hauben schwarz. Abschlußblech vorn mit Luftschlitzen vom US-Käfer. Die Schlitze waren im US-Käfer erforderlich für die Klima-Anlage.

Der gelb-schwarze Renner entspricht dem VW 1303 S mit 1,6 l-Motor/50 PS.

Sondermodell: Big-Käfer, 1303 S mit 50 PS-Motor.

Vorderachse mit spurstabilisierendem Lenkrollradius.

Sportliche Ausstattung des »Gelb-schwarzen Renners«: Lederlenkrad, Sportsitze, 51/2 J x 15 Felgen, Reifen 175/70 HR 15.

Motorhaube mit runder Einprägung.

US-Käfer:
Stoßfänger mit zusätzlichen Teleskop-Stoßdämpfern.

1973

Die wichtigsten Änderungen

Motor/Kupplung/Heizung

Baujahr	Fahrgestell-Nr.	Aggregate-Nr.	Änderung
29. 1. 73	1332518621	AD 745528	Zündverteiler: Neu: Einsatz des WB 3 Zündverteilers. (USA-Doppelunterdruckdose entfallen außer Kalifornien).
1. 2. 73	1332525131	AB 830938	
	1332525259 (M 9)	AB 832668	
	1332526160 (M 9)	AD 756892	
15. 3. 73	1132674897	AK 120008	
23. 3. 73	1132690032 (M 9)	AH 090024	
1. 2. 73	1132522922	AD 754870	Keilriemenscheiben – Motor und Lichtmaschine: Neu: Oberfläche verzinkt. Bisher: Schwarz lackiert.
	1132523754	AK 084408	
2. 2. 73	1132525582 (M 9)	AM 061506	
6. 2. 73	1132528475	AB 833834	
7. 2. 73	1132529803	AH 047206	
10. 2. 73	1832539493	AG 011796	
23. 3. 73	1132687765 (M 9)	AB 870513	Saugrohr und Auspufftopf: Neu: Doppelte Vorwärmleitung. Bisher: Einfache Leitung. Neu: Austrittsrohre in der Länge und im Innendurchmesser geändert.
10. 4. 73	1132716004	AB 884491	
2. 5. 73	1132788570	AC 007869	
8. 5. 73	1132797156	D1 085397	Wärmetauscher: Neu: Heizklappenregulierung mit Zugfeder an den Bodenluftführungen. Bisher: Biegefeder an der Hebellagerung.
	1132797411	AK 173444	
	1132800110	AD 864770	
10. 5. 73	1132799853	AB 902207	
	1132798706	AH 089047	
11. 5. 73	1132803570 (M 9)	AH 096157	
12. 7. 73	1132986992	AH 101817	Zündkerzen: Neu: Elektrodenabstand 0,6 mm. Bisher: 0,7 mm.
18. 7. 73	1133018356	D1 114278	
20. 7. 73	1133021306 (M 9)	AH 114026	
1. 8. 73	1142000003	AS 000001	
	1142132421	AS 025502	Zündzeitpunktmessung: Neu: Mit eingebautem Totpunktmarkengeber (Kurbelgehäuse/Schwungrad).
31. 8. 73	1142132876	AR 023056	
	1342134447 (6 Volt)	D1 134996	
	1142135046 (12 Volt)	D1 135566	

Kraftstoffanlage

Baujahr	Fahrgestell-Nr.	Aggregate-Nr.	Änderung
9. 1. 73	1132447948	AD 749931	Schwimmer für Vergaser 30 PICT-3: Neu: Aus Schaumstoff. Bisher: Hohlkörper.
1. 2. 73	1132524670	D 1040002	
1. 3. 73	1132606865	AB 856058	Luftfilter: Neu: Trockenluftfilter mit Kunststoffgehäuse und Papiereinsatz. Bisher: Ölbadluftfilter.
	1132606866	A0 789921	
	1132606867 M 157	AK 113791	
	1132606868 M 240	AC 007758	
	1132606869 M 240	AF 036654	

Baujahr	Fahrgestell-Nr.	Aggregate-Nr.	Änderung
10. 5. 73	133 2 802 561	–	Kraftstoffbehälter: Neu: Mit Durchlauffilter in Kraftstoffleitung. Bisher: Sieb im Behälter. Neu: Ablaßschraube entfallen.
1. 8. 73	114 2 007 917	AR 004 158	Vergaser 31 PICT-4: Neu: Mit auswechselbarem Thermostat. Bisher: Nicht auswechselbar.
11. 9. 73	114 2 147 150	AR 029 783	Vergaser 31 PICT-4: Neu: Beschleunigerpumpe mit Entlüftungsbohrung. Bisher: Ohne.
13. 9. 73	114 2 039 385 (Emden)	–	Aktivkohle-Behälter: Neu: Aus Kunststoff. Bisher: Blech.
Vorderachse/Lenkung			
22. 1. 73 12. 2. 73	113 2 509 096 (WOB) 113 2 554 359 (Emden)	– –	Gelenkwelle für Lenkung: Neu: Untere Gelenkschutzhülle entfallen.
19. 10. 73	114 2 248 672	3 925 714	Traggelenk: Neu: Schmierbohrung und Verschlußstopfen entfallen.
Hinterachse/Getriebe			
11. 1. 73	113 2 452 529	–	Wählautomatik: Neu: Mit Parksperre.
Bremsen/Räder/Reifen			
7. 2. 73	113 2 532 652	–	Selbstnachstellende Trommelbremse (M 86): Neu: 2 Federteller an Sekundärbacke. Bisher: 1 Federteller.
7. 2. 73	113 2 529 939	–	Tandemhauptbremszylinder: Neu: Ein Bremslichtschalter. Bisher: Zwei.
Aufbau			
28. 2. 73	133 2 623 539	–	Frischluftregulierung – VW 1303. Neu: Befestigung mit Hohlschraube direkt an Schalttafel. Bisher: Mit Sechskantschrauben auf Befestigungswinkel der Schalttafel.
5. 3. 73	153 2 541 768	–	Rückblickfensterscheibe: Neu: Scheibe um 30 mm nach oben verlegt.
1. 8. 73	114 2 000 001 (111/112) (115/116)	– –	Lackierung: Neu: Atlasweiß, senegalrot, saharabeige. Weiterhin gültig: Marinablau, leuchtorange. Entfallen: Pastellweiß, texasgelb.
	(113/114, 133) (135/136)	– –	Neu: Atlasweiß, senegalrot, saharabeige, marinablau, tropengrün, rallyegelb, cliffgrün, hellas-metallic, moos-metallic. Weiterhin gültig: Leuchtorange, marathon-metallic, alaska-metallic. Entfallen: Biscayablau, sumatragrün, türkis-metallic.

Baujahr	Fahrgestell-Nr.	Aggregate-Nr.	Änderung
	(141-144) (151/152)	–	Weiterhin gültig: Hellelfenbein, bahiarot, signalorange, saturngelb, olympialbau, phoenixrot, sonnengelb, sambesigrün, ravennagrün, saturngelb-metallic, alaska-metallic, marathon-metallic.
1. 8. 73	134 2 000 005 (1303) (15)	–	Frischbelüftung: Neu: Frisch-/Warmluft-Ausströmdüsen links und rechts unter der Windschutzscheibe. Bisher: Breitbandbelüftung. Handschuhkastenklappe: Neu: Tastenschloß. Bisher: Drehverschluß.
	(nur USA)		Stoßfänger vorn und hinten: Neu: Verstärkte Stoßfänger mit zusätzlichen Dämpferelementen.
	114 2 000 001 (außer Typ 181)	–	Dreipunkt-Sicherheitsgurte (nur Inland): Neu: Serienmäßig. Neu: Beckengurt.
	114 2 000 001	–	Deckblech für Unterholm: Neu: Verstärkung im Bereich Wagenheberaufnahme.
24. 9. 73	114 2 165 704	–	Dreibeinsitz: Neu: Verriegelung der vorgeklappten Lehne entfallen.
1. 12. 73	114 2 357 000	–	Sicherheitsgurt mit Aufrollautomat: Neu: Gurtbandführung.

Elektrische Anlage

Baujahr	Fahrgestell-Nr.	Aggregate-Nr.	Änderung
4. 1. 73 1. 8. 73	133 2 445 273 (USA) 114 2 000 001	– –	Generator: Neu: Drehstromgenerator mit Spannungsregler. Bisher: Gleichstromlichtmaschine mit Reglerschalter.
24. 9. 73	114 2 153 057	–	Scheinwerfer: Neu: Reflektor und Streuscheibe geklebt. Bisher: Einzelteile.
4. 4. 73	113 2 706 420	–	Bremslichtschalter: Neu: Schalter für zweiten Bremskreis entfallen.
20. 11. 73 22. 11. 73	144 2 289 990 144 2 290 456 144 2 284 248 144 2 287 868 134 2 343 700	D1 180 130 AR 066 102 AH 233 684 AH 177 920 (M 9) AS 085 132	Riemenscheibe auf Lichtmaschine: Neu: Hintere Hälfte ohne Mitnehmerlappen. Formloch im Nabenbereich. Bisher: Mit Mitnehmerlappen. Rundloch im Nabenbereich.

1974

Das Käferangebot wird gestrafft und gleichzeitig ein Erkennungsmerkmal für den neuen Jahrgang eingeführt: Die vorderen Blinkleuchten sind bei allen Käfer-Modellen in den Stoßfängern integriert, in die Kennzeichenleuchte sind Sicken eingeprägt.
Um den Katalysator für die US-Version unterbringen zu können, wird das Abschlußblech über dem Motor gewölbt ausgebildet.
Die Schalldämpferrohre sind schwarz (bisher verchromt).
Die US-Modelle sind mit einem Einspritzmotor, Abgaspumpe und Katalysator für den Betrieb mit bleifreiem Benzin ausgestattet. Der Auspufftopf dieser Modelle hat nur ein Endrohr. Die vorderen Blinker verbleiben auf den Kotflügeln.
VW 1200: Aus Kostengründen wird die Ausstattung abgemagert. Die Radkappen fallen weg. Dafür werden Kunststoffkappen auf Radnaben und Radmuttern gesetzt. Der Handschuhkastendeckel entfällt, stattdessen bekommt der Ausschnitt einen Kunststoffrahmen. Die Fahrersonnenblende sowie Tür- und Seitenverkleidung werden leicht geändert.
Wer den Sparkäfer besser ausgestattet wünscht, kann das L-Paket mitbestellen. Es umfaßt eine zusätzliche Geräuschdämpfung, Zierrahmen an den Fenstern und ein verschließbares Ablagefach. Außerdem: Verchromte Stoßfänger, gepolsterte Armaturentafel und Zwangsbelüftung, allerdings nicht mit zusätzlichen Lufteinlässen in der vorderen Haube und in der Armaturentafel.
Um den Kraftaufwand beim Treten der Kupplung zu verringern, wird das Kupplungsseil anders geführt. Ein elektronischer Spannungsregler für die Lichtmaschine löst den mechanischen ab.
Wahlweise kann der 1200er mit 34- oder 44 PS-Maschine geordert werden.

Alle Käfer mit großem Vorderwagen werden künftig nur noch unter der Bezeichnung 1303 geführt. Jeglicher »L«- und »S«-Zusatz wird von den Schriftzügen am Wagenheck verbannt. Aufgrund der neuen Zahnstangenlenkung entfällt bei diesem Modell der Lenkungsdämpfer.
Den 1303 gibt es wahlweise mit 34, 44 oder 50 PS und mit »L«-Ausstattung. Das viersitzige Cabrio wird nur mit der 1,6 Liter-50-PS-Maschine ausgeliefert.
Die Produktion des Karmann Ghia wird eingestellt. In der Zeit von 1955 bis 1974 wurden von dem Coupe 362 000 Stück produziert. Das Ghia Cabrio wurde 1957 vorgestellt. Insgesamt wurden von diesem Modell 81 000 Stück produziert. Seit März baut Karmann anstelle des Ghia den Scirocco.

Preise August 1974

Modell	**DM**
VW 1200 (34 PS)	6 395.–
VW 1303 (44 PS)	7 995.–
VW 1303 (50 PS)	8 260.–
VW 1303 (50 PS) Cabrio	11 080.–
Karmann Ghia (50 PS) Coupé	9 785.–
Karmann Ghia (50 PS) Cabrio	14 422.–

1974 Feb./März Scirocco, das neue zweitürige, viersitzige Coupé mit großer Heckklappe wird vorgestellt. Der Neuling mit Quermotor wird bei der Firma Karmann gefertigt. Drei Motorversionen werden angeboten: 50, 75 und 85 PS.

Mai Golf – der Kompakt-VW – wird der Presse vorgestellt. Nach Passat und Scirocco ist der Golf das dritte Modell der neuen Produktgeneration. Es gibt ihn als Zwei- und Viertürer, beide mit Heckklappe. Ein 50 PS- und ein 70 PS-Motor (Normalbenzin) stehen zur Auswahl.

1. 7. Um 11.19 Uhr läuft im Stammwerk Wolfsburg der letzte Käfer vom Band. In Wolfsburg wurden seit 1945 insgesamt 11 916 519 Fahrzeuge dieses Typs gebaut. Jetzt wird der Wagen ausschließlich in den Werken Hannover, Emden und Brüssel gebaut. Den Platz auf den Bändern nehmen Golf und später der Audi 50 ein. Käfer-Karossen und andere -Teile werden nach wie vor in Wolfsburg hergestellt.

Daten und Fakten

Juli Der VW 412 wird nach sechsjähriger Produktionszeit eingestellt; der VW K 70 wird weiterhin mit zwei Motor-Versionen (75 und 100 PS) angeboten.

1,5 Millionen Käfer hat VW do Brasil seit dem 7. Januar 1959 hergestellt.

Sept. Präsentation des Audi 50, jüngstes Modell des VW-Konzerns. Den 5-sitzigen Kompaktwagen mit nur 3,49 m Gesamtlänge gibt es in zwei Versionen: Audi 50 LS mit 50 PS, Audi 50 GL mit 60 PS-Motor.

4. 10. Im Werk Emden läuft der 18 000 000ste Käfer vom Band. Das am meisten und am längsten gebaute Fahrzeug in der Automobilgeschichte wird weltweit mit einer Tagesproduktion von 2600 Wagen hergestellt.

6. 11. Hans Birnbaum, Vorsitzender des Vorstandes der Salzgitter AG, wird vom Aufsichtsrat zum Aufsichtsratsvorsitzenden gewählt.

Gewölbtes Abschlußblech. Schalldämpferrohre schwarz, bisher verchromt.

Die vorderen Blinker sind im Stoßfänger integriert.

VW 1200: Radkappen entfallen. Dafür Kunststoffkappen auf den Radnaben und Radschrauben.

Für die USA und Japan: 1,6 Liter-Motor/50 PS mit Einspritzanlage.

1974

Die wichtigsten Änderungen

Baujahr	Fahrgestell-Nr.	Aggregate-Nr.	Änderung
Motor/Kupplung/Heizung			
11. 2. 74	184 2 541 476	AL 005 039 AM 011 798	Motor für Mehrzweckwagen: Neu: Mit Wärmetauscher wie Typ 1. Bisher: Ohne.
12. 6. 74	114 2 802 587	D1 271 798	Zündverteiler – 34 PS: Neu: Kombinierte Fliehkraft und Unterdruckverstellung. Bisher: Nur Unterdruckverstellung.
Vorderachse/Lenkung			
29. 1. 74	114 2 487 143	–	Stabilisator-Befestigung am Rahmen-Unterteil: Neu: Aufgeschweißte Vierkantmuttern. Bisher: Gewindehülsen.
1. 8. 74	135 2 000 001	–	Lenkung: Neu: Zahnstangenlenkgetriebe. Bisher: Rollenlenkgetriebe.
Hinterachse/Getriebe			
12. 12. 74	115 2 142 154	–	Lagerdeckel/Federstrebe (Pendelachse): Neu: Lagerdeckel hat ausgeprägte Konturen erhalten.
Aufbau			
19. 2. 74	114 2 509 962	–	Wasserablaufschlauch Stahlkurbeldach hinten: Neu: Schlauch endet seitlich im Motorraum. Bisher: Schlauch endet im Seitenteil hinten oberhalb Trittbrett.
11. 4. 74	114 2 683 124	–	Lehne – Vordersitz: Neu: Lehne wie Passat.
1. 8. 74	115 2 000 001 außer USA Kanada und Japan	–	Stoßfänger vorn: Neu: Stoßfänger geändert mit Aufnahmen für Blinkleuchten.
	außer 1200/1200 l	–	Stoßfänger vorn und hinten: Neu: Stoßfängerträger verstärkt mit Langloch zur Aufnahme eines Abschleppseiles. Bisher: Abschleppösen. Abschlußblech über dem Motor gewölbt, geriffelte Kennzeichenleuchte.
1. 8. 74	115 2 000 001	111, 112 115, 116	VW 1200: Neu: Ceylonbeige, marinogelb, miamiblau, lofotengrün. Weiterhin gültig: Senegalrot, atlasweiß. Entfallen: Saharabeige, marinoblau, leuchtorange.
		113/114,133 135/136	VW 1200 L und VW 1303: Neu: Schwarz, ceylonbeige, marinogelb, phoenixrot, miamiblau, lofotengrün, ancona-metallic, vipergrün-metallic. Weiterhin gültig: Atlasweiß, senegalrot, rallyegelb, cliffgrün, hellas-metallic, marathon-metallic. Entfallen: Saharabeige,

Baujahr	Fahrgestell-Nr.	Aggregate-Nr.	Änderung
			marinablau, tropengrün, moos-metallic, alaska-metallic.
		151/152	Neu: Schwarz, berbergelb, nepalorange, ibizarot, malagarot, lagunenblau, ancona-metallic, palma-metallic, diamantsilber-metallic. Weiterhin gültig: Hellelfenbein, sonnengelb.
Elektrische Anlage			
21. 1. 74	114 2 458 359	–	Öldruckschalter: Neu: Mit Schutzhülle.
1. 2. 74	114 2 489 588	–	Intervallrelais: Neu: Wisch- und Waschvorgang gleichzeitig.

1975

Der Käfer findet zurück zu seiner alten Form und zu seinem alten Fahrwerk mit Traghebel-Vorderachse und Pendel-Hinterachse. Die Ausführung mit dem langen Vorderwagen (1303) wird nur noch für das Cabrio produziert. Der Sparkäfer bleibt als letzter Überlebender seiner Gattung mit zwei Motorversionen im Programm, und zwar gibt es ihn mit dem bekannten 1200/34 PS- und dem 1600/50 PS-Motor und 12 Volt-Anlage. Zusätzlich wird für den Käfer noch ein M-Paket mit Kraftstoffanzeige, Beifahrer-Sonnenblende, abblendbarem Innenspiegel, Beifahrer-Haltegriff und heizbarer Heckscheibe angeboten. Die L-Ausstattung umfaßt verchromte Stoßfänger mit Gummileisten, verchromte Radkappen, Rückfahrleuchten, Frischbelüftung mit Gebläse und Zwangsbelüftung (Niere im hinteren Seitenteil).

Der VW 1200 L mit 50 PS wird mit einer Ausgleichfeder an der Hinterachse und Scheibenbremsen vorn ausgeliefert. Außerdem hat dieses Modell die Motorhaube vom 1303, also mit Belüftungsschlitzen.

Nach dem Produktionsstop des VW 1303 wird das Custom-Modell für den US-Markt aufgewertet und dem europäischen 1200 L angeglichen: Verchromte Fensterrahmen, bessere Geräuschdämpfung, zweistufiges Gebläse, heizbare Heckscheibe. Technisch bleibt das Modell unverändert: Benzineinspritzung, Abgaspumpe, Katalysator, Schräglenker-Hinterachse, 4 Trommelbremsen.

Preise August 1975

Modell	**DM**
VW 1200 (34 PS)	6995.–
VW 1200 (50 PS)	7920.–
VW 1200 L (50 PS)	8645.–
VW 1303 (50 PS) Cabrio	12130.–

Daten und Fakten

1975	10. 1.	Rudolf Leiding legt auf eigenen Wunsch den Vorsitz im Vorstand der VW AG nieder.
	10. 2.	Toni Schmücker, vom Aufsichtsrat zum Vorsitzenden der VW AG berufen, tritt sein Amt an.
	März	Der Polo wird vorgestellt. Die zweitürige, kompakte Limousine mit großer Heckklappe hat einen wassergekühlten Vierzylinder-Quermotor mit 0,9 l Hubraum und 40 PS Leistung. Der Polo entspricht in Technik und Karosserie dem Audi 50.
		In Lagos wird das neue VW-Montagewerk der Volkswagen of Nigeria Ltd. in Betrieb genommen. 1100 Mitarbeiter werden etwa 60 Fahrzeuge täglich montieren. Das Werk ist ein Gemeinschaftsunternehmen der VW AG und der nigerianischen Regierung.
		Bei der Volkswagen de Mexico wird das 500 000ste Fahrzeug gefertigt. Mit rund 11 000 Mitarbeitern produziert die mexikanische VW-Tochtergesellschaft in Puebla täglich 550 Wagen.
	April	Neben dem bewährten VW-Transporter gibt es jetzt ein neues Nutzfahrzeug, den Lasttransporter »LT«. Er ist ein modernes Großtransportfahrzeug in drei Gewichtsklassen von 1¼ bis 1¾ t. Die neue Modellreihe LT wird im Werk Hannover gebaut.
	Juli	Neue Garantiebestimmungen für alle VW- und Audi-NSU-Modelle: Ohne Kilometerbegrenzung gilt ab 9. Juli 1975 weltweit eine Garantie von einem Jahr. Beim neuen VW LT ist sie auf 50 000 Kilometer Fahrleistung begrenzt.
	Sept.	Vorstellung des Golf GTI auf der IAA Frankfurt. Der GTI (0 auf 100 km/h in 9,0 sec) erreicht eine Höchstgeschwindigkeit von 182 km/h. Der Vierzylinder-Reihenmotor mit mechanischer Einspritzanlage (K-Jetronic) leistet bei einem Hubraum von 1,6 l 110 PS.

Käfer-Limousine (VW 1200) nur noch mit kurzem Vorderwagen. Die bislang farbig abgestimmten Kotflügel-Keder werden nur noch in der Farbe schwarz geliefert.

VW 1200: Neben der Zwangsbelüftung, die der Käfer mit L-Ausstattung schon seit 1973 hat, beinhaltet die L-Ausstattung jetzt auch ein zweistufiges, elektrisches Frischluftgebläse.

1975 Die wichtigsten Änderungen

Motor/Kupplung/Heizung

Baujahr	Fahrgestell-Nr.	Aggregate-Nr.	Änderung
1. 8. 75	116 2 000 001	–	Luftfilter 1,2 l-Motor: Neu: Trockenluftfilter mit Kunststoffgehäuse und Papiereinsatz. Bisher: Ölbadluftfilter. Neu: Thermostatisch gesteuerte Ansaugluftvorwärmung.

Aufbau

Baujahr	Fahrgestell-Nr.	Aggregate-Nr.	Änderung
1. 8. 75	116 2 000 001	VW 1200	Lackierung: Neu: Schwarz, oceanicblau. Weiterhin gültig: Marinogelb, lofotengrün, senegalrot, atlasweiß. Entfallen: Ceylonbeige, miamiblau.
		VW 1200 L	Neu: Oceanciblau, topas-metallic, diamantsilber-metallic. Weiterhin gültig: Schwarz, rallyegelb, marinogelb, phoenixrot, senegalrot, lofotengrün, atlasweiß, vipergrün-metallic.
		VW 1303 Cabriolet	Weiterhin gültig: Schwarz, sonnengelb, hellelfenbein, nepalorange, ibizarot, malagarot, lagunenblau, ancona-metallic, vipergrün-metallic, diamantsilber-metallic. Entfallen: Berbergelb, palma-metallic.
1. 8. 75		–	Kennzeichenleuchte: Neu: Aus Kunststoff, Oberteil geriffelt.

Elektrische Anlage

Baujahr	Fahrgestell-Nr.	Aggregate-Nr.	Änderung
16. 1. 75	115 2 160 733	–	Scheibenwaschanlage: Neu: Wasserbehälter mit Siebeinsatz.
		AF 129 026	Nahentstörte Lichtmaschine (M 613): Neu: Drehstromgenerator. Bisher: Gleichstromgenerator.
26. 2. 75	115 2 174 666	AR 132 638	
14. 10. 75	116 2 043 569	AC 008 644	
		AS 270 694	
1. 8. 75	116 2 000 001	–	VW 1200 Elektrische Anlage: Neu: 12 Volt. Bisher: 6 Volt.

Allgemeine Änderungen

Baujahr	Fahrgestell-Nr.	Aggregate-Nr.	Änderung
31. 7. 75	115 2 266 092	–	Volkswagen Typ 1303: Fertigung eingestellt.
31. 7. 75	115 2 266 092	–	Volkswagen Typ 1: 1,3 l-Motor 44 PS entfallen.

1976

Der Käfer bleibt bis auf das neue Farbprogramm unverändert im Programm. Folgende Modell-Versionen werden angeboten:

Preise April 1976	
Modell	**DM**
VW 1200 (34 PS)	7480.–
VW 1200 L (34 PS)	8010.–
VW 1200 (50 PS)	7940.–
VW 1200 L (50 PS)	8470.–
VW 1303 Cabrio	12735.–

Daten und Fakten

1976	Juni	Jetzt gibt es auch den Scirocco in der GTI-Version mit 110 PS. Beschleunigung in 8,8 sec von 0 auf 100 km/h. Spitzengeschwindigkeit 185 km/h.
	Sept.	Der Golf mit einem 50 PS-Dieselmotor wird der Öffentlichkeit vorgestellt.
	Oktober	Am 27. Oktober läuft im Werk Wolfsburg der 1000000ste Golf vom Band.
		Nach langen Überlegungen und Verhandlungen entschließt sich das Volkswagenwerk, eine Montagestätte in den USA zu errichten. Als Standort wird Westmoreland im Staate Pennsylvania gewählt. Mit einer Belegschaft von 4000 Mitarbeitern beabsichtigt man, hier bereits 1979 eine Jahresproduktion von 200000 Golf zu erreichen.
		Die Volkswagen- und Audi-NSU-Verkaufsorganisation wird im Inland neu geregelt. Statt bisher 80 Volkswagen-Großhändler und 7 Audi-NSU-Vertriebszentren gibt es nunmehr 22 Vertriebszentren, die die 3400 Händler und Werkstätten mit Fahrzeugen des Konzerns, Ersatz- und Zubehörteilen versorgen.
	26. 11.	Der 30000000ste Volkswagen läuft vom Band.

1976

Die wichtigsten Änderungen

Aufbau

Baujahr	Fahrgestell-Nr.	Aggregate-Nr.	Änderung
1. 8. 76	117 2 000 001	VW 1200 1110, 1120	Lackierung: Neu: Riadgelb, dakotabeige, panamabraun, marsrot, miamiblau, manilagrün, baligrün, polarweiß. Weiterhin gültig: Schwarz. Entfallen: Oceanicblau, marinogelb, lofotengrün, senegalrot, atlasweiß.
		VW 1200 L 1111, 1121	Neu: Riadgelb, dakotabeige, panamabraun, marsrot, brokatrot, miamiblau, manilagrün, baligrün, polarweiß, timorbraun-metallic, bronze-metallic, bahamablau-metallic. Weiterhin gültig: Schwarz, viperngrün-metallic, diamantsilber-metallic. Entfallen: Oceanicblau, topas-metallic, rallyegelb, marinogelb, phoenixrot, senegalrot, lofotengrün, atlasweiß.
		VW 1303 Cabriolet 1511, 1521	Neu: Marinogelb, marsrot, riffblau, polarweiß, brasilbraun-metallic, schwarz-metallic. Weiterhin gültig: Schwarz, malagarot, ancona-metallic, viperngrün-metallic, diamantsilber-metallic.

1977

Der Sparkäfer bleibt unverändert im Programm. Wahlweise ist er mit L-Ausstattung und 34 PS- bzw. 50 PS-Motor lieferbar.

Preise April 1977	
Modell	**DM**
VW 1200 (34 PS)	7785.–
VW 1200 L (34 PS)	8335.–
VW 1200 (50 PS)	8265.–
VW 1303 (50 PS) Cabrio	13255.–

Daten und Fakten

1977	März	Mit der neuen Volkswagen-Modell-Generation gelingt es dem Unternehmen im kurzen Zeitraum von nur 4 Jahren ein Programm vorzustellen, mit dem fast jeder Käuferwunsch erfüllt werden kann. Als vorerst letztes Modell dieser Reihe wird im Frühjahr der Derby der Öffentlichkeit vorgestellt. Er wurde aus dem Polo entwikkelt und soll durch seine Form Käufer mit konservativem Geschmack ansprechen.
	Mai	Das Volkswagenwerk ist der größte Auftraggeber der deutschen Bundesbahn. Für die Produktion eingehendes Material sowie fertige Fahrzeuge werden überwiegend von der Bundesbahn befördert. Am 16. Mai verläßt der 100 000ste Zug das Werk Wolfsburg.

Die wichtigsten Änderungen

Aufbau

Baujahr	Fahrgestell-Nr.	Aggregate-Nr.	Änderung
1. 8. 77	118 2 000 001	VW 1200 L	Lackierung. Neu: Alpinweiß, malagarot. Weiterhin gültig: Riadgelb, dakotabeige, panamabraun, marsrot, miamiblau, manilagrün, baligrün, kolibrigrün-metallic. Entfallen: Brokatrot, polarweiß, timorbraun-metallic, bronze-metallic, bahamablau-metallic, viperngrün-metallic, diamantsilber-metallic, schwarz.
		VW 1303 Cabriolet	Neu: Alpinweiß, kolibrigrün-metallic. Weiterhin gültig: Schwarz, marinogelb, marsrot, malagarot, riffblau, brasilbraun-metallic, ancona-metallic, viperngrün-metallic, diamantsilber-metallic. Entfallen: Polarweiß, brokatrot, achatbraun, timorbraun-metallic, bronze-metallic, bahamablau-metallic.

1978

An dem noch bestehenden Käfer-Programm (50 PS-Motor nicht mehr lieferbar) gibt es in diesem Jahr keine Änderungen. Anfang des Jahres wird die Käfer-Produktion in Deutschland (Werk Emden) eingestellt. Aus Mexiko nach Deutschland wird der VW 1200 L 34 PS importiert, und zwar mit Radialreifen, seitlichen Zierleisten, Benzinuhr, heizbarer Heckscheibe, abblendbarem Innenspiegel, Haltegriff beim Beifahrersitz, Automatikgurten und verstellbaren Kopfstützen. Das zweistufige elektrische Frischluftgebläse ist entfallen. Anstelle der Drehstromlichtmaschine kommt eine Gleichstromlichtmaschine zum Einsatz.

Der aus Mexiko stammende Käfer hat eine kleinere Heckscheibe (879×408 mm), die hier in der Zeit von 1965 bis 1971 zum Einsatz kam. Von August 1965 bis Ende 1977 hatte die Heckscheibe die Maße 879×446 mm.

Das Abschlußblech über dem Schalldämpfer ist wieder flach, wie hierzulande bis August 1974. Der Fahrzeughimmel ist bis unter das Heckfenster heruntergezogen.

Die Schalldämpfer-Endrohre sind, wie auch die Zierleisten an den Trittbrettern, wieder verchromt. Der Mexiko-Käfer hat in der Motorhaube Entlüftungsschlitze (bis 7/81), wie sie beim 50-PS-Käfer üblich waren. Preis: 8145 DM, Cabrio 13845 DM.

Daten und Fakten

1978	19. 1.	Der Käfer wird nicht mehr in Europa produziert. Um die noch immer bestehende Nachfrage nach diesem Automobil zu befriedigen, kommt es jetzt per Schiff aus Mexiko.
		Die Lieferung von 10 000 Golf in die DDR findet in der Öffentlichkeit große Beachtung.
	Mai	Der 125 000ste Volkswagen für die Bundespost wird in Bonn an Minister Gscheidle übergeben.
	4. 7.	Die Hauptversammlung der Volkswagenwerk AG beschließt die Erhöhung des Grundkapitals um DM 300 Millionen auf DM 1200 Millionen. Durchführung in der ersten Septemberhälfte als größte Einzelkapitalerhöhung in der Börsengeschichte der Bundesrepublik Deutschland.
	31. 7.	Die 1976 gegründete Volkswagen Manufacturing Corporation of America wird mit der bisherigen Vertriebsgesellschaft Volkswagen of America zur »Volkswagen of America, Inc.«, Warren, fusioniert.
	August	Einführung des PASSAT Diesel. Ein Sechszylinder-Dieselmotor eigener Entwicklung kommt im »LT« zum Einsatz. Erweiterungen dieser Modellreihe um den »LT 40« und »LT 45«.
	20. 11.	Einführung der Volkswagen-Aktie an der Wiener Börse.
	Nov.	Der Iltis, ein Allzweckfahrzeug mit Allradantrieb, wird seit November in Ingolstadt produziert.

Die wichtigsten Änderungen

Baujahr	Fahrgestell-Nr.	Aggregate-Nr.	Änderung
1. 8. 78	119 2 000 001	VW 1200	Lackierung: Neu: Mexicobeige, floridablau. Weiterhin gültig: Marsrot, manilagrün, alpinweiß. Entfallen: Schwarz, riadgelb, dakotabeige, panamabraun, miamiblau, baligrün, bronze-metallic, bahamablau-metallic, viperngrün-metallic, diamantsilber-metallic, kolibrigrün-metallic.
		VW Cabrio	Neu: Lemongelb, floridablau, indianarot-metallic, platin-metallic, riverblau-metallic, perlmetallic. Weiterhin gültig: Schwarz, marsrot, alpinweiß, brasilbraun-metallic, kolibrigrün-metallic, diamantsilber-metallic. Entfallen: Marinogelb, malagarot, riffblau, ancona-metallic, viperngrün-metallic.

Der VW Käfer aus Mexiko; seit Januar nur noch mit L-Ausstattung lieferbar. Allerdings beinhaltet die L-Ausstattung nicht mehr das zweistufige, elektrische Frischluftgebläse.

Im Januar 1978 läuft in Emden die letzte Käfer-Limousine deutscher Produktion vom Band. Das Cabrio wird bei Karmann weiter produziert.

Der Fahrzeughimmel ist bis unter das Heckfenster heruntergezogen.

Schalldämpferrohre wie auch die Zierleisten an den Trittbrettern sind verchromt. In der Motorhaube Entlüftungsschlitze. Das Motor-Abschlußblech ist wieder flach.

1979

Außer neuem Farbprogramm keine Änderungen.
Grundpreis VW 1200 L: 8506.–, Cabrio 14 423.–.

Aufbau

Baujahr	Fahrgestell-Nr.	Aggregate-Nr.	Änderung
1. 8. 79	11 A 0000001	VW 1200	Lackierung: Weiterhin gültig: Lidogrün, Sonderaktion. Silver Bug: Diamantsilber-metallic. Entfallen: Floridablau.
		VW Cabrio	Weiterhin gültig: Lemongelb, marsrot, floridablau, alpinweiß, riverblau-metallic, diamantsilber-metallic, schwarz.

1980

Nach einer Bauzeit von insgesamt 31 Jahren und 332 000 produzierten Käfer-Cabrios wird die Produktion des meistgebauten offenen Autos der Welt am 10. Januar 1980 eingestellt. Das allerallerletzte von Karman produzierte Käfer-Cabrio mit der Fahrgestell-Nummer 152 044 140 steht in der Karmann-Fahrzeugsammlung in Osnabrück. VW 1200 L/34 PS: Es entfällt die Farbe Floridablau, sonst keine Änderungen; Preis 9025 DM.

Am 10. Januar wird die Produktion des Käfer-Cabrios eingestellt.

Armaturenbrett des Mexiko-Käfers mit L-Ausstattung. Das Wolfsburger Wappen ziert noch immer die Prallplatte des Lenkrades. Das Lenkrad ist genarbt.

1981

Am 15. Mai 1981, einem Freitag, läuft der 20millionste Käfer in Puebla/Mexiko vom Band. Aus Anlaß dieses einmaligen Jubiläums kommt das Sondermodell »Silver Bug« auf den Markt.
Der Silver Bug mit 1,2 Liter-Motor und 34 PS ist eine glänzende Erscheinung: Silbermetallic-Lakkierung, schwarze Dekorstreifen und am Heck der Hinweis auf die 20millionste Ausgabe. Der Innenraum ist mit großkariertem Schottenstoff in schwarzweißem Dessin als Sitzbezug und sportlicher Tür- und Seitenverkleidung ausgestattet. Zur zusätzlichen Käfer-Ausstattung zählen auch ein Radio mit UKW/MW-Bereichen sowie eine beheizbare Heckscheibe und Gürtelreifen.
Einige Käfer besitzen anstelle der pneumatischen Waschwasserversorgung einen Scheibenwaschbehälter mit integrierter, elektrischer Waschwasserpumpe.
Der Knopf des Schalthebels trägt die Jubiläumsplakette. Das Sondermodell kostet 9380 DM.
Am 31. Juli 1981 entfallen in der Motorhaube die Luftschlitze, und seit Fahrgestell-Nummer 11-3-02 0000 wird der Käfer nur noch mit einer Windschutzscheibe aus Verbundglas ausgeliefert. Gleichzeitig wird die Zweikreis-Bremskontrollleuchte im Tacho integriert.
Die Bremskontrollampe hat ihren Platz neben dem Tachometer.
Preis: Juni 81: 9435, Dezember 81: 9655 DM.

Daten und Fakten

1981	5. 3.	100 Volkswagen werden erstmals mit Reinmethanol für einen Großversuch in Berlin zugelassen.
	8. 3.	25jähriges Jubiläum des Volkswagenwerks Hannover.
	März	Präsentation des neuen Volkswagen-Scirocco auf dem Genfer Automobilsalon. Die Volkswagen Caminhoes Ltda. beginnt in Brasilien mit der Produktion mittelschwerer Lkw von 11–13 Tonnen zulässigem Gesamtgewicht. Produktionsbeginn des Volkswagen-Diesel-Transporters im Werk Hannover.
	20. 3.	Produktion des 5 000 000sten Austauschmotors im Werk Kassel.
	April	Unterzeichnung eines Vertrags über die Montage von Volkswagen-Käfern in Ägypten. Produktion des 500 000sten Rabbit im Werk Westmoreland der Volkswagen of America.
	15. 5.	Produktionsrekord: der 20 000 000ste Volkswagen-Käfer.
	23. 6.	1 500 000 Volkswagen bei der Karmann GmbH in Osnabrück karossiert.
	26. 8.	Der 5000ste VW-M.A.N.-Lkw verläßt das Werk in Hannover.
	Sept.	Bekanntgabe einer Einigung über den Abschluß eines Kooperationsvertrags zwischen der Volkswagenwerk AG und der Firma Nissan Motor Co., Ltd., Tokio.
	Oktober	Entscheidung über den Bau eines Teilewerks im kanadischen Barrie/Ontario für die Belieferung des US-Markts.
	Nov.	40 000 000 Volkswagen.
	13. 11.	Als Nachfolger von Toni Schmücker wird Dr. Carl H. Hahn als VW-Chef bestimmt.
	14.12.	Der erste bei der Volkswagen Argentina S.A., Buenos Aires, gebaute VW-Transporter läuft vom Band.

Am 15. Mai 1981 läuft in Mexiko (Puebla) der 20millionste Käfer vom Band.

Sondermodell »Silver Bug« aus Anlaß des 20millionsten Käfers.

Silver Bug: Schlüsselanhänger.

Silver Bug: Jubiläumsplakette auf dem Schalthebel.

Silver Bug: Radzierringe.

Seit dem 31. Juli 1981 keine Luftschlitze mehr in der Motorhaube

Bremskontrolleuchte rechts neben dem Tachometer

Waschwasserbehälter mit integrierter, elektrischer Waschwasserpumpe

1981

Die wichtigsten Änderungen

Aufbau

Baujahr	Fahrgestell-Nr.	Aggregate-Nr.	Änderung
1981	11-C-000001		Farben wie seit 1980: Mexikobeige, marsrot, lidogrün, alpinweiß

1982

Seit Mitte Mai wird der Käfer offiziell mit einer elektrischen Waschwasserpumpe ausgestattet. Außerdem wird die Zweikreis-Bremskontrollleuchte, die bislang den Ausfall eines Bremskreises signalisierte, durch eine Flüssigkeitsstandanzeige ersetzt.

Im Frühjahr 1982 wird als Sondermodell der »Jeans Bug« angeboten, und zwar in den Farben alpinweiß oder marsrot. Die Sonderausstattung besteht aus folgenden Accessoires: Dekorstreifen im unteren Bereich der Tür- und Seitenteile mit Aufdruck »Jeans Bug«, Schriftzug auf dem Motordeckel »Jeans Bug«. Stoßfänger vorn und hinten mit silbernem Dekorstreifen. Schwarz sind folgende Teile: Auspuffrohr, Fensterrahmen, Zierleisten, Abdeckringe für Scheinwerfer, Deckel- und Türschlösser, Zierleiste und Trittbrett, Radkappen, Antenne und Außenspiegel. Zur Innenausstattung zählen das Radio »Salzgitter«, Sitzbezüge in Jeansstoff mit Taschen an den Vordersitzen. Tür- und Seitenverkleidung in Kunstleder blau. Schalthebelknopf vom Jetta mit eingelegtem »Jeans«-Schriftzug. Die Kopfstützen sind vorn mit Jeansstoff bezogen. Seitlich an den Sitzlehnen ist ein Lederemblem mit dem Schriftzug »Jeans« aufgenäht. Der »Jeans Bug« wird von dem bewährten 1,2 Liter-Motor mit 34 PS angetrieben und kostet 9995 DM.

Im September des gleichen Jahres folgt ein weiteres Sondermodell, der »Special Bug«. Es gibt ihn in den Farben marsrot oder schwarzmetallic. Folgende Ausstattungen sind schwarz: Auspuffendrohr, Stoßfänger vorn und hinten mit goldenem Dekorstreifen, Zierrahmen und Zierleisten, Rückleuchte mit schwarzem Lampenträger, Abdeckring für Scheinwerfer, Deckel- und Türschlösser, Trittbrettbezug, Radzierringe, Radkappen, Antenne und Außenspiegel. Goldfarben sind: Dekorstreifen oberhalb der Einstiegleiste und unter der Seitenzierleiste. Schriftzug »Special Bug« auf Motordeckel hinten und Kofferraumdeckel vorn. Zur Innenausstattung dieses Sondermodells zählen: Radio »Salzgitter«, Sitzbezüge aus Leder/Stoff, wobei die Mittelbahn ein Schottenkaro in schwarz/gold aufweist. Schalthebelknopf vom Jetta mit eingelegtem Schriftzug »Special Bug«. Die Kopfstützen sind mit schwarzem Stoff bezogen. Der Preis für den mit 34 PS-Motor ausgestatteten »Special Bug« beträgt 10045 DM.

Farben: Samtorange, marsrot, selvasgrün, alpinweiß.

Daten und Fakten

1982	4. 1.	Dr. Carl H. Hahn nimmt seine Arbeit als neuer Vorstandsvorsitzender der Volkswagenwerk AG auf.
	25. 2.	Ablauf des 5000000sten Volkswagen Golf im Werk Wolfsburg.
	8. 6.	Mit der Shanghai Tractor & Automobile Corporation wird ein Probemontage-Vertrag abgeschlossen, der am 29. November in einen Grundlagen-Vertrag für ein Gemeinschaftsunternehmen mit der Shanghai Tractor & Automobile Corporation und der Bank of China Shanghai Branch überführt wird. Ziel ist die Montage von Volkswagen Santana in der Volksrepublik China.
	30. 9.	Mit dem spanischen Automobilhersteller SEAT (Sociedad Española de Automóviles de Turismo S.A.), Barcelona, wird ein Vertrag über Kooperation, Lizenz und technische Unterstützung abgeschlossen.
	8. 11.	Im Werk Wolfsburg läuft der 20000000ste in diesem Werk gebaute Wagen vom Band. Es ist ein Volkswagen Golf Turbo-Diesel.

Fenstereinfassungen, Türgriffe, die Stoßfänger, die Scheinwerfereinfassungen und der Außenspiegel sind beim Jeans-Käfer schwarz.

Schriftzug am hinteren Seitenteil Jeans-Bug.

Auf der Motorhaube der schwarz-rote Schriftzug Jeans-Bug.

An den mit Jeans-Stoff bezogenen Sitzen ein ledernes Jeans-Zeichen.

1983

Der Käfer wird technisch unverändert weiter produziert, allerdings gibt es in diesem Jahr einige Sondermodelle.
Im Frühjahr wird der Aubergine-Käfer mit der 1,2-Liter-Maschine angeboten. Er hat eine Aubergine-metallic-Lackierung, gleichfarbige Felgen und verchromte Radzierringe. An den Seiten sind silberfarbene Dekorstreifen aufgetragen.
Die Sitzbezüge sind auberginefarben und mit Kunstleder kombiniert. Der gleiche Farbton wiederholt sich in den Tür- und Seitenverkleidungen.
Der Aubergine-Käfer ist mit verchromten Stoßfängern bestückt und wird serienmäßig mit dem Radio »Braunschweig« ausgeliefert.
Von dem Aubergine-Käfer werden 1983 in Deutschland 3300 Stück verkauft, der Preis beträgt 9480 Mark.
Neben dem Aubergine-Käfer wird 1983 auch ein Eisblau-metallic-Käfer angeboten, von dem im gleichen Jahr 2000 Stück abgesetzt werden können.
Der 9760 Mark teure Käfer hat schwarz-silberne Dekorstreifen oberhalb der Einstiegleiste und verchromte Radzierringe.
Die Sitzbezüge einschließlich der Kopfstützen sind in blau-grauem Flachgewebe gehalten, während die Gepäckraumauskleidung hinter der Rücksitzbank in graublau ausgekleidet ist. Auch diese Käfer-Extra-Ausgabe ist mit dem Radio »Braunschweig« bestückt.
Das Sondermodell »Alpinweiß« weist neben einem Dekorstreifen in schwarz/silber auch verchromte Radzierringe auf. Die Sitzbezüge sind mit einem blaugrauen Stoff bezogen; das Radio »Braunschweig« gibt es nur als Mehrausstattung.
Der Preis dieses Käfer-Modells beträgt 9480 Mark.
Farbkombination des Serien-Käfers: Marsrot, Alpinweiß, Atlantikblau, Samtorange (bis Juli 83), Selvasgrün. Stoff: schwarz/weiß.

Daten und Fakten

1983	11. 4.	In der Volksrepublik China wird der erste montierte Santana fertiggestellt.
		Um die vielfältigen Anforderungen für intensive Forschung im Automobilbau erfüllen zu können und damit einen wichtigen Beitrag für die Zukunftssicherung des Unternehmens zu leisten, wird ein neues Forschungszentrum mit 9000 m² Büro- und Labornutzflächen sowie 6000 m² Werkstatt- und Prüfstandnutzflächen in Dienst gestellt.
	Juni	Gemeinsam mit dem Produktionsanlauf des neuen Volkswagen Golf, der nach neunjähriger Produktionszeit den Golf der ersten Generation ablöst, wird auch die neue Endmontagehalle 54 in Betrieb genommen. In ihr wird modernste Fertigungstechnologie eingesetzt, die eine Steigerung der Produktivität mit menschengerechter Gestaltung der Arbeitsbedingungen verbindet.
	22. 12.	Der 100000ste neue Volkswagen Golf läuft vom Band.

Aubergine-Käfer mit silberfarbenen Doppel-Dekorstreifen an den Seiten, verchromte Radzierringe.

Eisblau-metallic-Käfer mit schwarz-weißen Dekorstreifen an den Seitenteilen. Verchromte Radzierringe. Stoffbezüge und Kofferraumverkleidung aus blaugrauem Panama-Tweed.

1984

Im Februar dieses Jahres gibt es eine Neuauflage des Sondermodells »Eisblau-metallic« zum Preis von 9990 Mark. Insgesamt werden in 84 von dieser Sonderserie 1800 Stück verkauft.
Im gleichen Monat läuft auch der Verkauf des Sondermodells Sunny Bug zum Stückpreis von 9990 Mark an. Insgesamt stehen 1800 Sunny Bugs zum Verkauf.
Der sonnengelbe Sunny Bug hat auf den Seitenteilen einen schwarz-weißen Dekorstreifen sowie unterhalb der seitlichen Zierleisten. Serienmäßig sind auch verchromte Radzierringe. Die Cordripp-Bezüge haben die Farbe Curry. Wie alle Käfer-Modelle seit 1978 wird auch der Sunny Bug von dem 1,2-Liter-34-PS-Motor angetrieben.
Mit dem Samtroten Käfer, der Mitte 84 angeboten wird, übersteigt der Preis für einen 1200er Käfer im November deutlich die 10000-Mark-Grenze. Der 10525 Mark (im Juli kostet dieser Käfer noch 9990 Mark, im September 10175.–) teure Käfer ist samtrot lackiert und hat blaue Dekorstreifen unterhalb der Seitenzierleisten sowie blaue Dekorstreifen im unteren Seitenbereich. Außerdem zieren Blumen die Seitenteile. Auch der »Samtrote« hat verchromte Zierringe, doch muß das Radio »Braunschweig« als Mehrausstattung geordert werden.
Die Sitzbezüge bestehen aus rotblauem Streifenvelours und mauritiusblauem Kunstleder. Tür- und Seitenverkleidung sind ebenso mit blauem Kunstleder ausgeschlagen. Trotz des kräftig angestiegenen Preises werden 1984 insgesamt 2600 samtrote Käfer verkauft.

Am Serien-Käfer selbst ändert sich bis auf die Bremstrommel nichts. Seit Fahrgestell-Nummer 11 E 011590 hat sie einen verstärkten Außenkranz.
Der Serien-Käfer kostet seit dem 5. 11. 84 10525 Mark und ist in den Farben Marsrot, Atlantikblau, Selvasgrün und Alpinweiß lieferbar.

Daten und Fakten

1984	Januar	Der Öffentlichkeit wird der neue Volkswagen Jetta vorgestellt.
		Auf der Basis des neuen Volkswagen Jetta präsentiert das Volkswagenwerk den IRVW III. Neben hohen Fahrleistungen – bei hoher aktiver Sicherheit – steht bei dieser Studie die Forderung nach deutlich verbessertem Komfort; gleichzeitig werden die vom Gesetzgeber geforderten Sicherheits- und Emissionswerte erfüllt. Als Antrieb dient ein 180-PS-starker wassergekühlter Reihenmotor mit mechanischer Aufladung.

Der Sunny Bug, ein sonnengelber Käfer, hat auf den Seitenteilen schwarz-weiße Dekorstreifen.

Der samtrote Käfer fällt durch sein Blumendekor auf den Seitenteilen auf. Mit einem Preis von 10525 Mark ist er der teuerste serienmäßige 1200er Käfer.

1985/86

Nach über 50 Jahren und mehr als 20 Millionen produzierten VW Käfern ist zumindest in der Bundesrepublik Deutschland das Ende des Käfers absehbar. Am 12. August 1986 kommen die letzten mehr als 3000 Jubiläums-Käfer aus Mexiko in Emden an. Zum Abschied wurde der Käfer, innen und außen herausgeputzt, als Sondermodell angeboten.

Das Jubiläumsmodell hat rundum eine grüne Wärmeschutzverglasung, ist in zinngrau Metallic lackiert und rollt auf sportlich gestylten Felgen und breiteren Reifen in der Dimension 165 SR 15. Speziell für diesen Käfer wurde eine Jubiläumsplakette entwickelt, die auf der Heckklappe wie auch auf der linken Fahrzeugseite angebracht ist. Der letzte Käfer für Deutschland ist mit einem Vierspeichen-Sportlenkrad, dem Radio »Braunschweig« und Stoffsitzbezügen mit schwarzroten Doppelstreifen auf grauem Grund ausgestattet.

Angetrieben wird der Käfer von dem luftgekühlten 1,2 Liter Vierzylinder-Boxermotor mit 34 PS. Mit dieser Leistung ist der Käfer 115 km/h schnell und beschleunigt von 0 auf 100 km/h in 32 Sekunden. Der Kraftstoffverbrauch liegt im Mittel bei knapp unter 10,0 Liter auf 100 Kilometer.

Was mit dem Käfer erreicht wurde, ist so einmalig, daß es sich nicht wiederholen wird. Dieses Fahrzeugmodell hat von der über 100jährigen Geschichte des Automobils 50 Jahre mitgestaltet. In seinen besten Jahren sind vom Käfer jährlich über 1 000 000 Stück produziert worden. Insgesamt sind fast 21 Millionen Käfer in 20 Ländern zusammen geschraubt worden.

Der Käfer war Deutschlands bester Diplomat, man traf ihn praktisch in jedem Land dieser Welt an. Die Liste der 151 Exportländer reicht von Angola bis hin zur Sowjetunion. Allein in die USA wurden zeitweise jährlich über 400 000 Käfer exportiert.

Ende der achtziger Jahre wird der Käfer nur noch in Mexiko produziert. Doch selbst wenn dort die Käfer-Produktion eingestellt werden wird, der Käfer wird immer leben...

Das letzte Käfer-Modell in Deutschland wurde in der Farbe Zinngrau-Metallic angeboten.

Sportlich gestylte Stahlfelgen.

Vierspeichen-Sportlenkrad, Radio »Braunschweig« und Stoffsitzbezüge mit schwarzroten Doppelstreifen.

Viele Käfer-Fans in Deutschland gönnten sich den letzten Käfer zum Preis von 11 950 Mark.

Jubiläumsplakette am Heck und dem linken Seitenteil.

Am 17. Oktober 1985 nehmen über 500 geladene Gäste in Wolfsburg Abschied vom Käfer. VW-Chef Carl Horst Hahn, der über viele Jahre den Käfer als Vertriebschef von Volkswagen begleitet hat, hält die Begrüßungsansprache.

VW 1200: Ausstattung und technische Daten

Außenausstattung
- Metallic-Lackierung
- Grüne Wärmeschutzverglasung
- Verbundglas-Windschutzscheibe
- Verchromte Stoßfänger vorn und hinten
- Verchromte Scheinwerferringe
- Verchromter Außenspiegel
- Deckelgriffe vorn und hinten verchromt, Betätigungsknöpfe schwarz
- Türschloß links und rechts
- Silberne »50 Jahre«-Plakette auf dem vorderen linken Seitenteil und auf der Heckklappe
- Zierleiste auf der Gürtellinie
- Zierleiste am Trittbrett
- Doppelter silberfarbener Dekorstreifen oberhalb des Trittbrettes
- Fensterzierrahmen an Front-, Heck- und Seitenscheiben sowie Zierleiste auf vorderem Deckel
- Reifen der Größe 165 SR 15
- Sportlich gestylte Stahlräder
- Schutzkonservierung für Unterboden und Radhäuser
- Hohlraumkonservierung im unteren Karosseriebereich

Funktionsausstattung
- Beheizbare Heckscheibe
- Rückfahrleuchten
- Zweistufenschaltung und Tipp-Wisch-Kontakt für die Scheibenwischanlage
- Elektrische Scheibenwaschanlage
- Innenleuchte mit Türkontaktschalter auf Fahrerseite
- Kontrolleuchte für Bremskreisausfall
- Regelbare Instrumentenbeleuchtung
- Kraftstoffvorratsanzeige

Innenausstattung
- Radio »Braunschweig«
- Gepolsterte Armaturentafel
- Frischbelüftungsanlage und Zwangsentlüftung
- Ausstellfenster vorn
- Schwarze Fahrer- und Beifahrer-Sonnenblende (Fahrerseite seitlich schwenkbar)
- Stoffsitzbezüge mit grau-roten Streifen in der Sitzmittelbahn
- Vordersitze mit individueller Sitzverstellung und Liegesitzeinrichtung, Sicherheits-Lehnenverriegelung
- Einstellbare Kopfstützen vorn, mit Stoffspiegel und grauem Kunstleder an den Seiten
- Dreipunkt-Automatic-Sicherheitsgurte für die Vordersitze
- Statische Becken-Sicherheitsgurte für die Rücksitzplätze (der Käfer ist als Viersitzer zugelassen)
- Türarmlehnen mit Grifföffnung
- Ablagefach mit Deckel auf der Beifahrerseite
- 4-Speichen-Sportlenkrad
- Abblendbarer Sicherheits-Innenspiegel
- Haltegriff auf der Beifahrerseite
- Zwei Kleiderhaken, zwei Halteschlaufen
- Grauer Himmel
- Graue Tür- und Seitenverkleidung
- Graue Teppichverkleidung des seitlichen Fußraums und des hinteren Gepäckraums
- Rückenlehne der Rücksitzbank zur Vergrößerung des hinteren Gepäckraums umklappbar
- Ascher vorn und hinten

Motor hinten, luftgekühlt, 4-Zylinder, Startautomatik		**25 kW (34 PS)**
Hubraum effektiv/Steuer	cm^3	1192/1184
Verdichtung		7,3:1
Zylinderbohrung/Hub	mm	77,0/64,0
Leistung	kW (PS) bei 1/min	25 (34) 3800
mittl. Kolbengeschwindigkeit	m/s bei 1/min	8,1/3800
max. Drehmoment	Nm bei 1/min	76/1700
Elektrische Anlage		
Batterie	V/A (Ah)	12/175 (36)
Gleichstrom-Generator	A max.	30
Leistungsgewicht (leer)	kg/kW	31,2
Fahrleistungen Schaltgetriebe		4-Gang
Höchstgeschwindigkeit	km/h	115
Beschleunigung 0–80	s	17,0
0–100	s	32,0
Bergsteigfähigkeit	%	38,5/20/11/7
Kraftstoffverbrauch: Schaltgetriebe		4-Gang
Messung nach DIN bei konstanter		
Prüf- von 90 km/h	l/100 km	6,7 N
geschwindigkeit von 120 km/h	l/100 km	–
Stadtzyklus	l/100 km	9,9 N
Bremsen		
Zweikreis-Bremsanlage		×
vorn		Tr.
hinten		Tr.
Typklasse		
Vollkasko		12
Teilkasko		11
Außen-Abmessungen		
Länge	mm	4060
Breite	mm	1550
Höhe	mm	1500
Spurweite	vorn/hinten mm	1308/1349

		1200 L
Radstand	mm	2400
Wendekreis-∅ W	m	11,0
Bodenfreiheit bei zul. Gesamtgewicht	mm	150
Innenraum-Abmessungen		
Einstieg	Breite/Höhe mm	920/1005
Komfortmaß	mm	1745
Sitzraumfläche	m^2	2,1
Ellenbogenbreite vorn	mm	1210
Schulterraumbreite	vorn/mm	1170
	hinten mm	1240
Sitzbreite	vorn/hinten mm	2×535/1325
Beinraumlänge	vorn/mm	1085
Sitzraum	hinten mm	565
Gepäckraum		
VDA-Messung V 10	v./h. l	128/106
Kugelmessung V 990 E 1	v./h. l	140/127
Gepäckraum		
Tiefe	vorn/hinten mm	570/340
Breite	vorn/hinten mm	1000/1000
Höhe	vorn/hinten mm	240/380
Gewichte		
Leergewicht	kg	780
Zuladung	kg	400
zulässiges Gesamtgewicht	kg	1180
Dachlast	kg	50
zulässige Achslast	vorn/hinten kg	490/720
zul. Anhängelast bis 12%	gebr./ungebr. kg	800/400
Bereifung 165 SR 15 Stahlgürtelreifen		×
Radabmessungen		4½J×15
Füllmengen		
Kraftstoffbehälter	Liter	40
Motoröl/Wechsel	Liter	2,5/2,5

Der letzte Käfer.

Kein Auto auf der Welt ist so bekannt wie der Käfer. Er kennt keine Klassenunterschiede, er ist kein Statussymbol. Seit 50 Jahren sieht der Käfer unverkennbar wie ein Käfer aus. Ein halbes Jahrhundert wurde er gebaut, fast 21 millionenmal verkauft. Einsame Weltrekorde in der Geschichte des Automobils.

Jetzt gibt's ein Happy-End. Der Käfer verabschiedet sich von seinem Millionen-Publikum. Mit den letzten 2.400 Exemplaren seiner Art. Exclusiv und sportlich ausgestattet, wie Sie hier selbst nachlesen können.

Zwar verschwindet der Käfer aus unseren Volkswagen-Prospekten und aus dem Schauraum der V.A.G Partner. Aber auf unseren Straßen wird er weiter fahren. Noch ein ganzes Weilchen.

Typ- und Modellbezeichnungen der Käfer-Modelle

Modellbezeichnung 1949

Typ
11 – Standard-Limousine
11 A – Export-Limousine

Modellbezeichnung 1954

VW 1200				
Typ A	Typ B	Bezeichnung	Serie	Amtliche Typen-Bezeichnung
111	112	Standard-Limousine	1,2 l	11
113	114	Export-Limousine	1,2 l	11
115	116	Standard-Limousine mit Sonnendach	1,2 l	11
117	118	Export-Limousine mit Sonnendach	1,2 l	11
141	–	Cabriolet, Zweisitzer (Hebmüller)		14
151	152	Cabriolet, Viersitzer (Karmann)	1,2 l	15

A = Linkslenker, B = Rechtslenker

Modellbezeichnung August 1963

VW 1200			
Links-Lenkung	Rechts-Lenkung	Bezeichnung	Amtliche Typenbezeichnung
111	112	Limousine*)	11
113	114	Limousine-Export	
115	116	Limousine mit Schiebedach*)	
117	118	Limousine-Export mit Stahlkurbeldach	
141	142	Karmann-Ghia-Cabriolet, Zweisitzer	14
143	144	Karmann-Ghia-Coupé	
151	152	Cabriolet, Viersitzer	15

*) mit 30 PS-Motor, bisher Standard-Modell

Modellbezeichnung August 1967

		VW 1200, 1300 und 1500			
Typ A	Typ B	Bezeichnung	Serie	M-Ausstattung	Amtliche Typenbezeichnung
111 115	112 116	VW 1200 VW 1200 mit Stahlkurbeldach	1,2 l	–	11
113 117	114 118	VW 1300 VW 1300 mit Stahlkurbeldach	1,3 l	M 88: 1,2 l	
113 117	114 118	VW 1500 VW 1500 mit Stahlkurbeldach	1,5 l	M 157: 1,5 l mit Abgas-reinigungsanlage	
141 143	142 144	VW 1500 Karmann-Ghia-Cabriolet VW 1500 Karmann-Ghia-Coupé	1,5 l	M 157: 1,5 l mit Abgas-reinigungsanlage	14
147	–	VW Kleinlieferwagen	1,2 l	–	147
151	152	VW 1500 Cabriolet	1,5 l	M 157: 1,5 l mit Abgas-reinigungsanlage	15

A = Linkslenker, B = Rechtslenker, M 157: Nur für USA

Modellbezeichnung 1968

Seit August 1968 werden die Käfer-Modelle und Ausführungen mit einer sechsstelligen Kennzahl erfaßt.
Die einzelnen Ziffern dieser Zahlen bedeuten folgendes:
1. Stelle: = Typ
2. Stelle: = Modell
3. Stelle: = Ausführung
4. Stelle: = Index
5. Stelle: = Motor-Kennzahl
6. Stelle: = Getriebe-Kennzahl

Die Kennzahlen für die Motoren:
1 = 1200 ccm
2 = 1300 ccm
3 = 1500 ccm
4 = 1500 ccm mit Abgasreinigung (M 157)

Die Kennzahlen für die Getriebe:
1 = Viergang-Schaltgetriebe
2 = Wählautomatik

Die Modellbezeichnungen in diesem Jahr:
11 = VW 1200 / VW 1300/1500
14 = VW 1500 Karmann Ghia Cabriolet / Coupé
147 = VW Kleinlieferwagen
15 = VW 1500 Cabriolet

Modellbezeichnung 1972

Die verschiedensten Modelle und Ausführungen des Typ 1 (VW Käfer) werden durch eine sechsstelligen Kennzahl gekennzeichnet.

Beispiel: 135131. Typ 1, Limousine 1303, Linkslenker, L-Ausstattung, 1600 ccm, 50 PS (37 kW), Viergang-Schaltgetriebe.

1 3 5 1 3 1

Getriebe
1 – Viergang-Schaltgetriebe
2 – Wählautomatik

Motor
1 – 1200 ccm 25 kW (34 PS)
2 – 1300 ccm 32 kW (44 PS)
3 – 1600 ccm 37 kW (50 PS)
4 – nicht belegt
5 – 1600 ccm 36 kW (48 PS)
6 – 1600 ccm 36 Kw (48 PS)

Index
siehe Fußnote*

Ausführung
1, 3, 5 – Linkslenkung
2, 4, 6 – Rechtslenkung

Modell
1 – 1200/1200 L
2 – nicht belegt
3 – 1303
4 – Karmann Ghia
5 – Cabriolet
8 – Kurierwagen

Typ 1

Bezeichnung	Typ Ziffer 1–3 Linkslenkung	Rechtslenkung	Index Ziffer 4	Motor Ziffer 5	Getriebe Ziffer 6
Limousine 1200/1200 L	111	112	0 – 1	1 – 2 – 3	1 – 2
Limousine 1200 Nordamerika	113	–	7 – 8	6	1 – 2
Limousine 1303/1303 A	135	136	0	1 – 2 – 3	1 – 2
Limousine 1303 Nordamerika	133	–	0	1 – 2 – 3	1 – 2
Cabriolet (Viersitzer)	151	152	1	2 – 3	1 – 2
Cabriolet (Viersitzer) Nordamerika	153	–	0	6	1 – 2
Kurierwagen	181	182	0 – 1	5 – 6	1

* Index 1 = L-Ausstattung, 7 – 8 = Custom-Modell Nordamerika

Fahrgestell-Nummernschlüssel

Die Fahrgestelle der Limousinen wurden seit 1940 fortlaufend numeriert. Seit dem 20. Dezember 1941 wurde der Fahrgestell-Nummer eine –1– vorangestellt, die den Typ 1 (Käfer) kennzeichnet.
Seit dem 1. August 1964 gibt es eine neunstellige Fahrgestellnummer (115000001), die am 1. August 1969 auf 10 Ziffern erweitert wurde. Die Fahrgestellnummer schlüsselt sich folgendermaßen auf: Die erste Ziffer steht für den Typ 1 (VW Käfer), die zweite für das Modell. Zum Beispiel 14 = Karmann Ghia auf Typ 1-Basis, oder 13 = VW 1303. Die dritte steht für das Modelljahr, das jeweils zum 1. August wechselt. Ein Beispiel vom 1. August 1965: 146510150. 14 = Karmann Ghia auf Typ 1-Basis, 6 = Modelljahr 66. Bei den Ziffern nach den ersten drei Stellen handelt es sich um die fortlaufende Stückzahl-Numerierung, in jedem Modelljahr mit 000001 beginnend.
Seit 1980 ist die Fahrgestell-Nummer international einheitlich für alle Kfz-Hersteller. Die 17 Stellen bedeuten folgendes:

1	2	3	4	5	6	7	8	9	10	11	12	13	14	15	16	17
W	V	W	Z	Z	Z	1	1	Z	B	M	1	2	3	4	5	6

Stelle	Inhaltserklärung
1 – 3	**Welt-Herstellerzeichen:** WVW = VW AG / Pkw-Typen WV2 = VW AG / Transporter (Typ 2 und LT) WAU = Audi 1VW = Volkswagen of America / Pkw-Typen 1V1 = Volkswagen of America / Pick-up-Modelle
4 – 6	Füllzeichen (außer USA und Kanada 3 Buchstaben »Z«)
7 + 8	2stellige Typenkurzbezeichnung aus den ersten beiden Stellen der offiziellen Typenbezeichnung
9	Weiteres Füllzeichen (ebenfalls – wie die anderen Füllzeichen – ein »Z« außer USA/Kanada)
10	Angabe des Bau-/Modelljahres, ab Modelljahr 1980 beginnend mit A = 1980; B = 1981; C = 1982 usw.
11	Produktionsstätten innerhalb des Konzerns: W = Wolfsburg; A = Ingolstadt; K = Osnabrück H = Hannover; B = Brüssel; M = Puebla/Mexico E = Emden; N = Neckarsulm; V = Westmoreland/USA
12 – 17	Laufende Numerierung, in jedem neuen Modelljahr – wie bisher – mit »000001« beginnend

Mehrausstattungen für den Käfer

Um die vielfältigen Kundenwünsche und die Zulassungs-Vorschriften der verschiedensten Exportländer erfüllen zu können, wurde der Käfer ab Werk mit den unterschiedlichsten Mehrausstattungen (M-Ausstattung) ausgerüstet. Soweit möglich, sind die Fahrgestell-Nummern mit aufgelistet, so daß sich der Einbau-Zeitraum leicht bestimmen läßt.

M-Ausstattungen

				Modell
M 1	Stoßfänger, Deckklappen, Austrittsrohre, Blinkleuchten vorn, Deckel und Türgriffe verchromt; zusätzlich mit Zierleisten und Sonnenblende für Beifahrer			
	F	--	117 999 000	111, 112
M 1	Federstab-Vorderachse und Pendelachse hinten anstelle von Federbeinen und Doppelgelenkachse			
	F 111 2000 001	--	112 3200 000	113, 114
M 4	4 Gang-Schaltgetriebe mit Doppelgelenkachse			USA, Kanada
	F 159 000 001	--	150 3100 000	151, 152
	F 119 000 001	--		113, 114, 141-144
M 5	Saxomat			
	34 PS-Motor			
	M 5 000 001	--	9 800 000	113, 114, 141-144, 151, 152
	M D 0 000 001	--	D 0 095 049	111-114, 141-144, 151, 152
	M D 0 095 050	--	D 0 234 014	111-114
M 6	Abstützung des Rahmens an der Vorderachse und verstärkte hintere Federstäbe			
	F 150 2141 186	--	150 3100 000	151, 152
	F 110 2141 186	--		113, 114, 141-144
M 9	Automatisches Getriebe			
	37 PS-Motor			
	M E 0 015 982	--	E 0 020 100	M 59/M 87/M 240: 113, 114, 151, 152
	M E 0 020 101	--	E 0 022 000	M 87/M 240: 113, 114, 151, 152
	40 PS-Motor			
	M F 1 462 599	--	F 1 790 008	M 59/M 87: 113, 114, 151, 152
	M F 1 790 009	--	F 2 200 000	M 87: 113, 114, 151, 152; M 52/M 610: 111, 112
	M L 0 019 430	--	L 0 026 500	M 240: 113, 114, 141; 144, 151, 152
	M AC 0 000 001	--		M 87/M 240: 113, 114; 1302, 1303; M 52/M 240/M 610: 111, 112
	44 PS-Motor			
	M H 0 879 927	--	H 1 350 000	113, 114, 141; 144, 151, 152
	M H 5 077 366	--	H 5 900 000	M 157: 113, 114, 141-144, 151, 152
	M AB 0 000 001	--	AB 0 990 000	M 87: 113, 114; 1302, 1303;

	M AR 0 000 001	– –		M 52/M 610: 111, 112
	46 PS-Motor			
	M AF 0 000 001	– –		M 240: 113, 114, 141; 144; 1302, 1303
	47 PS-Motor			
	M B 6 000 001	– –	B 6 600 000	M 157: 113, 114, 141-144, 151, 152
	48 PS-Motor			
	M AE 0 000 001	– –	AE 1 000 000	M 26/M 157: 113, 114, 141-144
	M AE 0 000 001	– –	AE 0 917 263	M 26/M 157: 1302, 1303
	M AE 0 917 264	– –	AE 1 000 000	1303: 133, 153
	M AH 0 000 001	– –		M 26/M 27/M 157: 113, 114, 141-144
	M AH 0 000 001	– –	AH 0 005 900	M 26/M 27/M 157: 1302, 1303
	M AH 0 005 901	– –		M 27/103: 133, 153
	M AK 0 000 001	– –		M 26/M 157: 113, 114, 141-144; 1303: 133, 153
	50 PS-Motor			
	M AD 0 000 001	– –	AD 0 990 000	113, 114, 141-144
	M AD 0 000 001	– –	AD 0 598 001	1302
	M AD 0 598 002	– –	AD 0 990 000	1303: 135, 136, 151, 152
	M AS 0 000 001	– –		113, 114, 141-144; 1303
M 9	Gelbe Schlußleuchten			Australien, Italien
	F	– –	146 1021 300	141-144
M 11	Sealed-Beam-Scheinwerfer, Blinkleuchten mit seitlichem Markierungslicht, rote Schlußleuchten, Warnlichtanlage, Zweikreis-Bremskontrolleuchte, Rückfahrleuchte, jedoch ohne Lichthupe, Parkleuchten und Lenkschloß			USA, Kanada
	F 148 000 001	– –	149 1200 000	141, 143
	F 149 000 001	– –		
	(ohne Warnlichtanlage)			
	Sealed-Beam-Scheinwerfer, Blinkleuchten mit seitlichem Markierungslicht, rote Schlußleuchten, Summer für Zünd-Anlaßschalter, seitlichen Markierungsrückstrahlern, Rückfahrleuchte in Brems-Blinkleuchte, Zweikreis-Bremskontrolleuchte, jedoch ohne Lichthupe, Parkleuchten und Lenkschloß			
	F 140 2000 001	– –	141 3200 000	141, 143
	Sealed-Beam-Scheinwerfer, Blinkleuchten mit seitlichem Markierungslicht, rote Schlußleuchten, Summer für Zünd-Anlaßschalter, Zweikreis-Bremskontrolleuchte, jedoch ohne Lichthupe, Parkleuchte und Lenkschloß			
	F 142 2000 001	– –	144 299 000	141, 143
	zusätzlich mit Stadthorn			
	F 144 2000 001	– –		141, 143
M 12	Abgasüberwachung			USA
	F 115 2000 000	– –	117 2200 000	113
	F 135 2000 001	– –		1303: 133, 153
	F 115 2000 000	– –	115 2600 000	113
M 14	Schriftzug »Volkswagen«			Export-Länder 1302, 1303
	F 116 000 001	– –	114 2999 000	113, 114, 151, 152

	F 156 000 001	-- 150 3100 000	141-144
	F 114 2000 001	-- 114 2999 000	111, 112
M 17	Hüftgurtbefestigungsvorrichtung		
	F	-- 116 1021 300	111-114, 151, 152
	F	-- 146 1021 300	141-144
M 18	Größere Rückstrahler in der Brems-Blinkleuchte		Schweden
	F	-- 117 507 257	113, 114, 151, 152
M 19	ohne Lichthupe		
	F 116 000 001	-- 119 1200 000	113, 114, 141-144, 151, 152
	F 119 000 001	-- 119 1200 000	111-114, 141-144, 151, 152
	F 148 000 001	-- 159 1200 000	141-144
M 20	Geschwindigkeitsmesser für Meilenzählung		Export-Länder
M 21	beidseitig verschließbare Türgriffe außen		Export-Länder
	F 5 888 185	-- 6 502 399	113, 114, 151, 152
	F 115 000 001	-- 117 999 000	113, 114
M 22	Sealed-Beam-Scheinwerfer (schräg) mit Warnlichtanlage		Export-Länder außer USA
	F	-- 117 999 000	111-114, 151, 152
	Sealed-Beam-Scheinwerfer (senkrecht)		
	F 118 000 001	-- 119 1200 000	111-114, 151, 152
	Sealed-Beam-Scheinwerfer (senkrecht) und Rückfahrscheinwerfer auf Stoßfänger		
	F 110 2000 001	-- 113 2199 583	111, 112
	Sealed-Beam-Scheinwerfer (senkrecht) und Rückfahrscheinwerfer in Brems-Blinkleuchte		
	F 150 2000 001	-- 150 3100 000	151, 152
	F 110 2000 001	-- 114 2999 000	113, 114
	F 113 2199 584	-- 115 2600 000	111, 112
	F 111 2000 001	--	1302; 1303: 135, 136, 151, 152
M 23	bestehend aus: M 227; Sealed-Beam-Scheinwerfer, Blinkleuchten mit seitlichem Markierungslicht, rote Schlußleuchten, Schalttafelabdeckung und Sicherheitsarmlehnen, Zweikreis-Bremskontrolleuchte, Rückfahscheinwerfer in Brems-Blinkleuchte, jedoch ohne Lichthupe, Parkleuchte und Lenkschloß		USA, Kanada
	F 118 000 001	-- 119 1200 000	113, 151
	bestehend aus: M 227; Sealed-Beam-Scheinwerfer, Blinkleuchten mit seitlichem Markierungslicht, rote Schlußleuchten, Summer für Zünd-Anlaßschalter, seitliche Markierungsrückstrahler, Rückfahrscheinwerfer in Brems-Blinkleuchte, Schalttafelabdeckung und Sicherheitsarmlehnen, Zweikreis-Bremskontrolleuchte, jedoch ohne Lichthupe, Parkleuchte und Lenkschloß		
	F 110 2000 001	-- 150 3100 000	113, 151
	F 111 2000 001		1302: 113, 151
M 26	Aktivkohlebehälter zur Absorption der Kraftstoffgase		USA, Kanada, Japan
	F	--	1302;
	F 110 2000 001	-- 115 2600 0000	113, 114

	F 150 2000	--	150 3100 000	151, 152
	F 140 2000 001	--	144 2999 000	141-144
	F 116 2000 001	--	116 2200 000	111, 112
M 27	Erfüllung der Abgasvorschrift			Japan
	F 116 2071 468	--	117 2200 000	112
M 27	Erfüllung der Abgasvorschrift für USA-Westküste			USA-Westküste
	F 112 2000 001	--	117 2200 000	M 9/M 26/M 157: 113, 141, 143, 181
	F 133 2000 001	--		1303: 133
	F 156 2108 077	--	158 2039 687	153
M 27	Erfüllung der Abgasvorschrift für Kalifornien			
	F 112 2000 1	--	117 2200 000	M 157
	F 142 2000 1	--	144 2999 000	
M 27	Hüftgurt mit Aufrollvorrichtung			USA, Kanada
	F 117 000 001	--	117 999 000	111-114, 151, 152
	F 147 000 001	--	147 999 000	141-144
M 30	Lichthupe mit gleichzeitiger Kennzeichenbeleuchtung			Österreich
	F	--	112 2427 792	111, 113, 151
	F	--	112 2482 841	1302: 113, 151
	F	--	142 2360 746	141, 143
M 32	Brems-Blinkleuchte			Italien, Australien
	F	--	4 010 994	111-114, 151, 152
M 32	Verschlußdeckel für Kraftstoffbehälter, abschließbar			1303; 181
	F 113 2000 001	--		111-114
	F 143 2000 001	--	144 2999 000	141-142
M 34	Standlicht-Kontrolleuchte, seitliche Blinkleuchten und Rückstrahler			Italien 1302, 1303
	F	--	112 3200 000	111-114, 151, 152
	F 113 2000 001	--		111, 113
	außerdem:			
	F 116 000 001	--	116 1021 300	111, 112
	mit Lehnensperre für Vordersitz			
M 34	Standlicht-Kontrolleuchte und seitliche Blinkleuchten Blinkleuchten vorn weiß-gelb und zusätzlich mit Rückstrahlern			Italien
	F	--	142 3200 000	141-144
	F 143 2000 001	--		141, 143
M 34	Blinkleuchten vorn glasklar/gelb seitliche Blinkleuchten jedoch ohne Warnlichtanlage			Italien
	F 135 2000 001	--	135 2600 000	1303: 135
	F 155 2000 001	--	157 2028 457	1303: 151
M 34	Seitliche Blinkleuchten jedoch ohne Warnlichtanlage			Italien
	F 157 2029 458	--	157 2060 038	1303: 151
M 34	Seitliche Blinkleuchten, Rückblickspiegel, jedoch ohne Warnlichtanlage			
	F 157 2060 039	--		1303: 151
M 36	Pralldämpfer			
	F 134 2000 001	--	134 2999 000	1303: 135, 136, 151, 152

M 37	ohne Warnlichtanlage		Italien, Frankreich
		-- 134 2999 000	111-114, 141, 143, 151, 152, 181; 1302, 1303;
M 39	Ohne Sitz und Rückenlehne hinten		
	F 115 2000 001	--	111, 112
M 40	Geschwindigkeitsmesser mit Kraftstoffvorratsanzeiger		
	F 110 2000 001	--	111, 112
M 46	seitliche Blinkleuchten		Dänemark, Norwegen, Italien
	F 111 2000 001	--	111-114, 151, 152; 141-144;
	F 134 2000 001	--	1302, 1303
M 47	Rückfahrleuchte auf Stoßfänger		
	F 117 000 001	-- 117 999 000	111-114, 151, 152
	F 118 000 001	-- 113 2199 583	111, 112
	F 147 000 001	-- 149 1200 000	141-144
M 48	Sitz vorn, Behördenausführung		BRD, Bundespost, Polizei
	F 116 2000 001	--	111, 112
M 50	Zweikreis- und Handbremskontrolleuchte		
		-- 133 3200 000	1302: 113, 114, 151, 152;
	F 134 2000 001	-- 135 2600 000	1303: 135, 136;
	F 118 000 001	-- 113 3200 000	113, 114, 141-144
	F 113 2000 001	-- 113 3200 000	111, 112
M 52	37 PS-Motor und Ausgleichfeder		
	F 118 000 001	-- 110 3100 000	M 240: 111, 112
	40 PS-Motor und Ausgleichfeder		
	F 118 000 001	-- 110 3100 000	111, 112
	F 111 2000 001	-- 115 2600 000	M 240: 111, 112
	44 PS-Motor und Ausgleichfeder		
	F 111 2000 001	-- 115 2600 000	111, 112
M 53	Polsterstoff anstelle von Kunstleder		
	F 119 000 001	-- 113 3200 000	111, 112
M 54	Schalttafelkastendeckel, abschließbar		1302: 113, 114; 1303: 135, 136
	F 118 000 001	-- 114 2999 000	111-114
	F 149 000 001	--	143, 144
	F 115 2000 001	-- 117 2200 000	M 108
M 55	Lenkschloß mit Zündanlaßschalter		Export-Länder (für Inland serienmäßig)
	F 117 000 001	-- 119 1200 000	111-114, 141-144, 151, 152
M 55	Mit thermostatgesteuerter Klappe im Deckel hinten		USA
	F 114 2000 001	-- 114 2999 000	M 108: 113
	F 134 2000 001	-- 134 2999 000	1303: 133, 153
M 58	Stoßfängerhörner vorn und hinten		
	F	-- 134 2999 000	1302; 1303: 135, 136, 151, 152
	F 110 2000 001	-- 114 2999 000	113, 114
	F 142 2000 001	--	141- 144

M 59	Schaltschloß mit Zünd-Anlaßschalter			Export-Länder (für Inland serienmäßig)
	F	--	146 1021 300	141-144
	Thermostatgesteuerte Vergaservorwärmung			Export-Länder
	37 PS-Motor			
	M E 0 015 146	--	E 0 020 100	M 52/M 240: 111, 112;
	40 PS-Motor			M 87/M 240: 113, 114; 151, 152
	M F 1 380 778	--	F 1 790 008	M 52: 111, 112
	34 PS-Motor			M 87: 113, 114, 151,152
	M D 0 458 808	--	D 0 540 002	111, 112
				M 88: 113, 114, 151, 152
M 60	Standheizung (Bauart Eberspächer)			111-114, 151, 152
				141, 143;
				1302, 1303
M 62	Wasserbehälter mit verkleinertem Luftraum und zusätzlichen			Schweden
	Luftentnahmeschlauch; zusätzlicher Rückblickspiegel			111, 113, 151;
	außen rechts konvex			1302: 113, 151; 1303: 135, 151
M 62	Wasserbehälter mit verkleinertem Luftraum und zusätzlichem			Schweden
	Luftentnahmeschlauch;			141-144
	F 149 000 001	--	140 3100 000	141, 143
	zusätzlicher Rückblickspiegel außen rechts, konvex			113 (Schweden)
M 67	77 Ah-Batterie, 6 V			Export-Länder
	F	--	117 999 000	111-114, 151, 152
	F 118 000 001	--		111, 112
M 69	Gewehrhalterung			181
M 74	Schmutzfänger hinten			111-114, 151, 152
				1302; 1303: 135, 136, 151, 152
M 79	Kunstleder anstelle von Polsterstoff			
	F 114 2000 001	--	115 2600 000	111, 112
M 80	Scheibenbremse anstelle von Trommelbremse			
	F	--	135 2600 000	M 87/1302;
				M 88/1302: 113, 114;
	F 159 000 001	--	150 3100 000	M 87/1303: 135, 136, 151, 152;
				M 88/1303: 135, 136
	F 119 000 001	--	114 2999 000	M 87, M 88: 113, 114, 151, 152
M 82	Verbandskasten-Halterung			
	F	--	135 2600 000	1302, 1303;
	F 111 2000 001	--	115 2600 000	111-114, 141-144
M 82	seitlicher Lichtaustritt in den Blinkleuchten vorn			Dänemark
	F 116 463 103	--	117 999 000	111-114, 151, 152
M 86	VW 1200, jedoch ohne Ausgleichfeder			
	F 117 483 306	--	117 999 000	M 129: 111, 112
M 86	Trommelbremse, selbstnachstellend			Schweden
	F 113 2000 001	--	114 2999 000	1303: 135, 136, 151, 152;
				111-114, 141-144

M 87	37 PS-Motor		
	Einkreis-Trommelbremse		
	F 117 000 001 --	117 999 000	M 240: 113, 114, 151, 152
	Zweikreis-Trommelbremse		
	F 118 000 001 --	110 3100 000	111-114, 141-144, 151, 152
	40 PS-Motor		
	Einkreis-Trommelbremse		
	F 117 000 001 --	117 999 000	113, 114, 151, 152
	Zweikreis-Trommelbremse		M 240/1302; M 240/1303;
	F 118 000 001 --	110 3100 000	111-114, 141-144, 151, 152
	F 111 2000 001 --	114 2999 000	M 240: 113, 114
	44 PS-Motor		
	Zweikreis-Trommelbremse		1302; 1303: 135, 136, 151, 152
	F 111 2000 001 --		113, 114
M 88	34 PS-Motor		
	Einkreis-Trommelbremse		
	F 117 000 001 --	117 999 000	113, 114, 151, 152
	Zweikreis-Trommelbremse		1302: 113, 114; 1303
	F 118 000 001 --	114 2999 000	113, 114, 151, 152
M 89	Windschutzscheibe (Schichtglas)		111-114, 141-144, 151, 152; 1302; 1303: 135, 136, 151, 152; 181
M 93	ausstellbare Seitenfenster		113, 114; 1302: 113, 114; 1303: 133-136
M 94	Deckelgriff hinten abschließbar		111-114, 151, 152; 1302; 1303; 135, 136, 151, 152
M 102	Rückblickfensterscheibe beheizbar		1302; 1303: 135, 136
	F 115 000 001 --	117 999 000	111-114
	F 118 000 001 --		113, 114
	F 110 2000 001 --	115 2600 000	M 610: 111, 112
	F 150 2572 520 --	150 3100 000	151, 152
	F 145 000 001 --		143, 144
	F 149 862 321 --		141, 142
M 103	verstärkte Stoßdämpfer		111-114, 141-144, 151, 152; 1302; 1303: 135, 136, 151, 152; 211-274
M 105	härtere Gummimetall-Lager für Getriebeaufhängung		111-114, 141-144, 151, 152; 1302; 1303
M 106	Polsterbezug, Sonderausführung Stoff		BRD: Bundespost, Polizei 111-114
M 107	Rammschutz		
	F --	117 999 000	113, 114, 151, 152
	F 118 000 001 --	110 3100 000	111, 112
	F --	141 3200 000	141-144
	F --	156 2000 000	151-153
M 108	Custom-Modell mit Federstab-Vorderachse anstelle von Federbeinen und zusätzlich mit: M 4 oder M 9, M 20, M 23, M 89, M 137, M 185, M 227, M 228, M 617		USA

F 111 2000 001 -- 117 2200 000 113
(F 112 2000 001 -- 117 2200 000
jedoch ohne M 617)

M 110 Synchrongetriebe, hydraulische Bremse; Kanada
zusätzlich mit Zierleisten
F -- 4630937 111
Getriebe vollsynchronisiert; zusätzlich mit Zierleisten,
jedoch ohne Außenspiegel
F 4630938 -- 116 1021 300 111
mit M 129; zusätzlich mit Zierleisten, Kofferraumverkleidung
in PVC, jedoch ohne Außenspiegel
F 117 000 001 -- 117 999 000 111
mit M 20, M 23, M 60, M 88, M 89, M 227, M 617;
Custom-Modell 113,
Fußraum- und Kofferraumverkleidung in PVC,
jedoch ohne Ausgleichfeder und ohne Frischbelüftung,
Seitenverkleidung ohne Ascher
F 112 2000 001 --
jedoch ohne M 617
F 118 000 001 -- 114 2999 00 113

M 113 Sicherheitssystem Kanada
F 135 2000 001 -- 1303: 133, 153

M 121 Frischluftgebläse
F 111 2000 001 -- 114 2999 000 1302: 113, 114;
F 116 2000 001 -- 1303: 135, 136;
113, 114

M 123 Spezial-Fernentstörung Frankreich
111-114, 141-144, 181
151, 152; 1302, 1303

M 124 gelbe Scheinwerferlampen und Sicherheitsrückblickspiegel Export-Länder
111-114, 141- 144, 151, 152;
181, 1302; 1303: 135, 136, 151, 152

M 129 34 PS-Motor
F 117 000 001 -- 117 999 000 111, 112

M 132 Deformationselement außer für England, Frankr., Schweden
F 133 2683 042 -- 1303: 135, 136, 151, 152

M 137 Zweikreis-Trommelbremse Export-Länder
-- 1302; 1303
F 117 000 001 -- 117 999 000 113, 114, 141-144, 151, 152
F 118 000 001 -- 110 3100 000 113, 114, 151, 152

M 138 Sealed-Beam-Scheinwerfer, rote Schlußleuchten, Export-Länder
Warnlichtanlage, jedoch ohne Lichthupe
F -- 147 999 000 141-144
Sealed-Beam-Scheinwerfer, rote Schlußleuchten,
jedoch ohne Lichthupe
F 148 000 001 -- 149 1200 000 141-144
Sealed-Beam-Scheinwerfer, Blinkleuchten vorn mit seitlichem

	Markierungslicht, Rückscheinwerfer in Brems-Blinkleuchte, rote Schlußleuchten		
	F 140 2000 001	-- 141 3200 000	141-144
	Sealed-Beam-Scheinwerfer, Blinkleuchten vorn mit seitlichem Markierungslicht, rote Schlußleuchten		
	F 142 2000 001	-- 141 3200 000	141-144
	Sealed-Beam-Scheinwerfer, Blinkleuchten vorn mit seitlichem Markierungslicht		
	F 143 2000 001	--	141-144
M 139	Zweikreis-Trommelbremse		Kanada, Skandinavien
	F 117 000 001	-- 119 1200 000	111, 112
M 149	lackierte anstelle verchromter Teile		
	F 118 000 001	--	111, 112
	F 111 2000 001	-- 114 2999 000	113, 114
	F	-- 112 3200 000	1302: 113, 114
	F 133 2000 001	-- 135 2600 000	1303: 135, 136
M 153	Ölbadluftfilter mit vorgeschaltetem Zyklonfilter		
	F	-- 115 999 000	111-114, 141-144
M 153	Filteranlage mit zwei Ölbadluftfiltern		Export-Länder 1302: 113, 114; 1303: 135, 136
	F 116 000 001	-- 110 3100 000	111-114, 141-144
	F 111 2000 001	--	111, 114
M 157	44 PS-Motor mit Abgasreinigungsanlage		USA, Kanada
	M H 5 000 001	-- H 5 900 000	113, 114, 141-144, 151, 152
	47 PS-Motor mit Abgasreinigungsanlage		
	M B 6 000 001	-- B 600 000	113, 114, 141-144, 151, 152
	48 PS-Motor mit Abgasreinigungsanlage		
	M AE 0 558 001	-- AE 1 000 000	113, 141, 143
	50 PS-Motor mit Abgasreinigungsanlage		
	M AE 0 000 001	-- AE 0 558 000	113, 141, 143
	48 PS-Motor mit Abgasreinigungsanlage und Aktivkohlebehälter zur Absorption der Kraftstoffgase		
	M AE 0 000 001	-- AE 0 917 263	1302
	M AH 0 000 001	-- AH 0 005 900	1302
	M AH 0 000 001	--	M 27: 113, 141, 143
	M AK 0 000 001	-- AK 0 239 493	113, 141, 143, 133, 153
	50 PS-Einspritzmotor mit Abgasreinigungsanlage und Aktivkohlebehälter zur Absorption der Kraftstoffgase		USA, Kanada
	M AJ 0000 001	-- AJ 0 119 687	M 108, M 307; Japan: M 193/M 599
	M AJ 0071 683	-- AJ 0 119 687	112
M 162	Gummileiste für Stoßfänger		113, 114; 1302: 113, 114; 1303; 135, 136
M 167	88 Ah-Batterie		USA
	F	-- 117 999 000	113, 114, 141-144, 151, 152
M 167	zusätzlich mit Haltegriff und Mantelhaken		
	F 113 2000 001	--	111, 112

M 168	vergrößerte Rückspiegel außen und zusätzlicher Schalter für Innenleuchte			147
M 179	Lehnensperre für Vordersitz			
	F 117 000 001	--	112 3200 000	111, 112
M 183	Hüftgurt für Sitz hinten (ohne Automatik)			BRD
	F 159 2027 869	--		1303: 151, 152
M 184	Dreipunkt-Sicherheitsgurt für Sitz vorn			USA; 111, 112
M 185	Dreipunkt-Sicherheitsgurt für Sitz vorn und Hüftgurt für Sitz hinten (Automatik)			113
	F 112 2360 221	--	117 2200 3000	
M 186	Hüftgurt für Sitz hinten			USA, Kanada
	F 118 096 786	--	112 2360 220	113, 151
	F 118 096 786	--	112 3200 000	113, 151
M 186	Hüftgurt für Sitz hinten (Automatik)			nicht für USA
	F 112 2360221	--		111-114
M 187	Scheinwerfer für Linksverkehr			Länder mit Linksverkehr 141-144; 1302; 1303: 135, 136, 151, 152; 111-114, 151, 152
M 190	erhöhte Seitentürfestigkeit			USA
	F 113 2438 834	--	114 2999 000	113; M 108
	F 143 2401 303	--		141-144
	F 133 2438 834	--	135 2600 000	1303: 135
M 193	Erfüllung der Abgasvorschrift und elektrische Ausrüstung			Japan
	F 114 2000 001	--		112-114
	F 144 2000 001	--		142, 144
	F 134 2000 001	--	156 2108 076	1303: 135, 136, 152
	F 156 2108 077	--	158 2039 687	1303: 151
M 194	Rückblickspiegel außen links und rechts (konvex)			BRD, Bundespost 112
M 206	Rückblickspiegel innen, abblendbar			1302: 113, 114; 1303: 135, 136; 141-144
	F 159 000 001	--	150 3100 000	151, 152
	F 119 000 001	--		113, 114
	F 111 2000 001	--		111, 112
M 208	Elektrische Teile für Anhängerbetrieb			
	F 112 2000 001	--	114 2999 000	113, 114
	F 112 2000 001	--	115 2600 000	111, 112
	F 112 2000 001	--	135 2600 000	1302, 1303: 135, 136 151, 152

M 218	zusätzlich mit Radzierringen für Scheibenrad		
	F 117 000 001	– – 119 1200 000	113, 114
M 220	Sperrdifferential		111-114, 141-144, 151, 152; 1302; 1303: 135, 136, 151, 152; 181
M 227	erhöhte Vordersitzlehne (Kopfstütze)		
	F	– – 135 2600 000	1302; 1303: 135, 136, 151, 152;
	F 118 000 001	– –	113, 114, 151, 152
	F 112 2000 001	– – 115 2999 000	111, 112
	F 148 000 001	– – 144 2999 000	141-144
M 228	Schalttafelabdeckung		
	F 119 000 001	– – 110 3100 000	113, 151
	F 111 2000 001	– –	113, 114; M 23, M 108, M 110, M 602, M 603
	F 114 2000 001	– –	111
	F 149 000 001	– – 141 3200 000	141-144
	F	– – 112 3200 000	1302: 113, 114
M 231	Liegesitz für Beifahrer		181
M 232	Verschließbare Spanndecke über Vorder- und Fondsitz		
	F	– – 112 3200 000	1302: 151
M 233	VW 1303 in einfacher Ausführung wie Modell 1200		1303: 135, 136
M 240	Motor mit Muldenkolben für Kraftstoff mit niedriger Oktanzahl (Kennbuchstabe E vor der Motor-Nr. für 37 PS)		
	F 116 000 001	– – 116 1021 300	113, 114, 141-144, 151, 152
	F 117 000 001	– – 117 999 000	111, 112; M 87: 113, 114, 151, 152
	F 118 000 001	– – 110 3100 000	M 52: 111, 112, M 87: 113, 114, 151, 152
	(Kennbuchstabe L vor der Motor-Nr. für 40 PS)		
	F 117 000 001	– – 110 3100 000	113, 114, 141-144, 151, 152
	(Kennbuchstabe AC vor der Motor-Nr. für 46 PS)		
	F 111 2000 001	– –	M 87: 113, 114; M 52: 111, 112
	(Kennbuchstabe AF vor der Motor-Nr. für 46 PS)		
	F 111 2000 001	– –	113, 114, 141-144
	(Kennbuchstabe AC vor der Motor-Nr. für 40 PS)		M 87/1302; M 87/1303: 135, 136, 151, 152
	(Kennbuchstabe AF vor der Motor-Nr. für 46 PS)		1302; 1303; 135, 136, 151, 152
M 248	Zündanlaßschalter ohne Lenkschloß		Export-Länder
	F	– – 135 2600 000	1302; 1303: 135, 136, 151, 152;
	F 110 2000 001	– – 115 2600 000	111-114, 141-144, 151, 152
M 258	Kopfstütze verstellbar		Exportländer
	F 113 2000 001	– – 117 2200 000	M 108: 113;
	F 117 2000 001	– –	111, 112
	F 156 2000 001	– –	1303: 151, 152

M 261	zusätzlicher Rückblickspiegel außen rechts, plan			
	F	--	155 2600 000	1302: 151
				1303: 151
	F 118 000 001	--	150 3100 000	141, 143, 151
M 277	Deckel hinten, ohne Luftschlitze			Schweiz
	F 113 2000 001	--	114 2999 000	M 87: 113, 135, 136, 151, 152
	F 115 2000 001	--	115 2600 000	M 52: 111, 112
M 282	Sonnenblende für Beifahrer			
	F 111 2000 001	--		111, 112
M 288	Scheinwerferwaschanlage			
	F 114 2000 001	--	114 2999 000	113, 114
	F 134 2000 001	--		1303
M 289	Abreißschraube für Mantelrohrbefestigung			Dänemark
				1302; 1303:
				135, 136, 151, 152;
	F 112 2000	--	114 2718 376	111-114
	F 142 2001	--	144 2999 000	141-144
M 307	Grundmodell mit Federstab-Vorderachse: Für USA zusätzlich mit M 4, M 12, M 85, M 89, M 137, M 157, 185, M 190, M 227, M 228, M 253. Für Kanada zusätzlich mit M 4, M 20, M 23, M 85, M 89, M 113, M 137, M 157, M 185, M 190, M 227, M 228, M 253			USA, Kanada
	F 115 2000 001	--	115 2600 000	
M 335	Motor 37 kW (50 PS), 1,6 Liter			Österreich
	F 116 2000 001	--		M 599: 111, 112
	F 156 2000 001	--		1303: 151
M 409	Sitze vorn Sportausführung, Stoff schwarz			
	F 113 2000 001	--	114 2999 000	113, 114
	F 133 2000 001	--	135 2600 000	1303
M 416	Sicherheitslenkrad			Österreich, Schweiz,
	F 115 2000 001	--		Japan, Australien
				111, 112
M 444	Scheibenrad 5½J×15 in Sportausführung			
	F 133 2000 001	--		1303: 135, 136, 151, 152
M 527	mit Abgasreinigungsanlage			Japan, Schweden
	F	--	111 3200 000	113, 114, 141-144, 151, 152
				M 87: 113, 114, 151, 152;
				M 88/M 610: 111, 112
M 527	mit Abgasreinigungsanlage			Japan, Schweden
	F	--	111 3200 000	1302; M 87/1302
M 528	zusätzlicher Rückspiegel außen rechts, konvex			
				1302: 113, 151;
				1303: 135, 151;
	F 119 000 001	--	114 2999 000	111, 113, 151
	F 149 000 001	--		141, 143

M 531	Mit härteren Federstäben hinten		
	F 141 2000 001	-- 144 2999 000	141-144
	F 111 2000 001	-- 114 2999 000	
M 549	Dreipunkt-Sicherheitsgurt für Sitz vorn		nicht für USA, Kanada
	F 134 2000 001	--	1303: 135, 136, 151, 152
	F 114 2000 001	--	111-114
M 551	Scheinwerfer mit Halogenlampen anstelle von Glühlampen		
	F 118 000 001	-- 114 2999 000	113, 114, 151, 152
	F 112 2299 679	-- 112 3200 000	1302
	F 133 2000 001	--	1303: 135, 136, 151, 152
M 559	Abschlußblech vorn mit Luftschlitzen		1302, 1303
M 560	Stahlkurbeldach		111-114; 1302: 113, 114; 1303: 133-136
M 562	Ruhesitz		1303: 135, 136;
	F 113 2000 001	-- 114 2999 000	113, 114
	F 114 2000 001	-- 115 2600 000	M 603: 111, 112
M 563	Rückenlehne hinten mit Armlehne		
M 565	Sportlenkrad		1303
	F 112 2000 001	--	113, 114, 141-144
M 568	Wärmeschutzglas (Tür-, Dreh-, Seiten- und Rückblickfensterscheibe)		
	F 134 2000 001	-- 135 2600 000	1303: 133-136
	F 114 2000 001	-- 114 2600 000	111-114
M 568	Rundumverglasung grün eingefärbt		
	F 116 2000 001	--	111-114
M 571	Nebelschlußleuchte		
	F 113 2000 001	-- 114 2999 000	1302; 1303: 135, 136, 151, 152; 113, 114
	F 142 2360 186	--	141-144
M 599	50 PS-Motor mit Scheibenbremse und Ausgleichfeder		
	F 114 2000 001	--	111, 112
M 601	Luxusausführung		
	F 118 000 001	-- 118 1016 100	113, 114, 151, 152
M 601	Luxusausführung		
	F 148 000 001	-- 148 999 000	141-144
	bestehend aus: M 47: Rückfahrleuchte, M 102: Rückblickfensterscheibe beheizbar (nur für 143, 144), Warnlichtanlage, Zweikreis-Bremskontrolleuchte, Blende unten für Schalttafel		
M 602	Luxusausführung		
	F 118 000 001	-- 118 1016 100	111-114, 151, 152

M 602	Luxusausführung		
	F 148 000 001	-- 148 999 000	141-144
	bestehend aus:		
	Warnlichtanlage, Zweikreis-Bremskontrolleuchte,		
	Blende unten für Schalttafel		
			USA, Kanada
M 602	Luxusausführung		1302: 113
M 602	Luxusausführung		
	bestehend aus:		
	Warnlichtanlage, Zweikreisbremskontrolle und		
	(Schalttafel gepolstert)		
M 603	Luxusausführung		
	F 110 2000 001	-- 114 2999 000	113
	F 111 2000 001	-- 114 2999 000	114
	F 114 2000 001	--	111, 112
	F	-- 112 3200 000	1302: 113, 114
	F 133 2000 001	-- 134 2999 000	1303: 135, 136
	Halogen-Doppelscheinwerfer (H 1-Lampe)		
M 607	Scheibenwischermotor 2stufig, 12 V		Norwegen
	F 111 2518 856	-- 113 3200 00	M 610: 111
M 607	Scheibenwischermotor 2stufig, 12 V, und Lehnensperre für Hintersitz		Norwegen
	F 114 2000 001	-- 115 2600 000	M 610: 111
M 607	Scheibenwischermotor 2stufig, 12 V, und Lehnensperre für Hintersitz		Norwegen
	F 116 2000 001	115 2600 000	M 610: 111
M 608	Dreipunkt-Sicherheitsgurt für Sitz vorn (Automatik)		Australien
	F 115 2143 744	-- 116 2200 000	112
	F 135 2143 744	-- 135 2600 000	1303: 136
M 610	12 V-Anlage		
	F	-- 117 999 000	111-114, 141-144, 151, 152
	F 118 000 001	--	111, 112
M 611	12 V-Anlage und Sealed-Beam-Scheinwerfer (senkrecht) und Warnblinkanlage		Export-Länder
	F117 000 001	-- 117 999 000	111-114, 151, 152
	F 118 000 001	--	
	(ohne Warnlichtanlage)		
M 613	12 V-Anlage nahentstört		Polizei
			1302: 113, 114;
			1303: 135, 136
	F 116 000 001	-- 117 999 000	111. 114
	F 118 000 001	--	113, 114; M 610: 111, 112
M 616	Rückfahrleuchte in Brems-Blinkleuchte		
			1302: 113, 114;
			1303: 135, 136;
	F 118 000 001	-- 110 3100 000	113, 114, 151, 152
	F 111 2000 001	--	113, 114

	F 113 2000 001	– –	111, 112
	F 140 2000 001	– – 141 3200 000	141-144
M 617	Wasserbehälter mit verkleinertem Luftraum und zusätzlichem Luftentnahmeschlauch		
	F 118 000 001	– – 110 3100 000	111-114, 141-144, 151, 152
M 618	Drehstromgenerator 12 V 50 A		USA
	M AH 0 042 350	– – AH 0 066 648	M 27/M 618: 113, 141, 143, 133, 153
	M AH 0 057 246	– – AH 0 075 453	M 9/ M 27/M 618: 113, 141, 143, 133, 153
	M AK 0 061 082	– – AK 0 239 364	M 157/M 618: 113, 141, 143; M 618: 133, 153
	M AF 0 036 743	– – AF 0 036 768	M 240/M618 113, 114, 135, 136, 141-144, 151, 152
	M AD 0 878 890	– – AD 0 990 000	M 618: 113, 114 135, 136, 141-144, 151, 152
M 622	Zigarettenanzünder		1303: 133-136, 153
M 652	Intervall-Relais für Scheibenwischer		1302; 1303; 135, 136, 151, 152;
	F 112 2000 001	– – 114 2999 000	113, 114, 141-144
M 649	Zusätzlich mit Hüftgurtbefestigungsvorrichtung für 3. Person auf dem Rücksitz		
	F 115 2143 744	– –	111, 112
M 659	Halogen-Nebelscheinwerfer		1302; 1303: 135, 136, 151, 152
	F 112 2427 793	– – 114 2999 000	113, 114
	F 112 2427 793	– – 115 2600 000	M 610: 111, 112
	F 116 2000 001	– –	111, 112
M 671	Wärmeschutz-Schichtglas (Windschutzscheibe)		
	F 134 2000 001	– – 135 2600 000	1303: 133-136
	F 114 2000 001	– – 114 29990 000	111-114
M 676	Zeituhr		1303
M 976	Scheibenrad in Sportausführung		
		– –	1303
	F 143 2000 001	– – 144 2999 000	141-144
	F 113 2000 001	– – 114 2999 000	113, 144
	F 113 2000 001	– –	111,112
S 759	Zweikreis- und Scheibenbremse		Skandinavien
	F 117 000 001	– – 117 999 000	113, 114
S 760	Zweikreis- und Trommelbremse		Skandinavien
	F 117 000 001	– – 117 999 000	M 87: 113, 114, 151, 152

Sondermodelle

S 708	Sonderaktion »Pralldämpfer mit Seitenteil hinten«		USA
	F 116 2006 148	– – 117 2200 000	M 108, 113

S 710	Bremsblinkleuchte gelb/rot, anstelle gelb/rot/ glasklar			BRD: Bundespost
	F 114 2565 674	– –	115 2049 312	111-114
S 714	Spezialausführung und Sonderlackierung			Export-Länder
	F 113 2199 639	– –	113 3200 000	111-114; M 108
S 714	Sonderaktion »Die gelbschwarzen Renner«			
	F 133 2199 639	– –	133 3200 000	1303: 133, 135
	F 113 2199 639	– –	113 3200 000	111-114; M 108
S 714	Sonderaktion »Jeans 74«			Inland
	F 114 2489 588	– –	114 2999 000	111
S 715	Sonderaktion »Love Bug«			USA
	F 114 2663 306	– –	114 2999 000	M 108
S 715	Sonderaktion »Urlaubskäfer«			Inland
	F 115 2143 744	– –	115 2600 000	111
S 716	Sonderaktion »Jeans 74«			Export
	F 114 2489 588	– –	114 2999 000	111, 112
S 716	Sonderaktion »Lenkrohr, Mantelrohr, Lenkstock-Kombinationsschalter, Lenkrad«			Inland
	F 116 2098 785	– –		M 603: 111
S 717	Sonderaktion »1200 L Fischgrat«			Inland
	F 114 2489 588	– –	114 2999 000	M 603: 111
S 719	Sonderaktion »1200 L Fischgrat«			Export
	F 114 2489 588	– –	144 2999 000	M 603: 111, 112
S 729	Sonderaktion »Luxus-Käfer«			Export-Länder nicht USA, Kanada
	F 134 2565 674	– –	134 2772 768	1303: 135, 136
S 723	Sonderaktion für USA			USA
	F 157 2067 784	– –		1303: 135
				USA, Kanada
	F 134 2423 796	– –	134 2565 673	1303:, 133, 153
	F 135 2248 016	– –	135 2248 083	1303: 133
	F 135 2262 066	– –	135 2600 000	1303: 133
S 736	Sonderaktion »Sonnenkäfer«			USA, Kanada
	F 114 2423 796	– –	114 2999 000	M 108, M 110
S 736	Sonderaktion »Frühlingsbote«			Inland
	F 113 2606 864	– –	113 3200 000	111
	F 133 2606 864	– –	133 3200 000	1303: 135
S 736	Sonderaktion »Luxus-Käfer«			USA, Kanada
	F 135 2000 001	– –	135 2187 424	1303: 133
S 739	Sonderaktion für USA			USA
	F 156 2078 287	– –	156 2200 000	1303: 153
S 744	Sonderaktion »Jeans III«			
	F 115 2020 344	– –	115 2600 000	111, 112

S 759	Sonderaktion »Black is beautiful«	Export, nicht USA, Kanada
	F 113 2606 864 -- 133 3200 000	111-114
	F 133 2606 864 -- 133 3200 000	1303: 135, 136
S 761	Sonderaktion »Jeans-Bug«	
	F 114 2000 001 -- 114 2423 795	111, 112
S 763	Sonderaktion »Big-Bug«	
	F 134 2000 001 -- 134 2356 316	1303: 135, 136
S 764	Sonderaktion »City-Bug«	
	F 134 2000 001 -- 134 2356 316	1303: 135, 136
S 765	Sonderaktion »Champagne Edition II«	USA
	F 158 2033 080 -- 158 2057 289	1303: 153
S 785	Sonderaktion »Frühlingsbote«	Export, nicht USA, Kanada
	F 113 2606 864 -- 113 3200 000	113, 114
	F 133 2606 864 -- 133 3200 000	1303: 135, 136

S 700	Sonderaktion VW 1200 mit Außenlackierung Sonnengelb, Innenausstattung Curry (1984)	BRD
S 701	Sonderaktion »Samtroter-Käfer«. Lackierung Samtrot, Stoffsitzbezüge rotblau (1984)	BRD
S 703	Sonderaktion »Silver-Bug« (1981)	BRD
S 704	Sonderaktion »Jeans-Bug« (1982)	BRD
S 706	Sonderaktion »Special-Bug« (1982)	BRD
S 707	Sonderaktion »Aubergine-Käfer« mit Außenlackierung Aubergine-Metallic, Innenausstattung: Aubergine (1983)	BRD
S 708	Sonderaktion VW 1200 mit Außenlackierung Eisblau-Metallic, Innenausstattung: Graublau (1983)	BRD
S 710	Sonderaktion VW 1200 mit Außenlackierung Alpinweiß, Innenausstattung: Aubergine (1983)	BRD
S 711	Sonderaktion VW 1200 mit Außenlackierung Alpinweiß, Innenausstattung: Graublau (1982)	BRD

Einsatzdaten der Motoren
Motor-Kennbuchstaben

Zur Identifizierung der Motorleistung befindet sich seit dem 1. 8. 1965 ein Kennbuchstabe vor der Motornummer. Sind vor der Motornummer ein -X- oder zwei übereinanderliegende Pfeile (⇄) eingeschlagen, handelt es sich um einen Austauschmotor. Die Motornummer ist unterhalb des Lichtmaschinenträgers eingeschlagen.

MOTOR-KENNBUCHSTABEN

Motor-Kennbuchstabe	Motorleistung
D	34 PS / 25 kW 1,2 l Hubraum seit 1. 8. 65
F	40 PS / 29 kW 1,3 l Hubraum von 1. 8. 65 bis 7. 70
H	44 PS / 32 kW 1,5 l Hubraum von 1. 8. 66 bis 7. 70
AB	44 PS / 32 kW 1,3 l Hubraum von 8. 70 bis 31. 7. 73
AR	44 PS / 32 kW 1,3 l Hubraum von 1. 8. 73 bis 31. 7. 75
AD	50 PS / 37 kW 1,6 l Hubraum von 1. 8. 70 bis 7. 73
AS	50 PS / 37 kW 1,6 l Hubraum von 1. 8. 73 bis 10. 1. 80

Ausland

B	47 PS / 35 kW 1,6 l Hubraum von 8. 68 bis 7. 70, USA
E	37 PS / 27 kW[1]) 1,3 l Hubraum von 8. 67 bis 7. 70
L	40 PS / 29 kW 1,5 l Hubraum von 8. 67 bis 7. 70
AC	40 PS / 29 kW[1]) 1,3 l Hubraum von 8. 70 bis 7. 72
AE	47 PS / 35 kW 1,6 l Hubraum von 8. 70 bis 7. 71, USA
AF	46 PS / 34 kW[1]) 1,6 l Hubraum von 8. 70 bis 12. 77
AH	47 PS / 35 kW 1,6 l Hubraum von 8. 71 bis 1. 76, USA
AJ	50 PS / 37 kW 1,6 l Hubraum von 8. 74 bis 12. 77, USA Japan, L-Jetronic
AK	47 PS / 35 kW 1,61 l Hubraum von 8. 72 bis 7. 73, USA

[1]) Länder mit geringoktanigem Kraftstoff (M 240)

EINSATZDATEN DER MOTOREN
MIT MOTOR- UND FAHRGESTELLNUMMER

Baujahr	Fahrgestellnummer		Motornummer	
1940	von 1–00001	bis 1–01000	von 1–00001	bis 1–01000
1941	von 1–01001	bis 1–05656	von 1–01001	bis 1–06251
1942	von 1–05657	bis 1–014383	von 1–06252	bis 1–017113
1943	von 1–014384	bis 1–0032302	von 1–017114	bis 1–045707
1944	von 1–032303	bis 1–051999	von 1–045708	bis 1–077682
1945	von 1–052000	bis 1–053814	von 1–077683	bis 1–079093
1946	von 1–053815	bis 1–063796	von 1–079094	bis 1–090732
1947	von 1–063797	bis 1–072743	von 1–090733	bis 1–0100788

Modelljahr 1947 – 1951

	31. Dez. 1947	31. Dez. 1948	31. Dez. 1949	31. Dez. 1950	31. Dez. 1951
Motoren	Motor-Nr.	Motor-Nr.	Motor-Nr.	Motor-Nr.	Motor-Nr.
1,2 Liter 18 kW (25 PS)	100788	122649	169913	265999	379470
Fahrgestell-Nr.	072743	091921	138554	220133	313829

Modelljahr 1952 – 1953

	1. Okt. 1952	31. Dez. 1952	31. März 1953	31. Dez. 1953	
Motoren	Motor-Nr.	Motor-Nr.	Motor-Nr.	Motor-Nr.	
1,2 Liter 18 kW (25 PS)	481713	519258	551113	695281*)	
Fahrgestell-Nr.	397023	428156	454951	575414	

*) Serienendnummer

Modelljahr 1954 – 1955

	1. Jan. 1954	31. Dez. 1954	1. Aug. 1955	31. Dez. 1955	
Motoren	Motor-Nr.	Motor-Nr.	Motor-Nr.	Motor-Nr.	
1,2 Liter 22 kW (30 PS)	695282	945526	1120615	1277347	
Fahrgestell-Nr.	575415	781884	929746	1060929	

Modelljahr 1956 – 1957

Motoren	Motor-Nr. 31. Dez. 1956	Motor-Nr. 1. Aug. 1957	Motor-Nr. 31. Dez. 1957		
1,2 Liter 22 kW (30 PS)	1 678 209	1 937 450	2 156 321		
Fahrgestell-Nr.	1 394 119	1 600 440	1 774 680		

Modelljahr 1958 – 1960

Motoren	Motor-Nr. 31. Dez.1958	Motor-Nr. 1. Aug. 1959	Motor-Nr. 31. Dez. 1959	Motor-Nr. 31. Juli 1960	
1,2 Liter 22 kW (30 PS)	2 721 313	3 072 320	3 424 453	3 912 903	
Fahrgestell-Nr.	2 226 206	2 528 668	2 801 613	3 192 506	

Modelljahr 1961

Motoren	Motor-Nr. 1. Aug. 1960	Motor-Nr. 31. Dez. 1960	Motor-Nr. 31. Juli 1961		
1,2 Liter 22 kW (30 PS) 1,2 Liter 25 kW (34 PS)	3 912 904 5 000 001	3 915 041 5 428 637	3 924 022 5 958 947		
Fahrgestell-Nr.	3 192 507	3 551 044	4 010 994		

Modelljahr 1962

Motoren	Motor-Nr. 1. Aug. 1961	Motor-Nr. 31. Dez. 1961	Motor-Nr. 1. Juli 1962		
1,2 Liter 22 kW (30 PS) 1,2 Liter 25 kW (34 PS)	3 924 023 5 958 948	3 931 468 6 375 945	3 942 914 6 935 203		
Fahrgestell-Nr.	4 010 995	4 400 051	4 846 835		

Modelljahr 1963

Motoren	1. Aug. 1962 Motor-Nr.	31. Dez. 1962 Motor-Nr.	31. Juli 1963 Motor-Nr.		
1,2 Liter 22 kW (30 PS) 1,2 Liter 25 kW (34 PS)	3 942 915 6 935 204	3 949 223 7 336 420	3 959 303 7 893 118		
Fahrgestell-Nr.	4 846 836	5 225 042	5 677 118		

Modelljahr 1964

Motoren	1. Aug. 1963 Motor-Nr.	31. Dez. 1963 Motor-Nr.	31. Juli 1964 Motor-Nr.		
1,2 Liter 22 kW (30 PS) 1,2 Liter 25 kW (34 PS)	3 959 304 7 893 119	3 965 218 8 264 628	3 972 440 8 796 622		
Fahrgestell-Nr.	5 677 119	6 016 120	6 502 399		

Modelljahr 1965

Motoren	1. Aug. 1964 Motor-Nr.	31. Dez. 1964 Motor-Nr.	31. Juli 1965 Motor-Nr.		
1,2 Liter 22 kW (30 PS) 1,2 Liter 25 kW (34 PS)	3 972 441 8 796 623	3 984 729 9 339 890	4 050 000*) 9 800 000		
Fahrgestell-Nr.	115 000 001	115 410 000	115 999 000		

*) Serienendnummer

Modelljahr 1966

Motoren	1. Aug. 1965 Motor-Nr.	31. Dez. 1965 Motor-Nr.	31. Juli 1966 Motor-Nr.		
1,2 Liter 25 kW (34 PS) 1,3 Liter 27 kW (37 PS) 1,3 Liter 29 kW (40 PS)	D 0 000 001 E 0 000 001 F 0 000 001	D 0 050 314 E 0 002 999 F 0 442 242	D 0 095 049 E 0 006 000 F 0 940 716		
Fahrgestell-Nr.	116 000 001	116 463 103	116 1021 300		

Modelljahr 1967

Motoren	1. Aug. 1966 Motor-Nr.	31. Dez. 1966 Motor-Nr.	31. Juli 1967 Motor-Nr.		
1,2 Liter 25 kW (34 PS)	D 0 095 050	D 0 120 750	D 0 234 014		
1,3 Liter 27 kW (37 PS)	E 0 006 001	E 0 011 444	E 0 014 000		
1,3 Liter 29 kW (40 PS)	F 0 940 717	F 1 057 754	F 1 237 506		
1,5 Liter 29 kW (40 PS)	L 0 000 001	L 0 011 930	L 0 019 336		
1,5 Liter 32 kW (44 PS)	H 0 204 001	H 0 576 613	H 0 874 199		
Fahrgestell-Nr.	117 000 001	117 442 503	117 999 000		

Modelljahr 1968

Motoren	1. Aug. 1967 Motor-Nr.	31. Dez. 1967 Motor-Nr.	31. Juli 1968 Motor-Nr.		
1,2 Liter 25 kW (34 PS)	D 0 234 015	D 0 297 008	D 0 382 979		
1,3 Liter 27 kW (37 PS)	E 0 014 001	E 0 014 311	E 0 015 981		
1,3 Liter 29 kW (40 PS)	F 1 237 507	F 1 296 298	F 1 462 598		
1,5 Liter 29 kW (40 PS)	L 0 019 337	L 0 020 200	L 0 021 115		
1,5 Liter 32 kW (44 PS)	H 0 874 200	H 0 915 221	H 1 003 255		
1,5 Liter 32 kW (44 PS) (M 157)	H 5 000 001	H 5 173 897	H 5 414 585		
Fahrgestell-Nr.	118 000 001	118 431 603	118 1016 100		

Modelljahr 1969

Motoren	1. Aug. 1968 Motor-Nr.	31. Dez. 1968 Motor-Nr.	31. Juli 1969 Motor-Nr.		
1,2 Liter 25 kW (34 PS)	D 0 382 980	D 0 438 824	D 0 525 049		
1,3 Liter 27 kW (37 PS)	E 0 015 982	E 0 018 367	E 0 020 021		
1,3 Liter 29 kW (40 PS)	F 1 462 599	F 1 592 024	F 1 778 163		
1,5 Liter 29 kW (40 PS)	L 0 021 116	L 0 021 903	L 0 024 106		
1,5 Liter 32 kW (44 PS)	H 1 003 256	H 1 057 844	H 1 124 668		
1,5 Liter 32 kW (44 PS) (M 157)	H 5 414 586	H 5 648 888	H 5 900 000		
Fahrgestell-Nr.	119 000 001	119 474 780	119 1200 000		

Modelljahr 1970

	1. Aug. 1969	31. Dez. 1969	31. Juli 1970		
Motoren	Motor-Nr.	Motor-Nr.	Motor-Nr.		
1,2 Liter 25 kW (34 PS)	D 0 525 050	D 0 592 445	D 0 674 999		
1,3 Liter 27 kW (37 PS)	E 0 020 022	E 0 020 937	E 0 022 000*)		
1,3 Liter 29 kW (40 PS)	F 1 778 164	F 1 932 908	F 2 200 000*)		
1,5 Liter 29 kW (40 PS)	L 0 024 107	L 0 024 788	L 0 026 500*)		
1,5 Liter 32 kW (44 PS)	H 1 124 669	H 1 187 829	H 1 350 000*)		
1,6 Liter 35 kW (47 PS)	B 6 000 001	B 6 192 532	B 6 600 000*)		
Fahrgestell-Nr.	110 2000 001	110 2473 153	110 3100 000		

*) Serienendnummer

Modelljahr 1971

	1. Aug. 1970	31. Dez. 1970	31. Juli 1971		
Motoren	Motor-Nr.	Motor-Nr.	Motor-Nr.		
1,2 Liter 25 kW (34 PS)	D 0 675 000	D 0 719 487	D 0 835 006		
1,3 Liter 29 kW (40 PS)	AC 0 000 001	AC 0 000 706	AC 0 003 239		
1,3 Liter 32 kW (44 PS)	AB 0 000 001	AB 0 141 591	AB 0 350 000		
1,6 Liter 34 kW (46 PS)	AF 0 000 001	AF 0 000 247	AF 0 000 444		
1,6 Liter 37 kW (50 PS)	AD 0 000 001	AD 0 139 549	AD 0 360 022		
1,6 Liter 37 kW (50 PS) (M 157)	AE 0 000 001	AE 0 218 430	AE 0 558 000		
Fahrgestell-Nr.	111 2000 001	111 2427 591	111 3200 000		

Modelljahr 1972

	1. Aug. 1971	31. Dez. 1971	31. Juli 1972		
Motoren	Motor-Nr.	Motor-Nr.	Motor-Nr.		
1,2 Liter 25 kW (34 PS)	D 0 835 007	D 0 881 604	D 1 000 000		
1,3 Liter 29 kW (40 PS)	AC 0 003 240	AC 0 005 192	AC 0 006 700		
1,3 Liter 32 kW (44 PS)	AB 0 350 001	AB 0 447 700	AB 0 699 001		
1,6 Liter 34 kW (46 PS)	AF 0 000 445	AF 0 000 654	AF 0 000 801		
1,6 Liter 35 kW (48 PS)	AE 0 558 001	AE 0 727 810	AE 0 917 263		
1,6 Liter 35 kW (48 PS) (M 157)	AH 0 000 001	AH 0 002 731	AH 0 005 900		
1,6 Liter 37 kW (50 PS)	AD 0 360 023	AD 0 363 001	AD 0 598 001		
Fahrgestell-Nr.	112 2000 000	112 2427 792	112 3200 000		

Modelljahr 1973

Motoren	1. Aug. 1972 Motor-Nr.	1. Okt. 1972 Motor-Nr.	31. Dez. 1972 Motor-Nr.	31. Juli 1973 Motor-Nr.	
1,2 Liter 25 kW (34 PS)	D 1 000 001		D 1 039 792	D 1 115 873	
1,3 Liter 29 kW (40 PS)	AC 0 006 701		AC 0 007 219	AC 0 008 195	
1,3 Liter 32 kW (44 PS)	AB 0 699 002		AB 0 820 427	AB 0 990 000	
1,6 Liter 34 kW (46 PS)	AF 0 000 802		AF 0 034 850	AF 0 036 768	
1,6 Liter 35 kW (48 PS)	AE 0 917 264	AE 1 000 000			
1,6 Liter 35 kW		AK 0 000 001	AK 0 060 039	AK 0 239 364	
(48 PS/M 27)		AH 0 033 404			
1,6 Liter 37 kW (50 PS)	AH 0 005 901		AH 0 056 934	AH 0 114 418	
	AD 0 598 002		AD 0 749 789	AD 0 990 000	
Fahrgestell-Nr. (VW 1303)	133 2000 001	——	133 2438 833	133 3200 000	
Fahrgestell-Nr.	113 2000 001	113 2212 117	113 2438 833	113 3200 000	

Modelljahr 1974

Motoren	1. Aug. 1973 Motor-Nr.	31. Dez. 1973 Motor-Nr.	31. Juli 1974 Motor-Nr.		
1,2 Liter 25 kW (34 PS)	D 1 115 874	D 1 204 346	D 1 284 226		
1,3 Liter 32 kW (44 PS)	AR 000 001	AR 081 514	AR 121 271		
1,6 Liter 37 kW (50 PS)	AS 000 001	AS 109 138	AS 171 566		
Fahrgestell-Nr.	114 2000 001	114 2423 795	114 2999 000		
Fahrgestell-Nr. (VW 1303)	134 2000 001	134 2423 795	134 2999 000		

Modelljahr 1975

Motoren	1. Aug. 1974 Motor-Nr.	31. Dez. 1974 Motor-Nr.	31. Juli 1975 Motor-Nr.		
1,2 Liter 25 kW (34 PS)	D 1 284 227	D 1 309 681	D 1 347 142		
1,3 Liter 32 kW (44 PS)	AR 121 272	AR 132 045	AR 150 000		
1,6 Liter 37 KW (50 PS)	AS 171 567	AS 243 557	AS 269 030		
1,6 Liter 37 kW (50 PS)	AJ 0 000 001	AJ 0 012 142	AJ 0 012 405		
Fahrgestell-Nr.	115 2000 001	115 2143 743	115 2600 000		
Fahrgestell-Nr. (VW 1303)	135 2000 001	135 2143 743	135 2600 000		

Modelljahr 1976

Motoren	1. Aug. 1975 Motor-Nr.	31. Dez. 1975 Motor-Nr.	31. Juli 1976 Motor-Nr.		
1,2 Liter 25 kW (34 PS)	D 1 347 143	D 1 368 488	D 1 393 631		
1,6 Liter 37 kW (50 PS)	AS 269 031	AS 332 893	AS 401 299		
1,6 Liter 37 kW (50 PS)	AJ 0 012 406	AJ 0 012 504	AJ 0 095 935		
Fahrgestell-Nr.	116 2000 001	116 2071 467	116 2200 000		
Fahrgestell-Nr. (Cabrio)	156 2000 001	156 2071 467	156 2200 000		

Modelljahr 1977

Motoren	1. Aug. 1976 Motor-Nr.	31. Dez. 1976 Motor-Nr.	31. Juli 1977 Motor-Nr.		
1,2 Liter 25 kW (34 PS)	D 1 393 632	D 1 410 177	D 1 415 740		
1,6 Liter 37 kW (50 PS)	AS 401 300	AS 468 053	AS 526 948		
1,6 Liter 37 kW (50 PS)	AJ 0 095 936	AJ 0 110 696	AJ 0 119 687		
Fahrgestell-Nr.	117 2000 001	117 2063 700	117 2200 000		
Fahrgestell-Nr. (Cabrio)	157 2000 001	157 2063 700	157 2200 000		

Modelljahr 1978

Motoren	1. Aug. 1977 Motor-Nr.	31. Dez. 1977 Motor-Nr.	1. Jan. 1978 Motor-Nr.		
1,2 Liter 25 kW (34 PS)	D 1 415 741	D 1 430 280	D 1 430 281		
1,6 Liter 37 kW (50 PS)	AS 526 949	AS 563 435	AS 563 435		
1,6 Liter 37 kW (50 PS)	AJ 0 119 688	AJ 0 126 171	——		
Fahrgestell-Nr.	118 2000 001	118 2050 000	118 2100 001		
Fahrgestell-Nr. (Cabrio)	158 2000 001	158 2028 542	158 2100 000		

Modelljahr 1979

Motoren	1. Aug. 1978 Motor-Nr.	31. Dez. 1978 Motor-Nr.	31. Juli 1979 Motor-Nr.		
1,2 Liter 25 kW (34 PS)	D 1 431 113	D 1 431 682	D 1 432 179		
1,6 Liter 37 kW (50 PS)	AS 610 030	AS 644 291	AS 691 913		
1,6 Liter 37 kW (50 PS)	AJ 132 851	AJ 136 982	AJ 143 096		
Fahrgestell Nr.	119 2100 001	119 2108 687	119 2150 000		
Fahrgestell-Nr. (Cabrio)	159 2000 001	159 2018 069	159 2036 062		

Modelljahr 1980	1. Aug. 1979	31. Dez. 1979	31. Jan. 1980	31. Juli 1980	
Motoren	Motor-Nr.	Motor-Nr.	Motor-Nr.	Motor-Nr.	
1,2 Liter 25 kW (34 PS)	D 1 432 180	D 1 432 646	——	D 1 432 811	
1,6 Liter 37 kW (50 PS) (Cabrio)	AS 0691 914	AS 0693 274	——	——	
1,6 Liter 37 kW (50 PS) (Cabrio)	AJ 0 143 097	AJ 0 149 558	AJ 0 149 567	——	
Fahrgestell-Nr.	11A000001	11 A 008 929	——	11 A 0020 000	
Fahrgestell-Nr. (Cabrio)	159 2036 063	159 2043 634			

Modelljahr 1981	1. Aug. 1980	31. Juli 1981			
Motoren	Motor-Nr.	Motor-Nr.			
1,2 Liter 25 kW (34 PS)	D 1432 812	D 1479 924			
Fahrgestell-Nr.	11 B 000 001	11 B 013 340			

Modelljahr 1982	1. Aug. 1981	31. Juli 1982			
Motoren	Motor-Nr.	Motor-Nr.			
1,2 Liter 25 kW (34 PS)	D 1479 925	D 1 489 760			
Fahrgestell-Nr.	11 C 000 001	11 C 009 836			

Modelljahr 1983	1. Aug. 1982	31. Juli 1983			
Motoren	Motor-Nr.	Motor-Nr.			
1,2 Liter 25 kW (34 PS)	D 1 489 761	D 1 507 083			
Fahrgestell-Nr.	11 D 000 001	11 D 017 323			

Modelljahr 1984	1. Aug. 1983	31. Juli 1984	1. Aug. 1984	31. Juli 1985	
Motoren	Motor-Nr.	Motor-Nr.	Motor-Nr.	Motor-Nr.	
1,2 Liter 25 kW (34 PS)	D 1507 084	D 1523 896	D 1523 897	——	
Fahrgestell-Nr.	11 E 000 001	11 E 020 000	11 F 000 001	11 F 020 000	

Die technischen Daten aller Käfer-Modelle

In der Tabelle sind die wichtigsten technischen Daten für die Käfer-Grundmodelle zusammengetragen. Da die Käfer-Modelle ständig verbessert wurden, haben sich auch laufend die technischen Daten geändert. Das Bezugsdatum in der Tabelle gibt Aufschluß darüber, für welches Jahr die Angaben gelten.

Motorleistung / Verdichtung / Hubraum

Modell	Motor	Stand	Zylinderbohrung mm	Kolbenhub mm	Hubraum effektiv cm^3	Verdichtung	Leistung in kW bei 1/min	Leistung in PS (DIN) bei 1/min
VW 1100	1,1 l / 25 PS	1952	75	64	1131	5,8	18/3300	25/3300
VW 1200	1,2 l / 30 PS	1954	77	64	1192	6,1	22/3400	30/3400
VW 1200	1,2 l / 34 PS	1977	77	64	1192	7,3	25/3800	34/3800
VW 1200	1,6 l / 50 PS	1977	85,5	69	1584	7,5	37/4000	50/4000
VW 1300	1,3 l / 40 PS	1970	77	69	1285	7,3	29/4000	40/4000
VW 1300	1,3 l / 44 PS	1973	77	69	1285	7,5	32/4100	44/4100
VW 1500	1,5 l / 44 PS	1970	83	69	1493	7,5	32/4000	44/4000
VW 1302	1,3 l / 44 PS	1971	77	69	1285	7,5	32/4100	44/4100
VW 1302 S	1,6 l / 50 PS	1971	77	69	1584	7,5	37/4000	50/4000
VW 1303	1,3 l / 44 PS	1973	77	69	1285	7,5	32/4100	44/4100
VW 1303 S	1,6 l / 50 PS	1973	85,5	69	1584	7,5	37/4000	50/4000
VW 1303 Cabrio	1,6 l / 50 PS	1977	85,5	69	1584	7,5	37/4000	50/4000

Drehmoment / Drehmomentbereich / Literleistung

Modell	Motor	Stand	Größtes Drehmoment in Nm bei 1/min	Günstigster Drehmomentbereich von/bis 1/min	Literleistung kW/Liter	Literleistung PS (DIN)/Liter		
VW 1100	1,1 l / 25 PS	1952	69/2000	1300–3000	16,25	22,1		
VW 1200	1,2 l / 30 PS	1954	75/2000	1300–3000	18,4	25,2		
VW 1200	1,2 l / 34 PS	1977	76/1700	1400–3200	21,0	28,5		
VW 1200	1,6 l / 50 PS	1977	108/2800	1300–3500	23,3	31,5		
VW 1300	1,3 l / 40 PS	1970	89/2000	1600–2800	22,8	31,1		
VW 1300	1,3 l / 44 PS	1973	88/3000	1600–3900	24,9	34,2		
VW 1500	1,5 l / 44 PS	1970	102/2000	1600–3000	21,4	29,4		
VW 1302	1,3 l / 44 PS	1971	88/3000	1600–3900	24,9	34,2		
VW 1302 S	1,6 l / 50 PS	1971	108/2800	1300–3500	23,3	31,5		
VW 1303	1,3 l / 44 PS	1973	88/3000	1600–3900	24,9	34,2		
VW 1303 S	1,6 l / 50 PS	1973	108/2800	1300–3500	23,3	31,3		
VW 1303 Cabrio	1,6 l / 50 PS	1977	108/2800	1300–3500	23,3	31,5		

Bergsteigefähigkeit in Prozent

Modell	Motor	Stand	Bergsteigefähigkeit bei halber Zuladung auf guter Straße Schaltgetriebe						
			1. Gang	2. Gang	3. Gang	4. Gang			
VW 1100	1,1 l / 25 PS	1952	32,0	16,0	9,0	5,0			
VW 1200	1,2 l / 30 PS	1954	33,0	18,0	9,5	5,0			
VW 1200	1,2 l / 34 PS	1977	38,5	20,0	11,0	7,0			
VW 1200	1,6 l / 50 PS	1977	40,0	21,0	11,0	7,0			
VW 1300	1,3 l / 40 PS	1970	44,0	23,0	12,5	8,0			
VW 1300	1,3 l / 44 PS	1973	41,0	21,0	11,0	7,0			
VW 1500	1,5 l / 44 PS	1970	46,0	24,0	13,0	8,0			

Bergsteigefähigkeit in Prozent

Modell	Motor	Stand	Bergsteigefähigkeit bei halber Zuladung auf guter Straße Schaltgetriebe						
			1. Gang	2. Gang	3. Gang	4. Gang			
VW 1302	1,3 l / 44 PS	1971	40	20	11	6,5			
VW 1302 S	1,6 l / 50 PS	1971	47	24	13	8,0			
VW 1303	1,3 l / 44 PS	1973	38,5	19,5	11,0	6,5			
VW 1303 S	1,6 l / 50 PS	1973	42,0	22,0	12,0	8,0			
VW 1303 Cabrio	1,6 l / 50 PS	1977	40,0	21,0	11,0	7,0			

Oktanzahlbedarf / Kolbengeschwindigkeit / Motorgewicht

Modell	Motor	Stand	Oktanzahl-bedarf nach ROZ	Mittlere Kolbenge-schwindigkeit bei Höchst-leistungs-drehzahl m/s	Kolbenge-schwindigkeit bei Höchstge-schwindigkeit, m/s bei Schalt-getriebe	Kolbenge-schwindigkeit bei Höchstge-schwindigkeit, m/s bei Automatic	Motorgewicht mit Kupplung, Öl, Auspuff-krümmer, jedoch ohne Generator u. Filter, kg		
VW 1100	1,1 l / 25 PS	1952	74	6,4	8,96	–	90		
VW 1200	1,2 l / 30 PS	1954	84	7,3	–	–	90		
VW 1200	1,2 l / 34 PS	1977	87	8,11	8,56	–	110		
VW 1200	1,6 l / 50 PS	1977	91	9,2	9,26	9,04	120		
VW 1300	1,3 l / 40 PS	1970	91	9,2	–	–	120		
VW 1300	1,3 l / 44 PS	1973	91	9,44	10,05	9,2	121		
VW 1500	1,5 l / 44 PS	1970	91	9,1	–	–	115		
VW 1302	1,3 l / 44 PS	1971	91	9,44	10,05	9,2	121		
VW 1302 S	1,6 l / 50 PS	1971	91	9,2	9,26	9,04	120		
VW 1303	1,3 l / 44 PS	1973	91	9,44	10,05	9,2	121		
VW 1303 S	1,6 l / 50 PS	1973	91	9,2	9,26	9,04	120		
VW 1303 Cabrio	1,6 l / 50 PS	1977	91	9,2	9,26	9,04	120		

Kraftstoffverbrauch

Modell	Motor	Stand	Kraftstoffverbrauch (DIN) Liter/100 km		Teillastverbrauch bei gleichbleibender Geschwindigkeit auf ebener Strecke mit Schaltgetriebe Liter/100 km				
			Schaltgetriebe	Automatic	bei 80 km/h	bei 100 km/h			
VW 1100	1,1 l / 25 PS	1952	~7,2	–	–	–			
VW 1200	1,2 l / 30 PS	1954	~7,3	–	–	–			
VW 1200	1,2 l / 34 PS	1977	7,5	–	6,3	8,7			
VW 1200	1,6 l / 50 PS	1977	9,2	9,6	6,8	8,6			
VW 1300	1,3 l / 40 PS	1970	8,5	–	–	–			
VW 1300	1,3 l / 44 PS	1973	8,8	9,2	–	–			
VW 1500	1,5 l / 44 PS	1970	8,8	9,3	–	–			
VW 1302	1,3 l / 44 PS	1971	8,5	9,0	–	–			
VW 1302 S	1,6 l / 50 PS	1971	8,5	9,5	–	–			
VW 1303	1,3 l / 44 PS	1973	8,8	9,5					
VW 1303 S	1,6 l / 50 PS	1973	9,2	9,6	6,8	8,6			
VW 1303 Cabrio	1,6 l / 50 PS	1977	9,2	9,6	6,8	8,6			

Beschleunigung

Modell	Motor	Stand	Beschleunigung bei halber Nutzlast in Sekunden Schaltgetriebe						
			0-50 km/h	0-80 km/h	0-100 km/h	über 1 km mit stehendem Start			
VW 1100	1,1 l / 25 PS	1952	11,1	28,9	–	–			
VW 1200	1,2 l / 30 PS	1954	–	21,0	–	–			
VW 1200	1,2 l / 34 PS	1977	7,0	18,0	37,0	44,0			
VW 1200	1,6 l / 50 PS	1977	5,0	12,0	19,5	39,0			
VW 1300	1,3 l / 40 PS	1970	6,0	14,0	26,0	–			
VW 1300	1,3 l / 44 PS	1973	6,5	14,0	24,0	42,5			

Beschleunigung

Modell	Motor	Stand	Beschleunigung bei halber Nutzlast in Sekunden Schaltgetriebe						
			0-50 km/h	0-80 km/h	0-100 km/h	über 1 km mit stehendem Start			
VW 1500	1,5 l / 44 PS	1970	6,0	13,0	23,0	–			
VW 1302	1,3 l / 44 PS	1971	6,5	16,5	32,0	–			
VW 1302 S	1,6 l / 50 PS	1971	5,5	12,5	22,5	–			
VW 1303	1,3 l / 44 PS	1973	6,5	15,0	25,5	43,0			
VW 1303 S	1,6 l / 50 PS	1973	5,5	13,0	20,5	40,0			
VW 1303 Cabrio	1,6 l / 50 PS	1977	5,5	13,0	20,5	40,0			

Tankinhalt / Ölwechselmenge

Modell	Motor	Stand	Kraftstoffbehälter		Motor, Kurbelgehäuse		Viergang-Schaltgetriebe		
			Gesamtinhalt Liter	davon Res. Liter	Ölmenge Liter	Wechsel Liter	Ölmenge Liter	Wechsel Liter	
VW 1100	1,1 l / 25 PS	1952	40	5	2,5	2,5	2,5	2,5	
VW 1200	1,2 l / 30 PS	1954	40	5	2,5	2,5	2,5	2,5	
VW 1200	1,2 l / 34 PS	1977	40	5	2,5	2,5	3,0	–	
VW 1200	1,6 l / 50 PS	1977	40	5	2,5	2,5	3,0	–	
VW 1300	1,3 l / 40 PS	1970	40	5	2,5	2,5	3,0	2,5	
VW 1300	1,3 l / 44 PS	1973	40	5	2,5	2,5	3,0	2,5	
VW 1500	1,5 l / 44 PS	1970	40	5	2,5	2,5	3,0	2,5	
VW 1302	1,3 l / 44 PS	1971	42	5	2,5	2,5	3,0	2,5	
VW 1302 S	1,6 l / 50 PS	1971	42	5	2,5	2,5	3,0	2,5	
VW 1303	1,3 l / 44 PS	1973	42	5	2,5	2,5	3,0	2,5	
VW 1303 S	1,6 l / 50 PS	1973	42	5	2,5	2,5	3,0	2,5	
VW 1303 Cabrio	1,6 l / 50 PS	1977	42	5	2,5	2,5	3,0	–	

Höchstgeschwindigkeit / Netzspannung / Generatorleistung

Modell	Motor	Stand	Höchst-geschwindig-keit, km/h Schaltgetriebe	Höchst-geschwindig-keit, km/h Automatic	Elektrische Anlage Netz-spannung Volt	Batterie-kapazität Ah	Generator-leistung A. max.	Generator-leistung in Watt
VW 1100	1,1 l / 25 PS	1952	105	–	6	75	20	130
VW 1200	1,2 l / 30 PS	1954	108	–	6	70	–	160
VW 1200	1,2 l / 34 PS	1977	115	–	12	36	50	700
VW 1200	1,6 l / 50 PS	1977	130	125	12	36	50	700
VW 1300	1,3 l / 40 PS	1970	120	–	12	36	30	420
VW 1300	1,3 l / 44 PS	1973	125	120	12	36	50	700
VW 1500	1,5 l / 44 PS	1970	125	120	12	36	30	420
VW 1302	1,3 l / 44 PS	1971	125	120	12	36	50	700
VW 1302 S	1,6 l / 50 PS	1971	130	125	12	36	50	700
VW 1303	1,3 l / 44 PS	1973	125	120	12	36	50	700
VW 1303 S	1,6 l / 50 PS	1973	130	125	12	36	50	700
VW 1303 Cabrio	1,6 l / 50 PS	1977	130	125	12	36	50	700

Gepäckrauminhalt

Modell	Motor	Stand	Gepäckrauminhalt in Litern / Kugel-Messung 50 mm ∅ / VDA-Norm: Quader 200×100×50 mm					
			vorn		hinten		insgesamt	
			Kugelmessung	VDA-Messung	Kugel-Messung	VDA-Messung	Kugel-Messung	VDA-Messung
VW 1100	1,1 l / 25 PS	1952	–	–	–	–	–	–
VW 1200	1,2 l / 30 PS	1954	–	–	–	–	–	–
VW 1200	1,2 l / 34 PS	1977	140	127	127	106	267	233
VW 1200	1,6 l / 50 PS	1977	140	127	127	106	267	233
VW 1300	1,3 l / 40 PS	1970	140	127	127	106	267	233
VW 1300	1,3 l / 44 PS	1973	140	127	140	106	280	233
VW 1500	1,5 l / 44 PS	1970	140	127	140	106	280	233

Gepäckrauminhalt

Modell	Motor	Stand	Gepäckrauminhalt in Litern / Kugel-Messung 50 mm ∅ / VDA-Norm: Quader 200×100×50 mm					
			vorn		hinten		insgesamt	
			Kugelmessung	VDA-Messung	Kugel-Messung	VDA-Messung	Kugel-Messung	VDA-Messung
VW 1302	1,3 l / 44 PS	1971	255	210	140	106	395	316
VW 1302 S	1,6 l / 50 PS	1971	255	210	140	106	395	316
VW 1303	1,3 l / 44 PS	1973	255	210	140	106	395	316
VW 1303 S	1,6 l / 50 PS	1973	255	210	140	106	395	316
VW 1303 Cabrio	1,6 l / 50 PS	1977	255	210	121	100	367	310

Getriebeübersetzungen

Modell	Motor	Stand	Übersetzungen – Schaltgetriebe					Übersetzungen – Automatic		
			1. Gang	2. Gang	3. Gang	4. Gang	R.-Gang	1. Bereich	2. Bereich	3. Bereich
VW 1100	1,1 l / 25 PS	1952	3,6	1,88	1,22	0,79	4,63	–	–	–
VW 1200	1,2 l / 30 PS	1954	3,6	1,88	1,23	0,82	4,63	–	–	–
VW 1200	1,2 l / 34 PS	1977	3,78	2,06	1,26	0,93	3,78	–	–	–
VW 1200	1,6 l / 50 PS	1977	3,78	2,06	1,26	0,93	3,78	2,25	1,26	0,88
VW 1300	1,3 l / 40 PS	1970	3,78	2,06	1,26	0,93	3,81	–	–	–
VW 1300	1,3 l / 44 PS	1973	3,78	2,06	1,26	0,93	3,78	2,25	1,26	0,88
VW 1500	1,5 l / 44 PS	1970	3,8	2,06	1,26	0,93	3,8	2,25	1,26	0,88
VW 1302	1,3 l / 44 PS	1971	3,8	2,06	1,26	0,93	3,8	2,25	1,26	0,88
VW 1302 S	1,6 l / 50 PS	1971	3,8	2,06	1,26	0,93	3,8	2,25	1,26	0,88
VW 1303	1,3 l / 44 PS	1974	3,78	2,06	1,26	0,93	3,78	2,25	1,26	0,88
VW 1303 S	1,6 l / 50 PS	1974	3,78	2,06	1,26	0,93	3,78	2,25	1,26	0,88
VW 1303 Cabrio	1,6 l / 50 PS	1977	3,78	2,06	1,26	0,93	3,78	2,25	1,26	0,88

Dachlast / Wendekreis / Verkehrsfläche

Modell	Motor	Stand	Zulässige Dachlast in kg	Wendekreis ∅ in m	Verkehrsfläche in m^2				
VW 1100	1,1 l / 25 PS	1952	50	11	6,3				
VW 1200	1,2 l / 30 PS	1954	50	11	6,3				
VW 1200	1,2 l / 34 PS	1977	50	11	6,3				
VW 1200	1,6 l / 50 PS	1977	50	11	6,3				
VW 1300	1,3 l / 40 PS	1970	50	11	6,3				
VW 1300	1,3 l / 44 PS	1973	50	11	6,3				
VW 1500	1,5 l / 44 PS	1970	50	11	6,3				
VW 1302	1,3 l / 44 PS	1971	50	9,6	6,5				
VW 1302 S	1,6 l / 50 PS	1971	50	9,6	6,5				
VW 1303	1,3 l / 44 PS	1973	50	9,6	6,5				
VW 1303 S	1,6 l / 50 PS	1973	50	9,6	6,5				
VW 1303 Cabrio	1,6 l / 50 PS	1977	–	9,6	6,5				

Radstand / Spurweite / Außen-Abmessungen

Modell	Motor	Stand	Radstand in mm	Spurweite vorn mit Trommelbremse in mm	Spurweite vorn mit Scheibenbremse in mm	Spurweite hinten in mm	Größte äußere Länge ohne Gummileisten in mm	Größte äußere Höhe leer in mm	Größte äußere Breite in mm
VW 1100	1,1 l / 25 PS	1952	2400	1290	–	1250	4070	1500	1540
VW 1200	1,2 l / 30 PS	1954	2400	1290	–	1250	4070	1500	1540
VW 1200	1,2 l / 34 PS	1977	2400	1308	–	1349	4060	1500	1550
VW 1200	1,6 l / 50 PS	1977	2400	–	1314	1349	4060	1500	1550
VW 1300	1,3 l / 40 PS	1970	2400	1316	1305	1350	4030	1500	1550
VW 1300	1,3 l / 44 PS	1973	2400	1308	1314	1349	4060	1500	1550

Radstand / Spurweite / Außen-Abmessungen

Modell	Motor	Stand	Radstand in mm	Spurweite vorn mit Trommelbremse in mm	Spurweite vorn mit Scheibenbremse in mm	Spurweite hinten in mm	Größte äußere Länge ohne Gummileisten in mm	Größte äußere Höhe leer in mm	Größte äußere Breite in mm
VW 1500	1,5 l / 44 PS	1970	2400	1316	1305	1350	4030	1500	1550
VW 1302	1,3 l / 44 PS	1971	2420	1375	1379	1352	4080	1500	1585
VW 1302 S	1,6 l / 50 PS	1971	2420	1375	1379	1352	4080	1500	1585
VW 1303	1,3 l / 44 PS	1973	2420	1375	–	1349	4110	1500	1585
VW 1303 S	1,6 l / 50 PS	1973	2420	–	1394	1349	4110	1500	1585
VW 1303 Cabrio	1,6 l / 50 PS	1977	2420	–	1394	1349	4140*)	1500	1585

*) mit Gummileisten

Felgen-/Reifengröße / Reifenluftdruck

Modell	Motor	Stand	Räder/Reifen: Felgengröße	Räder/Reifen: Einpreßtiefe der Felge mm (in)	Räder/Reifen: Reifengröße	Reifenfülldruck: vorn bei halber Nutzlast bar	Reifenfülldruck: vorn bei voller Nutzlast bar	Reifenfülldruck: hinten bei halber Nutzlast bar	Reifenfülldruck: hinten bei voller Nutzlast bar
VW 1100	1,1 l / 25 PS	1952	3.00 D×16 4 J×15	31-35	5.00×16 5.60×15	1,0	1,1	1,3	1,6
VW 1200	1,2 l / 30 PS	1954	4 J×15	33,0	5.60×15	1,1	1,4	1,2	1,7
VW 1200	1,2 l / 34 PS	1977	4½ J×15	41,0	5.60×15	1,1	1,3	1,9	1,9
VW 1200	1,6 l / 50 PS	1977	4½ J×15	41,0	5.60×15	1,1	1,3	1,9	1,9
VW 1300	1,3 l / 40 PS	1970	4½ J×15	41,0	5.60×15	1,1	1,3	1,9	1,9
VW 1300	1,3 l / 44 PS	1973	4½ J×15	41,0	5.60×15	1,1	1,3	1,9	1,9
VW 1500	1,5 l / 44 PS	1970	4½ J×15	41,0	5.60×15	1,1	1,3	1,9	1,9
VW 1302	1,3 l / 44 PS	1971	4½ J×15	41,0	5.60×15	1,1	1,3	1,9	1,9
VW 1302 S	1,6 l / 50 PS	1971	4½ J×15	41,0	5.60×15	1,1	1,3	1,9	1,9
VW 1303	1,3 l / 44 PS	1973	4½ J×15	41,0	5.60×15	1,1	1,3	1,9	1,9
VW 1303 S	1,6 l / 50 PS	1973	4½ J×15*	41,0	5.60×15*	1,1	1,3	1,9	1,9
VW 1303 Cabrio	1,6 l / 50 PS	1977	4½ J×15	41,0	5.60×15	1,1	1,3	1,9	1,9

* Gelb-Schwarzer-Renner: 175/70 SR 15 auf 5½ J×15

Fahrzeuggewicht / Nutzlast / Achslasten

Modell	Motor	Stand	Fahrzeuggewichte (Schaltgetriebe) in kg			Zul. Achslasten			
			Leergewicht	Nutzlast	Zul. Gesamtgewicht	vorn	hinten		
VW 1100	1,1 l / 25 PS	1952	730	380	1100	–	–		
VW 1200	1,2 l / 30 PS	1954	730	380	1100	–	–		
VW 1200	1,2 l / 34 PS	1977	760	380	1140	490	710		
VW 1200	1,6 l / 50 PS	1977	760	380	1140	490	710		
VW 1300	1,3 l / 40 PS	1970	820	380	1200	490	730		
VW 1300	1,3 l / 44 PS	1973	820	380	1200	490	730		
VW 1500	1,5 l / 44 PS	1970	870	400	1270	530	760		
VW 1302	1,3 l / 44 PS	1971	870	400	1270	530	750		
VW 1302 S	1,6 l / 50 PS	1971	870	400	1270	530	750		
VW 1303	1,3 l / 44 PS	1973	890	400	1290	540	760		
VW 1303 S	1,6 l / 50 PS	1973	890	400	1290	540	760		
VW 1303 Cabrio	1,6 l / 50 PS	1977	930	360	1290	540	760		

EINSATZDATEN DER KÄFER- UND KARMANN GHIA-MODELLE

VW Käfer

1945 Standard-Limousine 1,1 l / 25 PS.

1949 Export-Limousine, VW Cabriolet 1,1l / 25 PS.

1954 Export-Limousine 1,2 l / 30 PS.

1960 Export-Limousine 1,2 l / 34 PS.

1965 VW 1200 A 1,2 l / 34 PS, VW 1300 1,3 l / 40 PS.

1966 VW 1500 1,5 l / 44 PS. Eingestellt: VW 1200 1,2 l / 34 PS.

1967 VW 1200 1,2 l / 34 PS (Sparkäfer) wieder ins Programm aufgenommen.

1970 VW 1302 1,2 l / 34 PS, VW 1302 1,3 l / 44 PS, VW 1302 S 1,6 l / 50 PS. Noch im Programm: VW 1300 1,3 l / 44 PS, VW 1200 1,2 l / 34 PS. Eingestellt: VW 1500 1,5 l / 44 PS.

1972 VW 1303 1,3 l / 44 PS, VW 1303 S 1,6 l / 50 PS, VW 1300 S 1,6 l / 50 PS. Weiter im Programm: VW 1300 1,3 l / 44 PS, VW 1200, 1,2 l / 34 PS. Eingestellt: VW 1302 1,2 l / 34 PS, VW 1302 1,3 l / 44 PS, VW 1302 S 1,6 l / 50 PS.

1973 VW 1303 A 1,2 l / 34 PS, VW 1200 L 1,3 l / 44 PS. Noch im Programm: VW 1303 1,3 l / 44 PS, VW 1303 S 1,6 l / 50 PS.

1974 Programm wie 1973.

1975 VW 1200 1,6 l / 50 PS. Noch im Programm: VW 1200 1,2 l / 34 PS, VW 1303 Cabriolet 1,6 l / 50 PS. Eingestellt: VW 1300 1,3 l / 44 PS, VW 1303 1,3 l / 44 PS, VW 1303 S 1,6 l / 50 PS.

1976 Im Programm: VW 1200 1,2 l / 34 PS, VW 1200 1,6 l / 50 PS, VW 1303 Cabriolet 1,6 l / 50 PS.

1977 Im Programm: VW 1200/1200 L 1,2 l / 34 PS, VW 1303 Cabriolet 1,6 l / 50 PS. Eingestellt: VW 1200 L 1,6 l / 50 PS.

1978 Im Programm: VW 1200 L 1,2 l / 34 PS, VW 1303 Cabriolet 1,6 l / 50 PS.

1979 Im Programm: VW 1200 L 1,2 l / 34 PS, VW 1303 Cabriolet 1,6 l / 50 PS.

1980 Im Programm: VW 1200 L 1,2 l / 34 PS. Eingestellt: VW 1303 Cabriolet 1,6 l / 50 PS.

1981 bis 1985 Im Programm: VW 1200 L 1,2 l / 34 PS.

VW Karmann Ghia

1955 Karmann Ghia Coupé 1,2 l / 30 PS. Weitere Entwicklung entsprechend der Käfer-Export-Limousine.

1957 Karmann Ghia Cabriolet 1,2 l / 30 PS. Weitere Entwicklung entsprechend dem Karmann Ghia Coupé.

1974 Produktion eingestellt.

KÄFER-PRODUKTION VON 1945 BIS HEUTE

1945		1 785	
1946	**14. Oktober**	**10 000**	**Käfer**
1946		10 020	
1947		8 987	
1948		19 244	
1949		46 146	
1950	**4. März**	**100 000**	**Käfer**
1950		81 979	
1951		93 709	
1952		114 348	
1953		151 323	
1954		202 174	
1955		279 986	
1956		333 190	
1957		380 561	
1958		451 526	
1959		575 407	
1960		739 443	
1961		827 850	
1962		876 255	
1963		838 488	
1964		948 370	
1965		1 090 863	
1966		1 080 165	
1967		925 787	
1968		1 136 134	
1969		1 219 314	
1970		1 196 099	
1971		1 291 612	
1972	**17. Februar**	**15 007 034**	**Käfer (Weltmeister)**
1972		1 220 686	
1973		1 206 018	
1974		791 053	
1975		441 116	
1976		383 277	
1977		258 634	
1978		271 673	
1979		263 340	
1980		236 177	
1981	**15. Mai**	**20 000 000**	**Käfer**
1981		157 505	
1982		138 091	
1983		119 745	
1984		118 000	
1985		86 457	
1986		46 633	
1987		17 166	
1988		19 008	

Preisentwicklung beim Käfer seit 1948

Wegen der Modellvielfalt, auch beim Käfer, wurde der Preis der jeweils *preisgünstigsten* Ausführung genannt

Gültig ab		Niedrigster Preis = 100
1. 6. 48	RM/DM 5300.–	139.8
1. 7. 49	DM 4800.–	126.6
15. 10. 50	DM 4400.–	116.1
1. 9. 51	DM 4600.–	121.4
1. 1. 53	DM 4400.–	116.1
19. 3. 53	DM 4150.–	109.5
10. 3. 54	DM 3950.–	104.2
6. 8. 55	DM 3790.–	100.0
15. 9. 61	DM 3810.–	100.5
1. 4. 62	DM 4200.–	110.8
1. 11. 64	DM 4290.–	113.2
1. 8. 65	DM 4485.–	118.3
30. 3. 66	DM 4635.–	122.3
9. 1. 67	DM 4485.–	118.3
1. 1. 68	DM 4484.–	118.3
1. 7. 68	DM 4525.–	119.4
19. 1. 70	DM 4695.–	123.9
16. 12. 70	DM 4945.–	130.5
23. 8. 71	DM 5045.–	133.1
17. 1. 72	DM 5290.–	139.6
21. 8. 72	DM 5390.–	142.2

Gültig ab		Niedrigster Preis = 100
19. 2. 73	5590.–	147.5
13. 8. 73	DM 5650.–	149.1
11. 3. 74	DM 6045.–	159.5
13. 5. 74	DM 6395.–	168.7
1. 1. 75	DM 6620.–	174.7
7. 4. 75	DM 6950.–	183.4
4. 8. 75	DM 6995.–	184.6
29. 3. 76	DM 7480.–	197.4
28. 3. 77	DM 7785.–	205.4
1. 1. 78	DM 7865.–	207.5
2. 5. 78	DM 8145.–	214.9
12. 3. 79	DM 8380.–	221.1
1. 5. 79	DM 8430.–	222.4
1. 7. 79	DM 8505.–	224.4
10. 3. 80	DM 9025.–	238.1
11. 5. 81	DM 9380.–	246.5
29. 6. 81	DM 9435.–	248.9
14. 12. 81	DM 9655.–	254.7
29. 2. 82	DM 9895.–	261.0
17. 1. 83	DM 9395.–	247.9
18. 4. 83	DM 9675.–	255,3
3. 2. 84	DM 9990.–	263,5
5. 11. 84	DM 10525.–	277,7
9. 4. 85	DM 11130.–	
19. 7. 86	DM 11950.–	

Käfer-Neuzulassungen im Bundesgebiet

Jahr	VW Käfer	Käfer Cabrio	Karmann Ghia	VW 181	[1])	Gesamt	147[2])
1948	–	–	–	–	–	8184	–
1949	–	–	–	–	–	32557	–
1950	–	–	–	–	–	50562	–
1951	–	–	–	–	–	58469	–
1952	–	–	–	–	–	71440	–
1953	85515	3642	–	–	–	89157	–
1954	109441	3728	–	–	–	113169	–
1955	125090	3597	–	–	–	128687	–
1956	138806	3173	4373	–	–	146352	–
1957	156772	4009	3792	–	–	164573	–
1958	181306	4708	5044	–	–	191058	–
1959	223225	5009	5829	–	–	234063	–
1960	292986	4702	6543	–	–	304231	–
1961	344108	4821	6701	–	–	355630	–
1962	363955	2266	12378	–	–	378599	–
1963	306468	1715	12483	–	–	320666	–
1964	339257	1820	13121	–	–	354198	–
1965	316302	2225	9694	–	–	328221	323
1966	270273	2224	10198	–	–	282695	555
1967	256493	1692	5372	–	–	263557	411
1968	259276	2174	4282	–	–	265732	541
1969	311323	3013	3496	43	1	317876	570
1970	323513	5202	3421	1048	–	333184	771
1971	285432	5880	2798	473	139	294722	1107
1972	252436	5306	1728	338	75	259883	253
1973	232055	4253	1030	211	124	237673	59
1974	118915	2596	50	303	183	122047	6
1975	41070	2075	–	366	4	43515	–
1976	15914	3207	–	351	–	19472	–
1977	6524	4000	–	244	–	10768	–
1978	10876	5450	–	196	–	16522	–
1979	14650	6276	–	143	–	21069	–
1980	9364	324	–	29	–	9717	–
1981	9336	–	–	–	–	9336	–
1982	6271	–	–	–	–	6271	–
1983	12622	–	–	–	–	12622	–
1984	11061	–	–	–	–	11061	–
1985	5087	–	–	–	–	5087	–
1986	13043	–	–	–	–	13043	–
1987	171[3])	–	–	–	–	171	
1988	51[3])	–	–	–	–	51	
Gesamt	**5448987**	**99087**	**112333**	**3716**	**526**	**604890**	**4596**

[1]) = Sonstige; vermutlich VW 1600 Käfer, die für späteren Export nach USA bestimmt, im Bundesgebiet ausgeliefert und zugelassen wurden.

VW 181 = Mehrzweck-Fahrzeug auf der Basis des Typ 1.

147[2]) = Von der Firma Westfalia gebauter Kleinlieferwagen für die Post auf Basis des Karmann Ghia (gegenüber dem Käfer verbreiterter Plattformrahmen, Modell 14!)

[3]) = inklusiv Cabrio